# 计算机应用数学基础

袁少良　主　编
周　慧　廖　莉　副主编

科学技术文献出版社
SCIENTIFIC AND TECHNICAL DOCUMENTATION PRESS
·北京·

**图书在版编目（CIP）数据**

计算机应用数学基础 / 袁少良主编. —北京：科学技术文献出版社，2023. 3
ISBN 978-7-5235-0117-7

Ⅰ. ①计…　Ⅱ. ①袁…　Ⅲ. ①电子计算机—应用数学—高等学校—教材
Ⅳ. ① TP301.6

中国国家版本馆 CIP 数据核字（2023）第 051226 号

**计算机应用数学基础**

策划编辑：周国臻　责任编辑：张　丹　邱晓春　责任校对：王瑞瑞　责任出版：张志平

出 版 者　科学技术文献出版社
地　　址　北京市复兴路15号　邮编　100038
编 务 部　(010) 58882938，58882087（传真）
发 行 部　(010) 58882868，58882870（传真）
邮 购 部　(010) 58882873
官方网址　www.stdp.com.cn
发 行 者　科学技术文献出版社发行　全国各地新华书店经销
印 刷 者　北京厚诚则铭印刷科技有限公司
版　　次　2023 年 3 月第 1 版　2023 年 3 月第 1 次印刷
开　　本　710×1000　1/16
字　　数　213千
印　　张　12
书　　号　ISBN 978-7-5235-0117-7
定　　价　42.00元

# 前　言

计算机数学基础是计算工程类计算机科学与技术专业教学中最为重要的核心基础课程。它是学习专业理论必不可少的数学工具,也是一门理论性较强、应用性较广的课程。学习计算机数学基础课程,可以进一步提高个人的抽象思维和缜密概括能力。通过计算机基础课程的学习,使学生具有现代数学的观点和方法,并初步掌握处理离散结构所必需的描述工具和方法及计算机专业上常用数值分析的构造思想和计算方法。同时,其所培养的学生的抽象思维和缜密概括能力,使学生具有良好的开拓专业理论的素质和使用所学知识、分析和解决实际问题的方法。

目前,国内同类型的教材较多,如叶东毅主编高等教育出版社出版的《计算机数学基础》等,这类教材主要是针对本科学生编写的,主要内容包括:一元微分学初步、不定积分与定积分、矩阵与线性代数初步、概率论基础、随机变量的分布与数字特征、数理逻辑初步和图论初步等,理论性太强,体系大而全。本科学生想要很好地掌握这些内容,是有一定难度的。而对于专科学生,由于他们基础较薄弱,学制为三年,在有限学时里,想要掌握这些内容可能性较小。而且,这些教材普遍有一个特点:太强调数学定义、定理与理论推导证明,缺少用简单例题引导学生掌握相关知识的技巧和方法,让学生感觉在学理论数学,这些对于计算机专业的学生来说,是比较困难的事情。他们没有学习兴趣,教学效果也得不到保证,这与计算机专业的特点和培养面向计算机应用软件开发人才的目标定位不一致,忽视了“够用、实用”的编写原则。最后,也是最重要的,目前市面上专门针对专科学生或高职高专学生的教材很少,虽然有,如笔者所在学校曾经用过的一些计算机数学基础相关教材,内容多、体系乱、错误多,有很多重要的内容只列举定义、定理和结论,没有相关例题补充说明,看起来内容不多,但几乎就是知识的罗列和堆积,就像是一本指导式的教学提纲,教师用这样的书来讲课,学生毫无学习兴趣。

另外,现有教材绝大多数都是针对本科学生编写,对于专科学生,有些学校采用相同教材,传授相同教学内容,忽视了学生能力的差异性,没有体现因材施教的教育原则。有些学校则是在本科教学内容的基础之上,选讲一些内容,导致不同学校的教学内容差异巨大。目前,没有一个统一针对专科学生教学的标准。笔者认为,对于计算机专科学生而言,矩阵与线性代数初步、集合与关系初步、数理逻辑初步和图论初步 4 个方面基础数学内容特别重要。从全国范围来看,专门只包括这 4 个方面内容的教材太少了。即使有,也是以理论和罗列知识为主,没有以简单引例为引子,引导学生从简、从易地学习这些内容。

综合以上情况,结合笔者在宜春学院教学中总结的实践经验,编写了这本适合本校计算机应用专业本科与专科学生的数学教材。本教材具有其他教材所不具备的以下特点。

①知识体系以矩阵与线性代数初步、集合与关系初步、数理逻辑初步和图论初步 4 个方面为主,是一本专门针对计算机专业本科与专科学生而编的教材,符合作为应用型大学人才培养目标的要求,可作为各类计算机数学课程的教学用书。

②内容体系设计合理,适合计算机专业本科与专科生的能力与水平,注重了“够用、实用”的编写原则,与计算机专业的特点和培养面向计算机应用软件开发人才的目标定位相一致。

③教学内容上以简单引例为引子,引导学生从简、从易地学习相关内容,避开了同类教材以理论和罗列知识为主的缺点,不求大而全,追求实而简。课后练习设计与例题相一致,有利于课后巩固与提高,方便学生自学。

本教材可作为本科与高职高专计算机和信息类各专业高等数学课程的教材或参考书,也可供成人教育相关专业和自学考试的读者学习参考。

# 目　录

# 第一章　矩　阵

## §1.1　矩阵及运算

矩阵是线性代数的主要研究对象之一，它在数学的其他分支及自然科学、现代经济学、管理学和工程技术领域等方面具有广泛的应用。在本课程中，矩阵是研究**线性变换**、**线性方程组**求解的有力且不可替代的工具，在线性代数中具有重要地位。

**矩阵的引入**：我们平时常用列表的方式表示一些数据及其数据间的关系。

**例如**　学生成绩表、工资表、产品产量表等，为了处理方便，可以将它们按照一定的顺序组成一个矩阵数表。

**例 1.1.1**　某企业月份、产量、产品的数表关系。

某企业的生产部门生产甲、乙、丙、丁 4 种产品，1—3 月产量情况如表 1.1.1 所示。

**表 1.1.1　1—3 月产量情况**　　单位：吨

| 月份 | 产量 | | | |
|---|---|---|---|---|
| | 甲产品 | 乙产品 | 丙产品 | 丁产品 |
| 1 | 50 | 30 | 25 | 10 |
| 2 | 30 | 60 | 25 | 20 |
| 3 | 50 | 70 | 0 | 25 |

我们把表中的数据按照原来的位置排列出来，就把产量表简写成一个**“矩形数表”**的形式：

$$\begin{bmatrix} 50 & 30 & 25 & 10 \\ 30 & 60 & 25 & 20 \\ 50 & 70 & 0 & 25 \end{bmatrix},$$

这就是矩阵。

## 一、矩阵的概念

### 1. 矩阵的定义

**定义 1.1.1** 设有 $m \times n$ 个数 $a_{ij}(i=1,2,\cdots,m;j=1,2,\cdots,n)$ 排成 $m$ 行 $n$ 列的矩形阵表，记作如下形式：

$$\boldsymbol{A}_{m\times n}=\begin{bmatrix} a_{11} & a_{12} & \cdots & a_{1n} \\ a_{21} & a_{22} & \cdots & a_{2n} \\ \vdots & \vdots & & \vdots \\ a_{n1} & a_{n2} & \cdots & a_{nn} \end{bmatrix},$$

称为一个 $m \times n$ 矩阵。其中，$a_{ij}$ 称为第 $i$ 行第 $j$ 列元素。

通常用大写字母 $\boldsymbol{A},\boldsymbol{B},\boldsymbol{C},\cdots$表示矩阵。

为表明矩阵的行数和列数，矩阵也可简记为：

$$\boldsymbol{A}=(a_{ij})_{m\times n} \text{ 或 } \boldsymbol{A}_{m\times n}=(a_{ij})。$$

### 2. 几点说明

(1)若 $\boldsymbol{A}=(a_{ij})_{m\times n}$，$\boldsymbol{B}=(b_{ij})_{s\times t}$，且 $m=s,n=t$，则称**两矩阵同型**。

(2)若 $\boldsymbol{A}=(a_{ij})_{m\times n}$，$\boldsymbol{B}=(b_{ij})_{s\times t}$，且 $a_{ij}=b_{ij}$，则称**两矩阵相等**。

**举例：**

(1)两矩阵同型

$$\begin{bmatrix} 1 & 2 \\ 1 & 1 \\ 2 & 1 \end{bmatrix},\begin{bmatrix} 0 & 1 \\ 2 & 3 \\ 2 & 2 \end{bmatrix}。$$

(2)两矩阵相等

$$\begin{bmatrix} 1 & 1 & 3 \\ 2 & 0 & 2 \end{bmatrix},\begin{bmatrix} 1 & 1 & 3 \\ 2 & 0 & 2 \end{bmatrix}。$$

## 二、几种殊矩阵

**1. 零矩阵：**$m \times n$ 个元素全为零的矩阵，称为零矩阵。记作：

$\mathbf{0}_{m\times n}$ 或 $\mathbf{0}$。

**注意**:不同的零矩阵未必是相等的。

**2. 行矩阵**:只有一行的矩阵,称为行矩阵,记作:

$$\boldsymbol{A}=(a_1,a_2,\cdots,a_3)_{1\times n}。$$

**3. 列矩阵**:只有一列的矩阵,称为列矩阵,记作:

$$\boldsymbol{B}=\begin{bmatrix} b_1 \\ b_2 \\ \vdots \\ b_m \end{bmatrix}_{m\times 1}。$$

**4. 方阵**:行数和列数都等于 $n$ 的矩阵,称为 $n$ 阶矩阵或 $n$ 阶方阵,记作:$\boldsymbol{A}_n$,并且

$$\boldsymbol{A}=\boldsymbol{A}_n=\begin{bmatrix} a_{11} & a_{12} & \cdots & a_{1n} \\ a_{21} & a_{22} & \cdots & a_{2n} \\ \vdots & \vdots & & \vdots \\ a_{n1} & a_{n2} & \cdots & a_{nn} \end{bmatrix}。$$

**说明**:其中元素 $a_{11},a_{22},\cdots,a_{nn}$ 称为 $n$ 阶方阵的主对角元素,过元素 $a_{11}$,$a_{22},\cdots,a_{nn}$ 的直线称为 $n$ 阶方阵的主对角线。

**5. 单位矩阵**:主对角线上的所有元素为 1,其余元素为零的 $n$ 阶方阵称为 $n$ 阶单位矩阵,即:$a_{ij}=1(i=j=1,2,\cdots,n)$,且 $a_{ij}=0(i\neq j)$。

单位矩阵记作:$\boldsymbol{E}_n$,简记:$\boldsymbol{E}$,并且

$$\boldsymbol{E}=\boldsymbol{E}_n=\begin{bmatrix} 1 & 0 & \cdots & 0 \\ 0 & 1 & \cdots & 0 \\ \vdots & \vdots & & \vdots \\ 0 & 0 & \cdots & 1 \end{bmatrix}。$$

## 三、矩阵的线性运算

### 1. 矩阵的加、减法

**定义 1.1.2** 设有 2 个 $m\times n$ 矩阵,$\boldsymbol{A}=(a_{ij})_{m\times n}$,$\boldsymbol{B}=(b_{ij})_{m\times n}$,将它们的对应位置的元素相加,所得到的 $m\times n$ 矩阵,称为矩阵 $\boldsymbol{A}$ 与矩阵 $\boldsymbol{B}$ 的和。记作:

$$\boldsymbol{A}+\boldsymbol{B}=(a_{ij}+b_{ij})_{m\times n},$$

$$\boldsymbol{C}=\boldsymbol{A}+\boldsymbol{B}=\begin{bmatrix} a_{11}+b_{11} & a_{12}+b_{12} & \cdots & a_{1n}+b_{1n} \\ a_{21}+b_{21} & a_{22}+b_{22} & \cdots & a_{2n}+b_{2n} \\ \vdots & \vdots & & \vdots \\ a_{m1}+b_{m1} & a_{m2}+b_{m2} & \cdots & a_{mn}+b_{mn} \end{bmatrix}=(a_{ij}+b_{ij})_{m\times n}。$$

**注意**:只有同型矩阵才能进行加法运算。

矩阵加法满足的运算律:

(1)**(交换律)** $\boldsymbol{A}+\boldsymbol{B}=\boldsymbol{B}+\boldsymbol{A}$;

(2)**(结合律)** $(\boldsymbol{A}+\boldsymbol{B})+\boldsymbol{C}=\boldsymbol{A}+(\boldsymbol{B}+\boldsymbol{C})$;

(3) $\boldsymbol{A}+\boldsymbol{0}=\boldsymbol{A}$;

(4) $\boldsymbol{A}+(-\boldsymbol{A})=\boldsymbol{0}$;

(5)**(减法)** $\boldsymbol{A}-\boldsymbol{B}=\boldsymbol{A}+(-\boldsymbol{B})$。

**例 1.1.2** 已知:$\boldsymbol{A}=\begin{bmatrix} 2 & 1 & 5 \\ 3 & 2 & 7 \end{bmatrix}$,$\boldsymbol{B}=\begin{bmatrix} 1 & 7 & 5 \\ 4 & 3 & 1 \end{bmatrix}$,$\boldsymbol{C}=\begin{bmatrix} 1 \\ 2 \\ 3 \end{bmatrix}$。求:$\boldsymbol{A}+\boldsymbol{B}$;问:$\boldsymbol{A}+\boldsymbol{C}$ 有意义吗?

**解**:$\boldsymbol{A}+\boldsymbol{B}=\begin{bmatrix} 2+1 & 1+7 & 5+5 \\ 3+4 & 2+3 & 7+1 \end{bmatrix}=\begin{bmatrix} 3 & 8 & 10 \\ 7 & 5 & 8 \end{bmatrix}$;

$\boldsymbol{A}+\boldsymbol{C}$ 无意义(不同型)。

**例 1.1.3** 已知:$\begin{bmatrix} 1 & 2 \\ 3 & -1 \end{bmatrix}-\begin{bmatrix} x & -2 \\ 7 & y \end{bmatrix}=\begin{bmatrix} 2 & z \\ w & -2 \end{bmatrix}$,求:$x,y,z,w$ 的值。

**解**:由已知条件,有

$$\begin{bmatrix} 1-x & 2-[-2] \\ 3-7 & -1-y \end{bmatrix}=\begin{bmatrix} 2 & z \\ w & -2 \end{bmatrix},$$

则

$$\begin{cases} 1-x=2, \\ 2-(-2)=z, \\ 3-7=w, \\ -1-y=-2, \end{cases}$$

解得

$$\begin{cases} x=-1, \\ y=1, \\ z=4, \\ w=-4。 \end{cases}$$

**例 1.1.4**　设 $\boldsymbol{A}=\begin{bmatrix} 1 & 6 \\ 4 & 2 \end{bmatrix}$，$\boldsymbol{B}=\begin{bmatrix} 2 & 3 \\ 1 & 4 \end{bmatrix}$。求满足 $\boldsymbol{A}+\boldsymbol{X}=\boldsymbol{B}$ 的矩阵 $\boldsymbol{X}$。

**解**：把等式 $\boldsymbol{A}+\boldsymbol{X}=\boldsymbol{B}$ 两边同时减矩阵 $\boldsymbol{A}$，得：

$$\boldsymbol{X}=\boldsymbol{B}-\boldsymbol{A}=\begin{bmatrix} 2 & 3 \\ 1 & 4 \end{bmatrix}-\begin{bmatrix} 1 & 6 \\ 4 & 2 \end{bmatrix}=\begin{bmatrix} 2-1 & 3-6 \\ 1-4 & 4-2 \end{bmatrix}=\begin{bmatrix} 1 & -3 \\ -3 & 2 \end{bmatrix}。$$

**2. 数乘矩阵**

**定义 1.1.3**　用数 $k$ 乘矩阵 $\boldsymbol{A}=(a_{ij})_{m\times n}$ 的每一个元素所得的矩阵，称为数 $k$ 与矩阵 $\boldsymbol{A}$ 的积，记作：$k\boldsymbol{A}$，且

$$k\boldsymbol{A}=k(a_{ij})_{m\times n}=\begin{bmatrix} ka_{11} & ka_{12} & \cdots & ka_{1n} \\ ka_{21} & ka_{22} & \cdots & ka_{2n} \\ \vdots & \vdots & & \vdots \\ ka_{m1} & ka_{m2} & \cdots & ka_{mn} \end{bmatrix}_{m\times n}=(ka_{ij})_{m\times n}。$$

**注意**：数乘矩阵是数 $k$ 去乘 $\boldsymbol{A}$ 中的每一个元素。

数乘矩阵满足的运算律（$k$，$p$ 为任意实数）：

(1) $1\boldsymbol{A}=\boldsymbol{A}$；

(2) $k(p\boldsymbol{A})=(kp)\boldsymbol{A}$；

(3) $k(\boldsymbol{A}+\boldsymbol{B})=k\boldsymbol{A}+k\boldsymbol{B}$；

(4) $(k+p)\boldsymbol{A}=k\boldsymbol{A}+p\boldsymbol{A}$；

(5) $0\boldsymbol{A}=\boldsymbol{0}$；$p\boldsymbol{0}=\boldsymbol{0}$。

**例 1.1.5**　已知 $\boldsymbol{A}=\begin{bmatrix} 2 & 4 & 6 \\ 4 & 8 & 10 \end{bmatrix}$，求：$3\boldsymbol{A}$，$\frac{1}{2}\boldsymbol{A}$。

**解**：$3\boldsymbol{A}=3\times\begin{bmatrix} 2 & 4 & 6 \\ 4 & 8 & 10 \end{bmatrix}=\begin{bmatrix} 6 & 12 & 18 \\ 12 & 24 & 30 \end{bmatrix}$；

$\frac{1}{2}\boldsymbol{A}=\frac{1}{2}\times\begin{bmatrix} 2 & 4 & 6 \\ 4 & 8 & 10 \end{bmatrix}=\begin{bmatrix} 1 & 2 & 3 \\ 2 & 4 & 5 \end{bmatrix}$。

**例 1.1.6** 已知$\boldsymbol{A}=\begin{bmatrix}1 & 2 & -3 & 1\\4 & 0 & 5 & -2\end{bmatrix}$,$\boldsymbol{B}=\begin{bmatrix}7 & 0 & 5 & -1\\6 & 4 & 1 & 0\end{bmatrix}$,若矩阵$\boldsymbol{X}$满足关系式 $2\boldsymbol{X}-\boldsymbol{A}=\boldsymbol{B}$,求:$\boldsymbol{X}$。

**解:**由关系式 $2\boldsymbol{X}-\boldsymbol{A}=\boldsymbol{B}$ 得:

$$\boldsymbol{X}=\frac{1}{2}(\boldsymbol{A}+\boldsymbol{B})=\frac{1}{2}\left(\begin{bmatrix}1 & 2 & -3 & 1\\4 & 0 & 5 & -2\end{bmatrix}+\begin{bmatrix}7 & 0 & 5 & -1\\6 & 4 & 1 & 0\end{bmatrix}\right)$$

$$=\frac{1}{2}\begin{bmatrix}8 & 2 & 2 & 0\\10 & 4 & 6 & -2\end{bmatrix}=\begin{bmatrix}4 & 1 & 1 & 0\\5 & 2 & 3 & -1\end{bmatrix}。$$

**说明:**以上矩阵的加法与数乘矩阵合称为矩阵的线性运算。

## 四、矩阵的乘法及性质

### 1. 矩阵的乘法

**定义 1.1.4** 设矩阵$\boldsymbol{A}=(a_{ij})_{m\times s}$,矩阵$\boldsymbol{B}=(a_{ij})_{s\times n}$,即:

$$\boldsymbol{A}=\begin{bmatrix}a_{11} & a_{12} & \cdots & a_{1s}\\a_{21} & a_{22} & \cdots & a_{2s}\\\vdots & \vdots & & \vdots\\a_{m1} & a_{m2} & \cdots & a_{ms}\end{bmatrix},\boldsymbol{B}=\begin{bmatrix}b_{11} & b_{12} & \cdots & b_{1n}\\b_{21} & b_{22} & \cdots & b_{2n}\\\vdots & \vdots & & \vdots\\b_{s1} & b_{s2} & \cdots & b_{sn}\end{bmatrix},$$

则定义$\boldsymbol{A}$与$\boldsymbol{B}$的乘积是一个$m\times n$的矩阵$\boldsymbol{C}=(c_{ij})_{m\times n}$,记作:

$$\boldsymbol{AB}=\boldsymbol{C}=(c_{ij})_{m\times n},$$

其中,$c_{ij}=a_{i1}b_{1j}+a_{i2}b_{2j}+\cdots+a_{is}b_{sj}$

$$=\sum_{k=1}^{s}a_{ik}b_{kj}(i=1,2,\cdots,m;j=1,2,\cdots,n),$$

即$c_{ij}$等于左$\boldsymbol{A}$的第$i$行的所有元素与右$\boldsymbol{B}$的第$j$列的对应元素乘积的和。

### 2. 几点说明

(1)相乘条件:左矩阵$\boldsymbol{A}$的列数等于右矩阵$\boldsymbol{B}$的行数;

(2)相乘方法:乘积矩阵$\boldsymbol{C}$的元素$c_{ij}$等于左$\boldsymbol{A}$的第$i$行与右$\boldsymbol{B}$的第$j$列的对应元素乘积的和;

(3)相乘结果:乘积$\boldsymbol{C}$矩阵的行列数,分别取自左$\boldsymbol{A}$的行数,右$\boldsymbol{B}$的列数。

$$\boldsymbol{C}_{m\times n}=\boldsymbol{A}_{m\times s}\boldsymbol{B}_{s\times n}。$$

**例 1.1.7**　已知 $\boldsymbol{A}=\begin{bmatrix}6 & 2\\3 & 1\end{bmatrix}$，$\boldsymbol{B}=\begin{bmatrix}1 & -2\\-2 & 4\end{bmatrix}$，求：$\boldsymbol{AB}$，$\boldsymbol{BA}$。

**解：**
$$\boldsymbol{AB}=\begin{bmatrix}6 & 2\\3 & 1\end{bmatrix}\begin{bmatrix}1 & -2\\-2 & 4\end{bmatrix}=\begin{bmatrix}6\times1+2\times(-2) & 6\times(-2)+2\times4\\3\times1+1\times(-2) & 3\times(-2)+1\times4\end{bmatrix}$$
$$=\begin{bmatrix}2 & -4\\1 & -2\end{bmatrix}。$$

同理：
$$\boldsymbol{BA}=\begin{bmatrix}1 & -2\\-2 & 4\end{bmatrix}\begin{bmatrix}6 & 2\\3 & 1\end{bmatrix}=\begin{bmatrix}1\times6+(-2)\times3 & 1\times2+(-2)\times1\\(-2)\times6+4\times3 & (-2)\times2+4\times1\end{bmatrix}$$
$$=\begin{bmatrix}0 & 0\\0 & 0\end{bmatrix}。$$

此例说明：① $\boldsymbol{AB}\neq\boldsymbol{BA}$；② $\boldsymbol{A}\neq\boldsymbol{O}$，$\boldsymbol{B}\neq\boldsymbol{O}$，但 $\boldsymbol{BA}=\boldsymbol{O}$。即 2 个非零矩阵的乘积可能等于零矩阵（此性质不同于数字乘积的规律）。

**例 1.1.8**　已知 $\boldsymbol{A}=\begin{bmatrix}2 & 0\\1 & 1\\3 & 1\end{bmatrix}$，$\boldsymbol{B}=\begin{bmatrix}2 & 1\\1 & 5\end{bmatrix}$，求：$\boldsymbol{AB}$，$\boldsymbol{BA}$。

**解：**
$$\boldsymbol{AB}=\begin{bmatrix}2 & 0\\1 & 1\\3 & 1\end{bmatrix}\begin{bmatrix}2 & 1\\1 & 5\end{bmatrix}=\begin{bmatrix}2\times2+0\times1 & 2\times1+0\times5\\1\times2+1\times1 & 1\times1+1\times5\\3\times2+1\times1 & 3\times1+1\times5\end{bmatrix}=\begin{bmatrix}4 & 2\\3 & 6\\7 & 8\end{bmatrix},$$
$$\boldsymbol{BA}=\begin{bmatrix}2 & 1\\1 & 5\end{bmatrix}_{2\times2}\begin{bmatrix}2 & 2\\1 & 1\\3 & 1\end{bmatrix}_{3\times2}，无法计算！$$

因为矩阵 $\boldsymbol{B}$ 的列数为 2，矩阵 $\boldsymbol{A}$ 的行数为 3，所以不符合矩阵乘法的条件，故 $\boldsymbol{BA}$ 不存在。

此例说明：2 个矩阵 $\boldsymbol{A}$ 和 $\boldsymbol{B}$，即使 $\boldsymbol{AB}$ 存在，$\boldsymbol{BA}$ 也不一定存在。

**例 1.1.9**　设矩阵 $\boldsymbol{A}=\begin{bmatrix}5 & 8\\4 & 6\end{bmatrix}$，$\boldsymbol{B}=\begin{bmatrix}2 & 8\\0 & 6\end{bmatrix}$，$\boldsymbol{C}=\begin{bmatrix}0 & 0\\1 & 1\end{bmatrix}$，求：$\boldsymbol{AC}$，$\boldsymbol{BC}$。

**解：**
$$\boldsymbol{AC}=\begin{bmatrix}5 & 8\\4 & 6\end{bmatrix}\begin{bmatrix}0 & 0\\1 & 1\end{bmatrix}=\begin{bmatrix}5\times0+8\times1 & 5\times0+8\times1\\4\times0+6\times1 & 4\times0+6\times1\end{bmatrix}=\begin{bmatrix}8 & 8\\6 & 6\end{bmatrix},$$
$$\boldsymbol{BC}=\begin{bmatrix}2 & 8\\0 & 6\end{bmatrix}\begin{bmatrix}0 & 0\\1 & 1\end{bmatrix}=\begin{bmatrix}2\times0+8\times1 & 2\times0+8\times1\\0\times0+6\times1 & 0\times0+6\times1\end{bmatrix}=\begin{bmatrix}8 & 8\\6 & 6\end{bmatrix}。$$

此例说明：$\boldsymbol{AC}=\boldsymbol{BC}$（且 $\boldsymbol{C}\neq\boldsymbol{O}$），一般也不能导出：$\boldsymbol{A}=\boldsymbol{B}$（**不满足消去律**）。

**例 1.1.10** 设矩阵 $\boldsymbol{A}=\begin{bmatrix}2&4\\6&8\end{bmatrix}$,验证:$\boldsymbol{AE}=\boldsymbol{EA}$。

**证明:** $\boldsymbol{AE}=\begin{bmatrix}2&4\\6&8\end{bmatrix}\begin{bmatrix}1&0\\0&1\end{bmatrix}=\begin{bmatrix}2\times1+0\times6&2\times0+4\times1\\6\times1+8\times0&6\times0+8\times1\end{bmatrix}=\begin{bmatrix}2&4\\6&8\end{bmatrix}$,

$\boldsymbol{EA}=\begin{bmatrix}1&0\\0&1\end{bmatrix}\begin{bmatrix}2&4\\6&8\end{bmatrix}=\begin{bmatrix}1\times2+0\times6&1\times4+0\times8\\0\times2+1\times6&0\times4+1\times8\end{bmatrix}=\begin{bmatrix}2&4\\6&8\end{bmatrix}$。

一般地,对任意矩阵 $\boldsymbol{A}$,只要 $\boldsymbol{AE}$,$\boldsymbol{EA}$ 有意义,一定有:$\boldsymbol{AE}=\boldsymbol{EA}$。由此可见单位矩阵 $\boldsymbol{E}$ 起着数“1”的作用。

**3. 矩阵乘法满足的运算律**

(1)结合律:$(\boldsymbol{AB})\boldsymbol{C}=\boldsymbol{A}(\boldsymbol{BC})$;

(2)分配律:$\boldsymbol{A}(\boldsymbol{B}+\boldsymbol{C})=\boldsymbol{AB}+\boldsymbol{AC}$,$(\boldsymbol{A}+\boldsymbol{B})\boldsymbol{C}=\boldsymbol{AC}+\boldsymbol{BC}$;

(3)对任意常数 $k$:$k(\boldsymbol{AB})=(k\boldsymbol{A})\boldsymbol{B}=\boldsymbol{A}(k\boldsymbol{B})$;

(4) $\boldsymbol{AO}=\boldsymbol{OA}=\boldsymbol{O}$ ($\boldsymbol{O}$ 矩阵起到数“0”的作用);

(5) $\boldsymbol{EA}=\boldsymbol{AE}=\boldsymbol{A}$ ($\boldsymbol{E}$ 矩阵起到数“1”的作用)。

**4. 矩阵乘法的三大特征**

(1)无交换律,即:$\boldsymbol{AB}\neq\boldsymbol{BA}$;

(2)无消去律,即:$\boldsymbol{AM}=\boldsymbol{AN}$,不能推出 $\boldsymbol{M}=\boldsymbol{N}$;

(3)若 $\boldsymbol{AB}=\boldsymbol{O}$ 不能推出 $\boldsymbol{A}=\boldsymbol{O}$ 或 $\boldsymbol{B}=\boldsymbol{O}$。

**学生自练 1.1.1**

已知:$\boldsymbol{A}=(1,2,3)$,$\boldsymbol{B}=\begin{bmatrix}1\\2\\3\end{bmatrix}$,求:$\boldsymbol{AB}$,$\boldsymbol{BA}$。

**解:** $\boldsymbol{AB}=(1,2,3)\begin{bmatrix}1\\2\\3\end{bmatrix}=1\times1+2\times2+3\times3=14$,

$\boldsymbol{BA}=\begin{bmatrix}1\\2\\3\end{bmatrix}(1,2,3)=\begin{bmatrix}1\times1&1\times2&1\times3\\2\times1&2\times2&2\times3\\3\times1&3\times2&3\times3\end{bmatrix}=\begin{bmatrix}1&2&3\\2&4&6\\3&6&9\end{bmatrix}$。

此例说明:$1\times s$ 与 $s\times1$ 矩阵的乘积为一阶方阵,即一个数;而 $s\times1$ 与 $1\times s$ 矩阵的乘积是一个 $s$ 阶方阵。

**学生自练 1.1.2**

已知 $(x+1,y)\begin{bmatrix}1 & 2\\-3 & 1\end{bmatrix}=(2,11)$。求：$x,y$ 的值。

**解：**由题意得：

$$(x+1,y)\begin{bmatrix}1 & 2\\-3 & 1\end{bmatrix}=(x+1-3y,2(x+1)+y)=(2,11),$$

即

$$\begin{cases}x+1-3y=2,\\2x+2+y=11,\end{cases}$$

解得

$$\begin{cases}x=4,\\y=1。\end{cases}$$

## 五、方阵的幂

### 1. 定义

**定义 1.1.5**　设 $\boldsymbol{A}=(a_{ij})_{n\times n}$ 是 $n$ 阶方阵，$k\in\mathbf{Z}^{+}$，则 $k$ 个 $\boldsymbol{A}$ 连乘所得到的积仍是 $n$ 阶方阵，称为方阵 $\boldsymbol{A}$ 的 $k$ 次幂，记作：$\boldsymbol{A}^{k}$。即：

$$\underbrace{\boldsymbol{AA}\cdots\boldsymbol{A}}_{k}=\boldsymbol{A}^{k}。$$

**规定：**$\boldsymbol{A}^{0}=\boldsymbol{E}$。

**说明：**①只有方阵才有幂运算。

②$k$ 只能是正整数。

### 2. 方阵幂运算满足运算律

(1) $\boldsymbol{A}^{k}\cdot\boldsymbol{A}^{l}=\boldsymbol{A}^{k+l}$。

(2) $(\boldsymbol{A}^{k})^{l}=\boldsymbol{A}^{k\cdot l}$。

**例 1.1.11**　已知：$\boldsymbol{A}=\begin{bmatrix}2 & -1\\-3 & 3\end{bmatrix}$，$\boldsymbol{B}=\begin{bmatrix}0 & 0 & 0\\a & 0 & 0\\b & c & 0\end{bmatrix}$，$\boldsymbol{E}_2=\begin{bmatrix}1 & 0\\0 & 1\end{bmatrix}$。

求：(1) $\boldsymbol{A}^2$；(2) $\boldsymbol{B}^3$；(3) $\boldsymbol{A}^2-5\boldsymbol{A}$；(4) $\boldsymbol{A}^2-5\boldsymbol{A}+3\boldsymbol{E}_2$。

**解：**(1) $\boldsymbol{A}^2=\boldsymbol{AA}=\begin{bmatrix}2 & -1\\-3 & 3\end{bmatrix}\begin{bmatrix}2 & -1\\-3 & 3\end{bmatrix}$

$$=\begin{bmatrix}2\times2+(-1)\times(-3) & 2\times(-1)+(-1)\times3\\(-3)\times2+3\times(-3) & (-3)\times(-1)+3\times3\end{bmatrix}$$

$$=\begin{bmatrix}7 & -5\\-15 & 12\end{bmatrix}。$$

(2) $\boldsymbol{B}^3=\boldsymbol{BBB}=\begin{bmatrix}0&0&0\\a&0&0\\b&c&0\end{bmatrix}\begin{bmatrix}0&0&0\\a&0&0\\b&c&0\end{bmatrix}\begin{bmatrix}0&0&0\\a&0&0\\b&c&0\end{bmatrix}$

$$=\begin{bmatrix}0&0&0\\0&0&0\\ac&0&0\end{bmatrix}\begin{bmatrix}0&0&0\\a&0&0\\b&c&0\end{bmatrix}=\begin{bmatrix}0&0&0\\0&0&0\\0&0&0\end{bmatrix}。$$

(3) $\boldsymbol{A}^2-5\boldsymbol{A}=\begin{bmatrix}7&-5\\-15&12\end{bmatrix}-5\begin{bmatrix}2&-1\\-3&3\end{bmatrix}$

$$=\begin{bmatrix}7&-5\\-15&12\end{bmatrix}-\begin{bmatrix}10&-5\\-15&15\end{bmatrix}$$

$$=\begin{bmatrix}-3&0\\0&-3\end{bmatrix}。$$

(4) $\boldsymbol{A}^2-5\boldsymbol{A}+3\boldsymbol{E}_2=\begin{bmatrix}7&-5\\-15&12\end{bmatrix}-5\begin{bmatrix}2&-1\\-3&3\end{bmatrix}+3\begin{bmatrix}1&0\\0&1\end{bmatrix}$

$$=\begin{bmatrix}7&-5\\-15&12\end{bmatrix}-\begin{bmatrix}10&-5\\-15&15\end{bmatrix}+\begin{bmatrix}3&0\\0&3\end{bmatrix}$$

$$=\begin{bmatrix}7-10+3 & -5+5+0\\-15+15+0 & 12-15+3\end{bmatrix}$$

$$=\begin{bmatrix}0&0\\0&0\end{bmatrix}=\boldsymbol{O}_{2\times2}。$$

**学生自练 1.1.3** 设 $\boldsymbol{A}=\begin{bmatrix}\lambda&1&0\\0&\lambda&1\\0&0&\lambda\end{bmatrix}$，求：$\boldsymbol{A}^3$。

**解:** $\boldsymbol{A}^2=\begin{bmatrix}\lambda&1&0\\0&\lambda&1\\0&0&\lambda\end{bmatrix}\begin{bmatrix}\lambda&1&0\\0&\lambda&1\\0&0&\lambda\end{bmatrix}=\begin{bmatrix}\lambda^2&2\lambda&1\\0&\lambda^2&2\lambda\\0&0&\lambda^2\end{bmatrix}$，

所以

$$\boldsymbol{A}^3=\begin{bmatrix}\lambda^2 & 2\lambda & 1\\0 & \lambda^2 & 2\lambda\\0 & 0 & \lambda^2\end{bmatrix}\begin{bmatrix}\lambda & 1 & 0\\0 & \lambda & 1\\0 & 0 & \lambda\end{bmatrix}=\begin{bmatrix}\lambda^3 & 3\lambda^2 & 3\lambda\\0 & \lambda^3 & 3\lambda^2\\0 & 0 & \lambda^3\end{bmatrix}。$$

## 六、矩阵的转置

### 1. 转置的定义

**定义 1.1.6** 将 $m\times n$ 矩阵 $\boldsymbol{A}$ 的行与列互换，得到的 $n\times m$ 矩阵，称为矩阵 $\boldsymbol{A}$ 的转置矩阵，记作：$\boldsymbol{A}^{\mathrm{T}}$ 或 $\boldsymbol{A}'$。

即，设：

$$\boldsymbol{A}=\begin{bmatrix}a_{11} & a_{12} & \cdots & a_{1n}\\a_{21} & a_{22} & \cdots & a_{2n}\\\vdots & \vdots & & \vdots\\a_{m1} & a_{m2} & \cdots & a_{mn}\end{bmatrix}_{m\times n},$$

则：

$$\boldsymbol{A}^{\mathrm{T}}=\begin{bmatrix}a_{11} & a_{12} & \cdots & a_{m1}\\a_{12} & a_{22} & \cdots & a_{m2}\\\vdots & \vdots & & \vdots\\a_{1n} & a_{2n} & \cdots & a_{nm}\end{bmatrix}_{n\times m}。$$

### 2. 转置满足的运算律

(1) $(\boldsymbol{A}^{\mathrm{T}})^{\mathrm{T}}=\boldsymbol{A}$；

(2) $(\boldsymbol{A}+\boldsymbol{B})^{\mathrm{T}}=\boldsymbol{A}^{\mathrm{T}}+\boldsymbol{B}^{\mathrm{T}}$；

(3) $(k\boldsymbol{A})^{\mathrm{T}}=k\boldsymbol{A}^{\mathrm{T}}$；

(4) $(\boldsymbol{AB})^{\mathrm{T}}=\boldsymbol{B}^{\mathrm{T}}\boldsymbol{A}^{\mathrm{T}}$。

**例 1.1.12** 已知：$\boldsymbol{A}=\begin{bmatrix}1 & 0\\2 & 3\\4 & 5\end{bmatrix}$，$\boldsymbol{B}=\begin{bmatrix}2 & 1\\4 & 3\end{bmatrix}$。求：(1) $(\boldsymbol{AB})^{\mathrm{T}}$；(2) $\boldsymbol{B}^{\mathrm{T}}\boldsymbol{A}^{\mathrm{T}}$。

**解：**(1)首先计算 $\boldsymbol{AB}$，

$$\boldsymbol{AB}=\begin{bmatrix}1 & 0\\2 & 3\\4 & 5\end{bmatrix}\begin{bmatrix}2 & 1\\4 & 3\end{bmatrix}=\begin{bmatrix}2 & 1\\16 & 11\\28 & 19\end{bmatrix},$$

所以

$$(\boldsymbol{AB})^{\mathrm{T}}=\begin{bmatrix}2 & 16 & 28\\1 & 11 & 19\end{bmatrix}。$$

(2) $\boldsymbol{B}^{\mathrm{T}}\boldsymbol{A}^{\mathrm{T}}=\begin{bmatrix}2 & 4\\1 & 3\end{bmatrix}\begin{bmatrix}1 & 2 & 4\\0 & 3 & 5\end{bmatrix}=\begin{bmatrix}2 & 16 & 28\\1 & 11 & 19\end{bmatrix}$。

显然：$(\boldsymbol{AB})^{\mathrm{T}}=\boldsymbol{B}^{\mathrm{T}}\boldsymbol{A}^{\mathrm{T}}$。

# §1.2　矩阵的初等变换与秩

矩阵的初等变换起源于线性方程组的求解问题。利用初等变换将矩阵 $\boldsymbol{A}$ 化为**“形状简单”**的矩阵 $\boldsymbol{B}$，再通过 $\boldsymbol{B}$ 来研究 $\boldsymbol{A}$ 的有关性质，这种方法在矩阵的求逆及解线性方程组等问题中起着非常重要的作用。

## 一、矩阵的初等行变换

### 1. 初等行(列)变换

**定义 1.2.1**　对矩阵施以下列 3 种变换，称为矩阵的初等行(列)变换：

(1)互换变换：交换矩阵的任意两行(列)，记作：$r_i \leftrightarrow r_j$。

(2)倍法变换：以数 $k(k\neq 0)$ 乘以矩阵的任意一行(列)中的所有元素，记作：$k\times r_i$。

(3)消去变换：把某行的 $k$ 倍加到另一行(列) 对应元素上，记作：$kr_i+r_j$。

这 3 种变换称为矩阵的初等行(列)变换。矩阵的初等行变换与初等列变换统称为**矩阵的初等变换**。

### 2. 符号描述

(1)互换变换：交换任意两行，符号表示：$r_i \leftrightarrow r_j$；

(2)倍法变换：第 $i$ 行 $k$ 倍，符号表示：$kr_i$；

(3)消去变换：第 $i$ 行 $k$ 倍加到第 $j$ 行上，符号表示：$kr_i+r_j$。

### 3. 等价关系

如果矩阵 $\boldsymbol{A}$ 经过有限次初等变换化为矩阵 $\boldsymbol{B}$，则称 $\boldsymbol{A}$ 与 $\boldsymbol{B}$ 等价，记作：

$$\boldsymbol{A}\sim\boldsymbol{B}。$$

矩阵的等价具有以下性质：

(1)自反性：$\boldsymbol{A} \sim \boldsymbol{A}$。

(2)对称性：若 $\boldsymbol{A} \sim \boldsymbol{B}$，则 $\boldsymbol{B} \sim \boldsymbol{A}$。

(3)传递性：若 $\boldsymbol{A} \sim \boldsymbol{B}, \boldsymbol{B} \sim \boldsymbol{C}$，则 $\boldsymbol{A} \sim \boldsymbol{C}$。

## 二、阶梯形矩阵

### 1. 行阶梯形矩阵

**定义 1.2.2**　已知非零矩阵 $\boldsymbol{A}_{m\times n}$，若它满足下面 2 个条件：

(1)若矩阵有零行(元素全为"0"的行)，则全在矩阵的最下方。

(2)矩阵的各非零行(元素不全为"0"的行)，从左→右，第一个非零元素下方的元素均为 0。

满足上述 2 条，则称矩阵 $\boldsymbol{A}$ 称为**行阶梯形矩阵**。

行阶梯形矩阵——如果矩阵中元素全为零的行在最下面，而非零行中非零元素自上而下逐行减少并呈阶梯状，称此矩阵为行阶梯形矩阵。

$\boldsymbol{A}=\begin{bmatrix}1 & -2 & 2 & -1 & 1\\0 & 0 & 2 & 1 & 0\\0 & 0 & 0 & 0 & 1\\0 & 0 & 0 & 0 & 0\end{bmatrix}, \boldsymbol{B}=\begin{bmatrix}1 & -1 & -1 & 1\\0 & -1 & 3 & 5\\0 & 0 & 6 & 7\end{bmatrix}$，$\boldsymbol{A},\boldsymbol{B}$ 为行阶梯形矩阵，$\boldsymbol{C}=\begin{bmatrix}1 & 1 & -2 & -3\\0 & -1 & 3 & 8\\0 & -2 & 5 & 7\end{bmatrix}$，$\boldsymbol{C}$ 为非行阶梯形矩阵。

### 2. 利用初等行变换化阶梯形矩阵

化阶梯形矩阵步骤：

(1)首先使第一行第一个元素为"1"，然后将其下方同列元素化为"0"；

(2)再将第二行从左→右第一个非零元素下方元素化为"0"，以此类推，直至将矩阵化为阶梯形矩阵。

利用**矩阵的初等变换**将矩阵化为行阶梯矩阵是解决矩阵问题的主要方法之一，同学们应该熟练掌握。

**例 1.2.1**　利用初等行变换将矩阵 $\boldsymbol{A}$ 化为阶梯形矩阵

$$\boldsymbol{A}=\begin{bmatrix}2 & 3 & 1 & 0\\0 & 1 & 3 & -4\\1 & 2 & 5 & 1\end{bmatrix},$$

$$\text{解：}\boldsymbol{A}=\begin{bmatrix}2&3&1&0\\0&1&3&-4\\1&2&5&1\end{bmatrix}\xrightarrow{r_1\leftrightarrow r_3}\begin{bmatrix}1&2&5&1\\0&1&3&-4\\2&3&1&0\end{bmatrix}\xrightarrow{-2r_1+r_3}$$

$$\begin{bmatrix}1&2&5&1\\0&1&3&-4\\0&-1&-9&-2\end{bmatrix}\xrightarrow{r_2+r_3}\begin{bmatrix}1&2&5&1\\0&1&3&-4\\0&0&-6&-6\end{bmatrix}=\boldsymbol{B}。$$

$\boldsymbol{B}$ 即为阶梯形矩阵。

**例 1.2.2** 利用初等行变换将矩阵 $\boldsymbol{A}$ 化为阶梯形矩阵

$$\boldsymbol{A}=\begin{bmatrix}1&1&2&1\\2&-1&2&4\\1&-2&0&3\\4&1&4&2\end{bmatrix}。$$

$$\text{解：}\boldsymbol{A}=\begin{bmatrix}1&1&2&1\\2&-1&2&4\\1&-2&0&3\\4&1&4&2\end{bmatrix}\xrightarrow[(-4)r_1+r_4]{\substack{(-2)r_1+r_2\\(-1)r_1+r_3}}\begin{bmatrix}1&1&2&1\\0&-3&-2&2\\0&-3&-2&2\\0&-3&-4&-2\end{bmatrix}\xrightarrow{\substack{(-1)r_2+r_3\\(-1)r_2+r_4}}$$

$$\begin{bmatrix}1&1&2&1\\0&-3&-2&2\\0&0&0&0\\0&0&-2&-4\end{bmatrix}\xrightarrow{r_3\leftrightarrow r_4}\begin{bmatrix}1&1&2&1\\0&-3&-2&2\\0&0&-2&-4\\0&0&0&0\end{bmatrix}\text{（此为阶梯形矩阵）。}$$

**学生自练 1.2.1** 利用初等行变换将矩阵 $\boldsymbol{B}$ 化为阶梯形矩阵

$$\boldsymbol{B}=\begin{bmatrix}2&2&2\\1&2&3\\-1&5&-3\end{bmatrix}。$$

$$\text{解：}\boldsymbol{B}=\begin{bmatrix}2&2&2\\1&2&3\\-1&5&-3\end{bmatrix}\xrightarrow{r_1\leftrightarrow r_2}\begin{bmatrix}1&2&3\\2&2&2\\-1&5&-3\end{bmatrix}\xrightarrow{\substack{(-2)r_1+r_2\\r_1+r_3}}$$

$$\begin{bmatrix}1&2&3\\0&-2&-4\\0&7&0\end{bmatrix}\xrightarrow{\left[-\frac{1}{2}\right]r_2}$$

$$\begin{bmatrix}1&2&3\\0&1&2\\0&7&0\end{bmatrix}\xrightarrow{(-7)r_2+r_3}$$

$$\begin{bmatrix}1&2&3\\0&1&2\\0&0&-14\end{bmatrix}$$（此为阶梯形矩阵）。

## 三、简化阶梯形矩阵

### 1. 简化阶梯矩阵

**定义 1.2.3**　如果阶梯形矩阵 $\boldsymbol{A}$ 还满足：

①各非零行首非零元素皆为“1”；

②各非零行首非零元素所在列的其余元素均为“0”；

则称该阶梯形矩阵 $\boldsymbol{A}$ 为简化阶梯形矩阵，也称简化阶梯矩阵。

### 2. 化简化阶梯形矩阵

(1)先化阶梯形矩阵(按照前面叙述方法)。

(2)将上述阶梯形矩阵的各非零行从左→右第一个元素化为“1”，直至所有非零行第一个元素全为“1”。

(3)从非零行最后一行起，将该非零行首非零元素“1”上方的元素化为“0”，从左→右，以此类推，直至将所有非零行首非零元素“1”所在列的其余元素化为“0”，即为简化阶梯矩阵了。

**例 1.2.3**　利用初等行变换将矩阵 $\boldsymbol{A}$ 化为简化阶梯形矩阵

$$\boldsymbol{A}=\begin{bmatrix}1&1&3&-1&-2\\2&2&-1&12&3\\3&3&2&11&1\\1&1&-4&13&5\end{bmatrix}。$$

**解：**$$\boldsymbol{A}=\begin{bmatrix}1&1&3&-1&-2\\2&2&-1&12&3\\3&3&2&11&1\\1&1&-4&13&5\end{bmatrix}\xrightarrow[(-1)r_1+r_4]{\substack{(-2)r_1+r_2\\(-3)r_1+r_3}}$$

$$\begin{bmatrix}1&1&3&-1&-2\\0&0&-7&14&7\\0&0&-7&14&7\\0&0&-7&14&7\end{bmatrix}\xrightarrow[(-1)r_2+r_4]{(-1)r_2+r_3}$$

$$\begin{bmatrix}1&1&3&-1&-2\\0&0&-7&14&7\\0&0&0&0&0\\0&0&0&0&0\end{bmatrix}\xrightarrow{\left[-\frac{1}{7}\right]r_2}$$

$$\begin{bmatrix}1&1&3&-1&-2\\0&0&1&-2&-1\\0&0&0&0&0\\0&0&0&0&0\end{bmatrix}(\text{阶梯矩阵})\xrightarrow{(-3)r_2+r_1}$$

$$\begin{bmatrix}1&1&0&5&1\\0&0&1&-2&-1\\0&0&0&0&0\\0&0&0&0&0\end{bmatrix}(\text{简化阶梯矩阵})。$$

**学生自练 1.2.2** 将矩阵 $\boldsymbol{A}$ 化为简化阶梯形矩阵

$$\boldsymbol{A}=\begin{bmatrix}1&-1&5&-1&0\\1&1&-2&3&2\\3&-1&8&1&2\\1&3&-9&7&8\end{bmatrix}。$$

**解:** $\boldsymbol{A}=\begin{bmatrix}1&-1&5&-1&0\\1&1&-2&3&2\\3&-1&8&1&2\\1&3&-9&7&8\end{bmatrix}\xrightarrow[(-1)r_1+r_4]{(-1)r_1+r_2 \\ (-3)r_1+r_3}$

$$\begin{bmatrix}1&-1&5&-1&0\\0&2&-7&4&2\\0&2&-7&4&2\\0&4&-14&8&8\end{bmatrix}\xrightarrow[(-2)r_2+r_4]{(-1)r_2+r_3}$$

$$\begin{bmatrix} 1 & -1 & 5 & -1 & 0 \\ 0 & 2 & -7 & 4 & 2 \\ 0 & 0 & 0 & 0 & 0 \\ 0 & 0 & 0 & 0 & 4 \end{bmatrix} \xrightarrow{r_3 \leftrightarrow r_4}$$

$$\begin{bmatrix} 1 & -1 & 5 & -1 & 0 \\ 0 & 2 & -7 & 4 & 2 \\ 0 & 0 & 0 & 0 & 4 \\ 0 & 0 & 0 & 0 & 0 \end{bmatrix} \xrightarrow[\frac{1}{4}r_3]{\frac{1}{2}r_2}$$

$$\begin{bmatrix} 1 & -1 & 5 & -1 & 0 \\ 0 & 1 & -\frac{7}{2} & 2 & 1 \\ 0 & 0 & 0 & 0 & 1 \\ 0 & 0 & 0 & 0 & 0 \end{bmatrix} \xrightarrow{(-1)r_3 + r_2}$$

$$\begin{bmatrix} 1 & -1 & 5 & -1 & 0 \\ 0 & 1 & -\frac{7}{2} & 2 & 0 \\ 0 & 0 & 0 & 0 & 1 \\ 0 & 0 & 0 & 0 & 0 \end{bmatrix} \xrightarrow{r_2 + r_1}$$

$$\begin{bmatrix} 1 & 0 & \frac{3}{2} & 1 & 0 \\ 0 & 1 & -\frac{7}{2} & 2 & 0 \\ 0 & 0 & 0 & 0 & 1 \\ 0 & 0 & 0 & 0 & 0 \end{bmatrix}。$$

## 四、矩阵的秩

由前所述，任何一个矩阵都可以经过有限次初等行变换化为阶梯矩阵。一个矩阵的阶梯矩阵不唯一，但其非零行的行数是唯一的。

### 1. 矩阵的秩

**定义 1.2.4**　矩阵 $\boldsymbol{A}$ 经过初等行变换化成阶梯形矩阵以后，该阶梯形矩阵的非零行的行数称为矩阵 $\boldsymbol{A}$ 的秩，记作：$r(\boldsymbol{A})$。

矩阵的秩是矩阵的本质属性之一，在今后讨论逆矩阵和线性方程组时，有重要作用。

**定理 1.2.1** 矩阵经初等变换后，不改变矩阵的秩。

**2. 用初等变换求矩阵的秩**

步骤如下：

(1)将矩阵 $\boldsymbol{A}$ 用初等行变换化为阶梯形矩阵；

(2)数出该阶梯形矩阵非零行的行数；

(3)得矩阵的秩：$r(\boldsymbol{A})=$非零行的行数。

**例 1.2.4** 已知矩阵 $\boldsymbol{A}=\begin{bmatrix}2 & 1 & 2 & 3\\4 & 1 & 3 & 5\\2 & 0 & 1 & 2\end{bmatrix}$。求：$r(\boldsymbol{A})$。

**解**：
$$\boldsymbol{A}=\begin{bmatrix}2 & 1 & 2 & 3\\4 & 1 & 3 & 5\\2 & 0 & 1 & 2\end{bmatrix}\xrightarrow[(-1)r_1+r_3]{(-2)r_1+r_2}\begin{bmatrix}2 & 1 & 2 & 3\\0 & -1 & -1 & -1\\0 & -1 & -1 & -1\end{bmatrix}\xrightarrow{(-1)r_2+r_3}\begin{bmatrix}2 & 1 & 2 & 3\\0 & -1 & -1 & -1\\0 & 0 & 0 & 0\end{bmatrix},$$

数出阶梯形矩阵非零行的行数即为矩阵的秩：$r(\boldsymbol{A})=2$。

**例 1.2.5** 已知矩阵

$$\boldsymbol{A}=\begin{bmatrix}1 & 0 & 0 & 1\\1 & 2 & 0 & -1\\3 & -1 & 0 & 4\\1 & 4 & 5 & 1\end{bmatrix}。$$

求：$r(\boldsymbol{A}),r(\boldsymbol{A}^{\mathrm{T}})$。

**解**：
$$\boldsymbol{A}=\begin{bmatrix}1 & 0 & 0 & 1\\1 & 2 & 0 & -1\\3 & -1 & 0 & 4\\1 & 4 & 5 & 1\end{bmatrix}\xrightarrow[-r_1+r_4]{\substack{-r_1+r_2\\(-3)r_1+r_3}}\begin{bmatrix}1 & 0 & 0 & 1\\0 & 2 & 0 & -2\\0 & -1 & 0 & 1\\0 & 4 & 5 & 0\end{bmatrix}\xrightarrow[(-2)r_2+r_4]{\frac{1}{2}r_2+r_3}$$

$$\begin{bmatrix}1&0&0&1\\0&1&0&-1\\0&0&0&0\\0&0&5&4\end{bmatrix}\xrightarrow{r_3\leftrightarrow r_4}\begin{bmatrix}1&0&0&1\\0&1&0&-1\\0&0&5&4\\0&0&0&0\end{bmatrix}\text{（阶梯形矩阵）。}$$

所以，$r(\mathbf{A})=3$。

而

$$\mathbf{A}^{\mathrm{T}}=\begin{bmatrix}1&1&3&1\\0&2&-1&4\\0&0&0&5\\1&-1&4&1\end{bmatrix}\xrightarrow{-r_1+r_4}\begin{bmatrix}1&1&3&1\\0&2&-1&4\\0&0&0&5\\0&-2&1&0\end{bmatrix}\xrightarrow{r_2+r_4}$$

$$\begin{bmatrix}1&1&3&1\\0&2&-1&4\\0&0&0&5\\0&0&0&4\end{bmatrix}\xrightarrow{-\frac{4}{5}r_3+r_4}\begin{bmatrix}1&1&3&1\\0&2&-1&4\\0&0&0&5\\0&0&0&0\end{bmatrix}。$$

所以，$r(\mathbf{A}^{\mathrm{T}})=3$。

由此得到一个结论：$r(\mathbf{A})=r(\mathbf{A}^{\mathrm{T}})$。

**结论**：矩阵的转置不改变矩阵的秩。

**3. 满秩矩阵**

由矩阵定义可知，对一个 $m\times n$ 矩阵，$\mathbf{A}=(a_{ij})_{m\times n}$，其秩 $r(\mathbf{A})$ 不大于行数 $m$，且不大于列数 $n$，即：

$$0\leqslant r(\mathbf{A})\leqslant \min(m,n)。$$

当矩阵 $\mathbf{A}=(a_{ij})_{m\times n}$ 的秩 $r(\mathbf{A})$ 符合下述条件：

$$r(\mathbf{A})=\min(m,n)$$

则称矩阵 $\mathbf{A}$ 为满秩矩阵。

特别地，

$$r(\mathbf{A})=\begin{cases}m, & \mathbf{A}\text{ 为行满秩矩阵，}\\ n, & \mathbf{A}\text{ 为列满秩矩阵。}\end{cases}$$

**例如**　$\mathbf{A}=\begin{bmatrix}2&4\\0&1\\0&0\end{bmatrix}$，$r(\mathbf{A})=2=$列数，所以 $\mathbf{A}$ 为满秩矩阵。

$$\boldsymbol{B}=\begin{bmatrix}1&0&0\\0&1&0\\0&0&2\end{bmatrix}$$，$r(\boldsymbol{B})=3=$行或列数，所以 $\boldsymbol{B}$ 为满秩矩阵。

$$\boldsymbol{C}=\begin{bmatrix}1&3&4&5\\0&2&3&8\\0&0&1&2\\0&0&0&0\end{bmatrix}$$，$r(\boldsymbol{C})=3$，而行数 $=$ 列数 $=4$，所以 $\boldsymbol{C}$ 为非满秩矩阵。

**定理 1.2.2** 任何满秩矩阵都能经过初等行变换化为单位矩阵。

**例 1.2.6** 矩阵 $\boldsymbol{A}=\begin{bmatrix}0&2&-1\\1&1&2\\-1&-1&-1\end{bmatrix}$，判断 $\boldsymbol{A}$ 是否为满秩矩阵。若是，将 $\boldsymbol{A}$ 化为单位矩阵。

**解：** $$\boldsymbol{A}=\begin{bmatrix}0&2&-1\\1&1&2\\-1&-1&-1\end{bmatrix}\xrightarrow{r_1\leftrightarrow r_2}\begin{bmatrix}1&1&2\\0&2&-1\\-1&-1&-1\end{bmatrix}\xrightarrow{r_1+r_3}\begin{bmatrix}1&1&2\\0&2&-1\\0&0&1\end{bmatrix},$$

此为阶梯形矩阵，所以 $r(\boldsymbol{A})=3$，$\boldsymbol{A}$ 为满秩矩阵。

继续化为单位矩阵如下：

$$\begin{bmatrix}1&1&2\\0&2&-1\\0&0&1\end{bmatrix}\xrightarrow[r_3+r_2]{(-2)r_3+r_1}\begin{bmatrix}1&1&0\\0&2&0\\0&0&1\end{bmatrix}\xrightarrow{\frac{1}{2}r_2}$$

$$\begin{bmatrix}1&1&0\\0&1&0\\0&0&1\end{bmatrix}\xrightarrow{(-1)r_2+r_1}\begin{bmatrix}1&0&0\\0&1&0\\0&0&1\end{bmatrix}。$$

# §1.3 逆矩阵

## 一、逆矩阵概念及性质

在数的运算中,对于数 $a \neq 0$,总存在唯一一个数 $a^{-1}$,使得:

$$a^{-1}a = aa^{-1} = 1,$$

数的逆在解方程中起着重要作用。

**例如** 解一元线性方程 $ax = b$。当 $a \neq 0$ 时,其解为:$x = a^{-1}b$。

(此解可看作是在方程 $ax = b$ 两边同时乘以 $a^{-1}$,得:$x = a^{-1}b$)

那么,对于一个矩阵 $\boldsymbol{A}$,是否也存在一个类似计算?

**1. 逆矩阵的概念**

**定义 1.3.1** 对于 $n$ 阶方阵 $\boldsymbol{A}$,如果存在一个 $n$ 阶方阵 $\boldsymbol{B}$,使得:

$$\boldsymbol{AB} = \boldsymbol{BA} = \boldsymbol{E},$$

则称方阵 $\boldsymbol{A}$ 是可逆矩阵,且称方阵 $\boldsymbol{B}$ 是方阵 $\boldsymbol{A}$ 的逆矩阵,记作:

$$\boldsymbol{B} = \boldsymbol{A}^{-1}。$$

说明:①矩阵 $\boldsymbol{A}$ 必须是方阵,不是方阵根本不存在逆矩阵。

② $\boldsymbol{A}$ 与 $\boldsymbol{B}$ 互为逆矩阵,即:$\boldsymbol{B} = \boldsymbol{A}^{-1}$,$\boldsymbol{A} = \boldsymbol{B}^{-1}$。

③如果方阵 $\boldsymbol{A}$ 是可逆矩阵,则它的逆矩阵是唯一的。

④不是所有方阵都可逆,显然零矩阵不可逆(因为没有任何一个方阵 $\boldsymbol{B}$ 满足 $\boldsymbol{OB} = \boldsymbol{BO} = \boldsymbol{E}$)。

**2. 逆矩阵的性质**

(1)如果方阵 $\boldsymbol{A}$ 可逆,则它的逆矩阵 $\boldsymbol{A}^{-1}$ 也可逆,即:

$$(\boldsymbol{A}^{-1})^{-1} = \boldsymbol{A}。$$

(2)如果方阵 $\boldsymbol{A}$ 可逆,则它的转置矩阵 $\boldsymbol{A}^{\mathrm{T}}$ 也可逆,即:

$$(\boldsymbol{A}^{\mathrm{T}})^{-1} = (\boldsymbol{A}^{-1})^{\mathrm{T}}。$$

(3)如果 $\boldsymbol{A}$ 和 $\boldsymbol{B}$ 为同阶可逆矩阵,则它们的积也可逆,即:

$$(\boldsymbol{AB})^{-1} = \boldsymbol{B}^{-1}\boldsymbol{A}^{-1}。$$

不是所有矩阵均可逆!那么什么样的矩阵才是可逆的?如何求逆矩阵?

## 二、逆矩阵的求法

### 1. 方阵可逆的充要条件

**定理 1.3.1** 方阵 $\boldsymbol{A}$ 可逆的充分必要条件是：$\boldsymbol{A}$ 满秩。即：满秩方阵一定是可逆的。

**定理 1.3.2** 若对可逆矩阵 $\boldsymbol{A}$ 施以有限次初等行变换可化为单位矩阵 $\boldsymbol{E}$，则对 $\boldsymbol{E}$ 施以同样的初等行变换一定能化为 $\boldsymbol{A}^{-1}$。

即

$$(\boldsymbol{A} \vdots \boldsymbol{E}) \xrightarrow{\text{初等行变换}} (\boldsymbol{E} \vdots \boldsymbol{A}^{-1})。$$

### 2. 逆矩阵的求法

由定理 1.3.2 可得到用初等变换求逆矩阵的方法：

①在 $n$ 阶方阵 $\boldsymbol{A}$ 的右侧加上与 $\boldsymbol{A}$ 同阶的单位矩阵 $\boldsymbol{E}$，构成分块矩阵 $(\boldsymbol{A} \vdots \boldsymbol{E})$。

②对这个 $n \times 2n$ 矩阵作初等行变换，使子块 $\boldsymbol{A}$ 化为 $\boldsymbol{E}$，同时子块 $\boldsymbol{E}$ 就化为了 $\boldsymbol{A}^{-1}$，即

$$(\boldsymbol{A} \vdots \boldsymbol{E}) \xrightarrow{\text{初等行变换}} (\boldsymbol{E} \vdots \boldsymbol{A}^{-1})。$$

**例 1.3.1** 已知矩阵：

$$\boldsymbol{A} = \begin{bmatrix} 1 & 0 & 1 \\ 1 & 1 & 2 \\ -3 & -1 & -3 \end{bmatrix}。$$

求：$\boldsymbol{A}$ 是否可逆，如可逆求出 $\boldsymbol{A}^{-1}$。

**解**：做 3×6 矩阵 $(\boldsymbol{A} \vdots \boldsymbol{E})$

$$(\boldsymbol{A} \vdots \boldsymbol{E}) = \left[\begin{array}{ccc|ccc} 1 & 0 & 1 & 1 & 0 & 0 \\ 1 & 1 & 2 & 0 & 1 & 0 \\ -3 & -1 & -3 & 0 & 0 & 1 \end{array}\right]_{3\times 6} \xrightarrow[3r_2 + r_3]{(-1)r_1 + r_2}$$

$$\left[\begin{array}{ccc|ccc} 1 & 0 & 1 & 1 & 0 & 0 \\ 0 & 1 & 1 & -1 & 1 & 0 \\ 0 & 2 & 3 & 0 & 3 & 1 \end{array}\right]_{3\times 6} \xrightarrow{(-2)r_2 + r_3}$$

$$\left[\begin{array}{ccc|ccc} 1 & 0 & 1 & 1 & 0 & 0 \\ 0 & 1 & 1 & -1 & 1 & 0 \\ 0 & 0 & 1 & 2 & 1 & 1 \end{array}\right]_{3\times 6} \xrightarrow[(-1)r_3 + r_1]{(-1)r_3 + r_2}$$

$$\left[\begin{array}{ccc|ccc} 1 & 0 & 0 & -1 & -1 & -1 \\ 0 & 1 & 0 & -3 & 0 & -1 \\ 0 & 0 & 1 & 2 & 1 & 1 \end{array}\right]_{3\times 6}。$$

即：$\boldsymbol{A} \xrightarrow{\text{化为}} \boldsymbol{E}$，则 $\boldsymbol{E} \xrightarrow{\text{化为}} \boldsymbol{A}^{-1}$。

$r(\boldsymbol{A})=3=n$（$\boldsymbol{A}$ 化为单位矩阵，必可逆）。

则：

$$\boldsymbol{A}^{-1}=\begin{bmatrix} -4 & 2 & -1 \\ -6 & 3 & -1 \\ 5 & -2 & 1 \end{bmatrix}。$$

**例 1.3.2** 已知矩阵：

$$\boldsymbol{A}=\begin{bmatrix} 1 & 2 & 1 & 3 \\ 2 & 2 & 0 & 4 \\ 2 & 4 & 2 & 6 \\ -3 & 0 & -2 & -8 \end{bmatrix},$$

判断 $\boldsymbol{A}$ 是否可逆？

**解：**做 $4\times 8$ 矩阵 $(\boldsymbol{A} \vdots \boldsymbol{E})$

$$(\boldsymbol{A} \vdots \boldsymbol{E})=\left[\begin{array}{cccc|cccc} 1 & 2 & 1 & 3 & 1 & 0 & 0 & 0 \\ 2 & 2 & 0 & 4 & 0 & 1 & 0 & 0 \\ 2 & 4 & 2 & 6 & 0 & 0 & 1 & 0 \\ -3 & 0 & -2 & -8 & 0 & 0 & 0 & 0 \end{array}\right] \xrightarrow[3r_1+r_4]{\substack{(-2)r_1+r_2 \\ (-2)r_1+r_3}}$$

$$\left[\begin{array}{cccc|cccc} 1 & 2 & 1 & 3 & 1 & 0 & 0 & 0 \\ 0 & -2 & -2 & -2 & -2 & 1 & 0 & 0 \\ 0 & 0 & 0 & 0 & -2 & 0 & 1 & 0 \\ 0 & 6 & 1 & 1 & 3 & 0 & 0 & 1 \end{array}\right],$$

因为左侧子块不能化为 $\boldsymbol{E}_{4\times 4}$（即 $\boldsymbol{A}$ 不满秩），所以 $\boldsymbol{A}$ 不可逆，也即 $\boldsymbol{A}$ 没有逆矩阵。

## 三、解矩阵方程

矩阵方程 3 种类型解的形式归纳如下：

$$\boldsymbol{AX}=\boldsymbol{B} \xrightarrow{\text{解}} \boldsymbol{X}=\boldsymbol{A}^{-1}\boldsymbol{B},$$

$$XA=B \xrightarrow{解} X=BA^{-1},$$

$$AXB=C \xrightarrow{解} X=A^{-1}CB^{-1}。$$

**例 1.3.3** 解矩阵方程 $AX=B$。其中，

$$A=\begin{bmatrix}1&2\\2&1\end{bmatrix},B=\begin{bmatrix}1&4\\-1&2\end{bmatrix}。$$

**解:**首先求 $A^{-1}$，做 $2\times4$ 矩阵 $(A\vdots E)$，

$$(A\vdots E)=\left[\begin{array}{cc|cc}1&2&1&0\\2&1&0&1\end{array}\right]\xrightarrow{(-2)r_1+r_2}$$

$$\left[\begin{array}{cc|cc}1&2&1&0\\0&-3&-2&1\end{array}\right]\xrightarrow{\left[-\frac{1}{3}\right]r_2}$$

$$\left[\begin{array}{cc|cc}1&2&1&0\\0&1&\frac{2}{3}&-\frac{1}{3}\end{array}\right]\xrightarrow{(-2)r_2+r_1}$$

$$\left[\begin{array}{cc|cc}1&0&-\frac{1}{3}&\frac{2}{3}\\0&1&\frac{2}{3}&-\frac{1}{3}\end{array}\right],$$

所以

$$A^{-1}=\begin{bmatrix}-\frac{1}{3}&\frac{2}{3}\\\frac{2}{3}&-\frac{1}{3}\end{bmatrix},$$

由 $AX=B \xrightarrow{解} X=A^{-1}B$，得:

$$X=A^{-1}B=\begin{bmatrix}-\frac{1}{3}&\frac{2}{3}\\\frac{2}{3}&-\frac{1}{3}\end{bmatrix}\begin{bmatrix}1&4\\-1&2\end{bmatrix}=\begin{bmatrix}-1&0\\1&2\end{bmatrix}。$$

**例 1.3.4** 解矩阵方程 $XA=B$。其中，

$$A=\begin{bmatrix}1&1&-2\\2&1&-1\\1&-1&3\end{bmatrix},B=(-2\quad 1\quad 4)。$$

**解:**首先求 $A^{-1}$，做 $3\times6$ 矩阵 $(A\vdots E)$

$$(\boldsymbol{A}\vdots\boldsymbol{E})=\left[\begin{array}{ccc|ccc}1&1&-2&1&0&0\\2&1&-1&0&1&0\\1&-1&3&0&0&1\end{array}\right]\xrightarrow[(-1)r_1+r_3]{(-2)r_1+r_2}$$

$$\left[\begin{array}{ccc|ccc}1&1&-2&1&0&0\\0&-1&3&-2&1&0\\0&-2&5&-1&0&1\end{array}\right]\xrightarrow{(-2)r_2+r_3}$$

$$\left[\begin{array}{ccc|ccc}1&1&-2&1&0&0\\0&-1&3&-2&1&0\\0&0&-1&3&-2&1\end{array}\right]\xrightarrow[(-1)r_3]{(-1)r_2}$$

$$\left[\begin{array}{ccc|ccc}1&1&-2&1&0&0\\0&1&-3&2&-1&0\\0&0&1&-3&2&-1\end{array}\right]\xrightarrow[3r_3+r_2]{2r_3+r_1}$$

$$\left[\begin{array}{ccc|ccc}1&1&0&-5&4&-2\\0&1&0&-7&5&-3\\0&0&1&-3&2&-1\end{array}\right]\xrightarrow{(-1)r_2+r_1}$$

$$\left[\begin{array}{ccc|ccc}1&0&0&2&-1&1\\0&1&0&-7&5&-3\\0&0&1&-3&2&-1\end{array}\right],$$

所以,

$$\boldsymbol{A}^{-1}=\begin{bmatrix}2&-1&1\\-7&5&-3\\-3&2&-1\end{bmatrix},$$

由 $\boldsymbol{XA}=\boldsymbol{B}\xrightarrow{\text{解}}\boldsymbol{X}=\boldsymbol{BA}^{-1}$,得:

$$\boldsymbol{X}=\boldsymbol{BA}^{-1}=(-2,1,4)\begin{bmatrix}2&-1&1\\-7&5&-3\\-3&2&-1\end{bmatrix}=(-23,15,-9)。$$

**例 1.3.5** 解矩阵方程 $\boldsymbol{AXB}=\boldsymbol{C}$,其中,

$$\boldsymbol{A}=\begin{bmatrix}1&2\\3&5\end{bmatrix},\boldsymbol{B}=\begin{bmatrix}1&3\\0&1\end{bmatrix},\boldsymbol{C}=\begin{bmatrix}1&3\\2&5\end{bmatrix}。$$

**解:**首先求 $\boldsymbol{A}^{-1}$ 和 $\boldsymbol{B}^{-1}$:

$$(\boldsymbol{A} \vdots \boldsymbol{E})=\left[\begin{array}{cc|cc}1 & 2 & 1 & 0\\3 & 5 & 0 & 1\end{array}\right]\xrightarrow{(-3)r_1+r_2}\left[\begin{array}{cc|cc}1 & 2 & 1 & 0\\0 & -1 & -3 & 1\end{array}\right]\xrightarrow{(-1)r_2}$$

$$\left[\begin{array}{cc|cc}1 & 2 & 1 & 0\\0 & 1 & 3 & -1\end{array}\right]\xrightarrow{(-2)r_2+r_1}$$

$$\left[\begin{array}{cc|cc}1 & 0 & -5 & 2\\0 & 1 & 3 & -1\end{array}\right],$$

所以，

$$\boldsymbol{A}^{-1}=\begin{bmatrix}-5 & 2\\3 & -1\end{bmatrix}。$$

$$(\boldsymbol{B} \vdots \boldsymbol{E})=\left[\begin{array}{cc|cc}1 & 3 & 1 & 0\\0 & 1 & 0 & 1\end{array}\right]\xrightarrow{(-3)r_2+r_1}$$

$$\left[\begin{array}{cc|cc}1 & 0 & 1 & -3\\0 & 1 & 0 & 1\end{array}\right],$$

所以，

$$\boldsymbol{B}^{-1}=\begin{bmatrix}1 & -3\\0 & 1\end{bmatrix}。$$

由 $\boldsymbol{AXB}=\boldsymbol{C}\xrightarrow{解}\boldsymbol{X}=\boldsymbol{A}^{-1}\boldsymbol{C}\boldsymbol{B}^{-1}$ 得：

$$\boldsymbol{X}=\boldsymbol{A}^{-1}\boldsymbol{C}\boldsymbol{B}^{-1}=\begin{bmatrix}-5 & 2\\3 & -1\end{bmatrix}\begin{bmatrix}1 & 3\\2 & 5\end{bmatrix}\begin{bmatrix}1 & -3\\0 & 1\end{bmatrix}$$

$$=\begin{bmatrix}-1 & -5\\1 & 4\end{bmatrix}\begin{bmatrix}1 & -3\\0 & 1\end{bmatrix}=\begin{bmatrix}-1 & -2\\1 & 1\end{bmatrix}。$$

**例 1.3.6** 解矩阵方程 $\boldsymbol{AX}=\boldsymbol{A}+2\boldsymbol{X}$。其中，

$$\boldsymbol{A}=\begin{bmatrix}3 & -1 & 0\\2 & -2 & 0\\0 & 0 & 4\end{bmatrix}。$$

**解：** 因为 $\boldsymbol{AX}=\boldsymbol{A}+2\boldsymbol{X}$，所以 $\boldsymbol{AX}-2\boldsymbol{X}=\boldsymbol{A}$，即

$$(\boldsymbol{A}-2\boldsymbol{E})\boldsymbol{X}=\boldsymbol{A},\boldsymbol{X}=(\boldsymbol{A}-2\boldsymbol{E})^{-1}\boldsymbol{A},$$

所以，

$$\boldsymbol{X}=\begin{bmatrix}1 & -1 & 0\\2 & -4 & 0\\0 & 0 & 2\end{bmatrix}^{-1}\begin{bmatrix}3 & -1 & 0\\2 & -2 & 0\\0 & 0 & 4\end{bmatrix}$$

$$=\frac{1}{2}\begin{bmatrix}4 & -1 & 0\\2 & -1 & 0\\0 & 0 & 1\end{bmatrix}\begin{bmatrix}3 & -1 & 0\\2 & 0 & 0\\0 & 0 & 2\end{bmatrix}$$

$$=\begin{bmatrix}5 & -1 & 0\\2 & 0 & 0\\0 & 0 & 2\end{bmatrix}。$$

# §1.4 线性方程组的解

## 1.4.1 线性方程组解的判定

求解线性方程组是线性代数最主要的任务之一。为了寻求出一般线性方程组的求解方法,并讨论解的存在性及解的情况,本小节主要讨论一般线性方程组的解法。

### 一、消元法的实质

**引例** 用消元法求解线性方程组:

$$\begin{cases}x_1+2x_2=1, & ①\\3x_1-x_2=-4。 & ②\end{cases}\qquad(\text{I})$$

用消元法解题步骤如下:

步骤一:将方程组中①的$-3$倍加到②上,即$-3①+②$,以消去$x_1$,得:

$$\begin{cases}x_1+2x_2=1, & ①\\-7x_2=-7, & ③\end{cases}\qquad(\text{II})$$

步骤二:将方程组中③的两边同乘$\left[-\frac{1}{7}\right]$,即$-\frac{1}{7}$③,以解出$x_2$,得:

$$\begin{cases}x_1+2x_2=1, & ①\\x_2=1, & ④\end{cases}$$

步骤三:将方程组中④的$-2$倍加到①上,即$-2④+①$,以消去$x_2$,再解出$x_1$得:

$$\begin{cases} x_1 = -1, \\ x_2 = 1。\end{cases} \quad (\text{Ⅲ})$$

显然,上述方程组(Ⅰ)(Ⅱ)(Ⅲ)均为同解方程组,从而(Ⅲ)的解即为(Ⅰ)的解。

实质上,用消元法解线性方程组,就是对线性方程组作同解变换。而对线性方程组作同解变换只是使未知量系数与常数项改变,而未知量符号不会变。

现将上述解题过程描述如下:

$$\bar{\boldsymbol{A}} = (\boldsymbol{A} \vdots \boldsymbol{B}) = \left[\begin{array}{cc|c} 1 & 2 & 1 \\ 3 & -1 & -4 \end{array}\right] \xrightarrow{(-3)r_1 + r_2} \left[\begin{array}{cc|c} 1 & 2 & 1 \\ 0 & -7 & -7 \end{array}\right] \xrightarrow{-\frac{1}{7}r_2}$$

$$\left[\begin{array}{cc|c} 1 & 2 & 1 \\ 0 & 1 & 1 \end{array}\right] \xrightarrow{(-2)r_2 + r_1} \left[\begin{array}{cc|c} 1 & 0 & -1 \\ 0 & 1 & 1 \end{array}\right],$$

还原为线性方程组为:

$$\begin{cases} 1 \cdot x_1 + 0 \cdot x_2 = -1, \\ 0 \cdot x_1 + 1 \cdot x_2 = 1, \end{cases}$$

对应的同解方程为:

$$\begin{cases} x_1 = -1, \\ x_2 = 1, \end{cases}$$

此即为线性方程组的解。用消元法解线性方程组实质是:对该方程组的增广矩阵 $\bar{\boldsymbol{A}}$ 反复施以初等行变换的过程。

## 二、线性方程组矩阵形式

### 1. 线性方程组的矩阵形式

由前述分析可知,由 $m$ 个线性方程构成 $n$ 元线性方程组如下:

$$\begin{cases} a_{11}x_1 + a_{12}x_2 + \cdots + a_{1n}x_n = b_1, \\ a_{21}x_1 + a_{22}x_2 + \cdots + a_{2n}x_n = b_2, \\ \cdots\cdots \\ a_{m1}x_1 + a_{m2}x_2 + \cdots + a_{mn}x_n = b_m, \end{cases}$$

将上式写成矩阵形式:

$$\boldsymbol{AX} = \boldsymbol{B},$$

此即为线性方程组的矩阵形式。其中,系数矩阵

$$\boldsymbol{A}=\begin{bmatrix} a_{11} & a_{12} & \cdots & a_{1n} \\ a_{21} & a_{22} & \cdots & a_{2n} \\ \vdots & \vdots & & \vdots \\ a_{m1} & a_{m2} & \cdots & a_{mn} \end{bmatrix},$$

未知量矩阵

$$\boldsymbol{X}=\begin{bmatrix} x_1 \\ x_2 \\ \vdots \\ x_3 \end{bmatrix},$$

常数项矩阵

$$\boldsymbol{B}=\begin{bmatrix} b_1 \\ b_2 \\ \vdots \\ b_m \end{bmatrix}。$$

**2. 增广矩阵**

增广矩阵:由未知量系数与常数项构成的 $m$ 行 $n+1$ 列矩阵,称为线性方程组的增广矩阵,简记作:$\bar{\boldsymbol{A}}$,即

$$\bar{\boldsymbol{A}}=(\boldsymbol{A} \vdots \boldsymbol{B})=\left[\begin{array}{cccc|c} a_{11} & a_{12} & \cdots & a_{1n} & b_1 \\ a_{21} & a_{22} & \cdots & a_{2n} & b_2 \\ \vdots & \vdots & & \vdots & \vdots \\ a_{m1} & a_{m2} & \cdots & a_{mn} & b_m \end{array}\right]_{m\times(n+1)}。$$

## 三、线性方程组有解的充要条件

**1. 消元法解线性方程组步骤**

消元法解线性方程组具体步骤如下:

①写出线性方程组的增广矩阵 $\bar{\boldsymbol{A}}=(\boldsymbol{A} \vdots \boldsymbol{B})$,将 $\bar{\boldsymbol{A}}$ 用初等行变换化为阶梯形矩阵。

②将阶梯形矩阵继续用初等行变换化为简化阶梯形矩阵。

③将简化阶梯形矩阵还原为线性方程组,从而写出同解方程,即可求出相应的解。

**例 1.4.1** 解线性方程组

$$\begin{cases} x_1-2x_2+4x_3=3, \\ 2x_1+2x_2-x_3=6, \\ 5x_1+7x_2+x_3=28。 \end{cases}$$

**解:**写出增广矩阵:

$$\bar{\boldsymbol{A}}=(\boldsymbol{A}\ \vdots\ \boldsymbol{B})=\left[\begin{array}{ccc|c} 1 & -2 & 4 & 3 \\ 2 & 2 & -1 & 6 \\ 5 & 7 & 1 & 28 \end{array}\right] \xrightarrow[(-5)r_1+r_3]{(-2)r_1+r_2}$$

$$\left[\begin{array}{ccc|c} 1 & -2 & 4 & 3 \\ 0 & 6 & -9 & 0 \\ 0 & 17 & -19 & 13 \end{array}\right] \xrightarrow{\frac{1}{6}r_2}$$

$$\left[\begin{array}{ccc|c} 1 & -2 & 4 & 3 \\ 0 & 1 & -\frac{3}{2} & 0 \\ 0 & 17 & -19 & 13 \end{array}\right] \xrightarrow{(-17)r_2+r_3}$$

$$\left[\begin{array}{ccc|c} 1 & -2 & 4 & 3 \\ 0 & 1 & -\frac{3}{2} & 0 \\ 0 & 0 & \frac{13}{2} & 13 \end{array}\right] \xrightarrow{\frac{2}{13}r_3}$$

$$\left[\begin{array}{ccc|c} 1 & -2 & 4 & 3 \\ 0 & 1 & -\frac{3}{2} & 0 \\ 0 & 0 & 1 & 2 \end{array}\right] \xrightarrow[\frac{3}{2}r_3+r_2]{(-4)r_3+r_1}$$

$$\left[\begin{array}{ccc|c} 1 & -2 & 0 & -5 \\ 0 & 1 & 0 & 3 \\ 0 & 0 & 1 & 2 \end{array}\right] \xrightarrow{2r_2+r_1} \left[\begin{array}{ccc|c} 1 & 0 & 0 & 1 \\ 0 & 1 & 0 & 3 \\ 0 & 0 & 1 & 2 \end{array}\right],$$

可得,$r(\boldsymbol{A})=r(\bar{\boldsymbol{A}})=3=n$。

还原为线性方程组:

$$\begin{cases} x_1=1, \\ x_2=3, \\ x_3=2, \end{cases}$$

即为所求的唯一解。

**例 1.4.2**　解线性方程组

$$\begin{cases} x_1 - x_2 - 3x_3 + x_4 = 1, \\ x_1 + x_2 + x_3 - x_4 = 3, \\ 2x_1 - 2x_2 - 6x_3 + 4x_4 = 0, \\ 2x_2 - 2x_2 - 6x_3 - x_4 = 5。 \end{cases}$$

**解:**写出增广矩阵：

$$\bar{\boldsymbol{A}} = (\boldsymbol{A} \vdots \boldsymbol{B}) = \left[\begin{array}{cccc|c} 1 & -1 & -3 & 1 & 1 \\ 1 & 1 & 1 & -1 & 3 \\ 2 & -2 & -6 & 4 & 0 \\ 2 & -2 & -6 & -1 & 5 \end{array}\right] \xrightarrow[(-2)r_1 + r_4]{\substack{(-1)r_1 + r_2 \\ (-2)r_1 + r_3}}$$

$$\left[\begin{array}{cccc|c} 1 & -1 & -3 & 1 & 1 \\ 0 & 2 & 4 & -2 & 2 \\ 0 & 0 & 0 & 2 & -2 \\ 0 & 0 & 0 & -3 & 3 \end{array}\right] \xrightarrow{\left(-\frac{3}{2}\right) r_3 + r_4}$$

$$\left[\begin{array}{cccc|c} 1 & -1 & -3 & 1 & 1 \\ 0 & 2 & 4 & -2 & 2 \\ 0 & 0 & 0 & 2 & -2 \\ 0 & 0 & 0 & 0 & 6 \end{array}\right] \xrightarrow{\substack{\frac{1}{2} r_2 \\ \frac{1}{2} r_3}}$$

$$\left[\begin{array}{cccc|c} 1 & -1 & -3 & 1 & 1 \\ 0 & 1 & 2 & -1 & 1 \\ 0 & 0 & 0 & 1 & -1 \\ 0 & 0 & 0 & 0 & 6 \end{array}\right] \xrightarrow{\substack{(-1)r_3 + r_1 \\ r_3 + r_2}}$$

$$\left[\begin{array}{cccc|c} 1 & -1 & -3 & 0 & 2 \\ 0 & 1 & 2 & 0 & 0 \\ 0 & 0 & 0 & 1 & -1 \\ 0 & 0 & 0 & 0 & 6 \end{array}\right] \xrightarrow{r_2 + r_1}$$

$$\left[\begin{array}{cccc|c} 1 & 0 & -1 & 0 & 2 \\ 0 & 1 & 2 & 0 & 0 \\ 0 & 0 & 0 & 1 & -1 \\ 0 & 0 & 0 & 0 & 6 \end{array}\right] (r(\boldsymbol{A}) = r(\bar{\boldsymbol{A}}) = 3 < n = 4),$$

将简化阶梯矩阵还原为线性方程组：

$$\begin{cases} x_1 - x_3 = 2, \\ x_2 + 2x_3 = 0, \\ x_4 = -1, \end{cases}$$

最后一个方程已化为“0=0”，说明是“多余”的方程，不用再写出来了。改写成如下形式：

$$\begin{cases} x_1 = 2 + x_3, \\ x_2 = -2x_3, \\ x_4 = -1。 \end{cases}$$

**说明：**任意取定 $x_3$ 的值，就可以唯一确定对应的 $x_1, x_2$ 的值，得到一组解。因此，原方程组有无穷多组解。此时我们称 $x_3$ 为自由未知量，可令 $x_3 = c$，得一般解：

$$\begin{cases} x_1 = 2 + c, \\ x_2 = -2c, \\ x_3 = c, \\ x_4 = -1。 \end{cases} \text{（解不唯一）}$$

**例 1.4.3** 解线性方程组

$$\begin{cases} x_1 + 2x_2 - x_3 = 1, \\ 2x_1 - 3x_2 + x_3 = 0, \\ 4x_1 + x_2 - x_3 = 3。 \end{cases}$$

**解：**写出增广矩阵 $(\boldsymbol{A} \vdots \boldsymbol{B})$：

$$\bar{\boldsymbol{A}} = (\boldsymbol{A} \vdots \boldsymbol{B}) = \left[\begin{array}{ccc|c} 1 & 2 & -1 & 1 \\ 2 & -3 & 1 & 0 \\ 4 & 1 & -1 & 3 \end{array}\right] \xrightarrow[(-4)r_1 + r_3]{(-2)r_1 + r_2}$$

$$\left[\begin{array}{ccc|c} 1 & 2 & -1 & 1 \\ 0 & -7 & 3 & -2 \\ 0 & -7 & 3 & -1 \end{array}\right] \xrightarrow{(-1)r_2 + r_3}$$

$$\left[\begin{array}{ccc|c} 1 & 2 & -1 & 1 \\ 0 & -7 & 3 & -2 \\ 0 & 0 & 0 & 1 \end{array}\right],$$

将简化阶梯矩阵还原为线性方程组：

$$\begin{cases} x_1 + 2x_2 - x_3 = 1, \\ -7x_2 + 3x_3 = -2, \\ 0 \cdot x_1 + 0 \cdot x_2 + 0 \cdot x_3 = 1, \end{cases}$$

第3个方程为：$0=1$，矛盾！

**说明：**原方程组有互相矛盾的地方，故原方程组无解。

分析例1.4.3发现：系数矩阵秩 $r(\boldsymbol{A}) = 2$ 而增广矩阵的秩 $r(\bar{\boldsymbol{A}}) = 3$，即：$r(\boldsymbol{A}) \neq r(\bar{\boldsymbol{A}})$。

**2. 线性方程组有解的充要条件**

一般线性方程组的解有3种情况：唯一解、无穷多解、无解。

**定理1.4.1** 线性方程组有解的充要条件是：系数矩阵 $\boldsymbol{A}$ 与增广矩阵 $\bar{\boldsymbol{A}}$ 的秩相等，即：

$$r(\boldsymbol{A}) = r(\bar{\boldsymbol{A}}),$$

$$且 \begin{cases} r(\boldsymbol{A}) = r(\bar{\boldsymbol{A}}) = n(\text{未知量个数}), & \text{有唯一解}, \\ r(\boldsymbol{A}) = r(\bar{\boldsymbol{A}}) = r < n, & \text{有无穷多解，且自由未知量个数为}(n-r)\text{个}, \\ r(\boldsymbol{A}) \neq r(\bar{\boldsymbol{A}}), & \text{原方程组无解。} \end{cases}$$

## 1.4.2 非齐次线性方程组

### 一、非齐次线性方程组

由1.4.1小节可知，由 $m$ 个线性方程构成 $n$ 元线性方程组如下：

$$\begin{cases} a_{11}x_1 + a_{12}x_2 + \cdots + a_{1n}x_n = b_1, \\ a_{21}x_1 + a_{22}x_2 + \cdots + a_{2n}x_n = b_2, \\ \cdots\cdots \\ a_{m1}x_1 + a_{m2}x_2 + \cdots + a_{mn}x_n = b_m, \end{cases} \Rightarrow$$

$$\boldsymbol{AX} = \boldsymbol{B}(\text{矩阵形式}),$$

也称此为非齐次线性方程组，即 $\boldsymbol{AX} = \boldsymbol{B}$。

### 二、非齐次线性方程组全部解求法

解非齐次线性方程组时，如果原方程组有无穷多解的情况，则必有自由未知量,可以根据题意合理设自由未知量,写出全部解。

步骤如下:

①将增广矩阵 $\bar{\boldsymbol{A}}=(\boldsymbol{A}\vdots\boldsymbol{B})$ 用初等行变换化为简化阶梯形矩阵。

②判断非齐次线性方程组是否有无穷多解,即 $r(\boldsymbol{A})=r(\bar{\boldsymbol{A}})=r<n$。

③将简化阶梯形矩阵还原为线性方程组,得到同解方程组。

④写出其全部解。

**例 1.4.4** 解线性方程组

$$\begin{cases}x_1+5x_2-x_3-x_4=-1,\\x_1-2x_2+x_3+3x_4=3,\\3x_1+8x_2-x_3+x_4=1,\\x_1-9x_2+3x_3+7x_4=7。\end{cases}$$

**解:**(1)写出增广矩阵 $(\boldsymbol{A}\vdots\boldsymbol{B})$

$$\bar{\boldsymbol{A}}=(\boldsymbol{A}\vdots\boldsymbol{B})=\left[\begin{array}{cccc|c}1&5&-1&-1&-1\\1&-2&1&3&3\\3&8&-1&1&1\\1&-9&3&7&7\end{array}\right]\xrightarrow[(-1)r_1+r_4]{\substack{(-1)r_1+r_2\\(-3)r_1+r_3}}$$

$$\left[\begin{array}{cccc|c}1&5&-1&-1&-1\\0&-7&2&4&4\\0&-7&2&4&4\\0&-14&4&8&8\end{array}\right]\xrightarrow[(-2)r_2+r_4]{(-1)r_2+r_3}$$

$$\left[\begin{array}{cccc|c}1&5&-1&-1&-1\\0&-7&2&4&4\\0&0&0&0&0\\0&0&0&0&0\end{array}\right]\xrightarrow{\left(-\frac{1}{7}\right)r_2}$$

$$\left[\begin{array}{cccc|c}1&5&-1&-1&-1\\0&1&-\frac{2}{7}&-\frac{4}{7}&-\frac{4}{7}\\0&0&0&0&0\\0&0&0&0&0\end{array}\right]\xrightarrow{(-5)r_2+r_1}$$

$$\left[\begin{array}{cccc|c} 1 & 0 & \frac{3}{7} & \frac{13}{7} & \frac{13}{7} \\ 0 & 1 & -\frac{2}{7} & -\frac{4}{7} & -\frac{4}{7} \\ 0 & 0 & 0 & 0 & 0 \\ 0 & 0 & 0 & 0 & 0 \end{array}\right]。$$

(2)判断解的情况

因为$r(\mathbf{A})=r(\bar{\mathbf{A}})=2<4$(未知量个数),所以原线性方程组有无穷多解。

(3)还原线性方程组得同解方程

将简化阶梯矩阵还原为线性方程组:

$$\begin{cases} x_1+\frac{3}{7}x_3+\frac{13}{7}x_4=\frac{13}{7}, \\ x_2-\frac{2}{7}x_3-\frac{4}{7}x_4=-\frac{4}{7}, \end{cases}$$

得到同解方程为:

$$\begin{cases} x_1=\frac{13}{7}-\frac{3}{7}x_3-\frac{13}{7}x_4, \\ x_2=-\frac{4}{7}+\frac{2}{7}x_3+\frac{4}{7}x_4, \end{cases}$$

其中,$x_3$,$x_4$为自由未知量。

(4)写出全部解

令$x_3=c_1$,$x_4=c_2$,故全部解为:

$$\begin{cases} x_1=\frac{13}{7}-\frac{3}{7}c_1-\frac{13}{7}c_2, \\ x_2=-\frac{4}{7}+\frac{2}{7}c_1+\frac{4}{7}c_2, \\ x_3=c_1, \\ x_4=c_2, \end{cases} (c_1,c_2\text{ 任意常数}),$$

也可令$x_3=7c_1$,$x_4=7c_2$,故全部解为:

$$\begin{cases} x_1 = \frac{13}{7} - 3c_1 - 13c_2, \\ x_2 = -\frac{4}{7} + 2c_1 + 4c_2, (c_1, c_2 \text{ 为任意常数})。 \\ x_3 = 7c_1, \\ x_4 = 7c_2, \end{cases}$$

**学生自练 1.4.1** 讨论 $a$,$b$ 为何值时,线性方程组

$$\begin{cases} x_1 + x_2 + x_3 + x_4 = 0, \\ x_2 + 2x_3 + 2x_4 = 1, \\ -x_2 + (a-3)x_3 - 2x_4 = b, \\ 3x_1 + 2x_2 + x_3 + ax_4 = -1, \end{cases}$$

有唯一解?无解?有无穷多解?当有无穷多解时,求出它的全部解。

**解:**写出增广矩阵 $(\boldsymbol{A} \vdots \boldsymbol{B})$:

$$\bar{\boldsymbol{A}} = (\boldsymbol{A} \vdots \boldsymbol{B}) = \left[\begin{array}{cccc|c} 1 & 1 & 1 & 1 & 0 \\ 0 & 1 & 2 & 2 & 1 \\ 0 & -1 & a-3 & -2 & b \\ 3 & 2 & 1 & a & -1 \end{array}\right] \xrightarrow{(-3)r_1 + r_4}$$

$$\left[\begin{array}{cccc|c} 1 & 1 & 1 & 1 & 0 \\ 0 & 1 & 2 & 2 & 1 \\ 0 & -1 & a-3 & -2 & b \\ 0 & -1 & -2 & a-3 & -1 \end{array}\right] \xrightarrow[r_2 + r_4]{r_2 + r_3}$$

$$\left[\begin{array}{cccc|c} 1 & 1 & 1 & 1 & 0 \\ 0 & 1 & 2 & 2 & 1 \\ 0 & 0 & a-1 & 0 & b+1 \\ 0 & 0 & 0 & a-1 & 0 \end{array}\right]。$$

判断:

①当 $a \neq 1$ 时,$r(\boldsymbol{A}) = r(\bar{\boldsymbol{A}}) = 4$,此时方程组有唯一解。

②当 $a = 1, b \neq -1$ 时,$r(\boldsymbol{A}) = 2, r(\bar{\boldsymbol{A}}) = 3$,此时方程组无解。

③当 $a = 1, b = -1$ 时,$r(\boldsymbol{A}) = r(\bar{\boldsymbol{A}}) = 2 < 4$,此时方程组有无穷多解。此时继续化简阶梯形矩阵:

$$\begin{bmatrix}1&1&1&1&0\\0&1&2&2&1\\0&0&0&0&0\\0&0&0&0&0\end{bmatrix}\xrightarrow{(-1)r_2+r_1}\begin{bmatrix}1&0&-1&-1&-1\\0&1&2&2&1\\0&0&0&0&0\\0&0&0&0&0\end{bmatrix},$$

还原成对应方程组为：

$$\begin{cases}x_1=-1+x_3+x_4,\\x_2=1-2x_3-2x_4,\end{cases}$$

其中，$x_3,x_4$ 为自由未知量。

可令 $x_3=c_1,x_4=c_2$，

故原方程组的全部解为：

$$\begin{cases}x_1=-1+c_1+c_2,\\x_2=1-2c_1-2c_2,\\x_3=c_1,\\x_4=c_2,\end{cases}(c_1,c_2\text{ 为任意常数})。$$

## 1.4.3 齐次线性方程组

### 一、齐次线性方程组

当线性方程组的常数项均为零时，即：

$$\begin{cases}a_{11}x_1+a_{12}x_2+\cdots+a_{1n}x_n=0,\\a_{21}x_1+a_{22}x_2+\cdots+a_{2n}x_n=0,\\\cdots\cdots\\a_{m1}x_1+a_{m2}x_2+\cdots+a_{mn}x_n=0,\end{cases}$$

称为齐次线性方程组。其矩阵形式为：$\boldsymbol{AX}=\boldsymbol{0}$，其增广矩阵：

$$\bar{\boldsymbol{A}}=(\boldsymbol{A}\vdots\boldsymbol{B})=\begin{bmatrix}a_{11}&a_{12}&\cdots&a_{1n}&0\\a_{21}&a_{22}&\cdots&a_{2n}&0\\\vdots&\vdots&&\vdots&\vdots\\a_{m1}&a_{m2}&\cdots&a_{mn}&0\end{bmatrix}_{m\times(n+1)},$$

即 $\bar{\boldsymbol{A}}$ 比 $\boldsymbol{A}$ 只多一个元素全为“0”的列，故它们的秩一定是相等的，即：

$$r(\boldsymbol{A})=r(\bar{\boldsymbol{A}})。$$

**说明:**齐次线性方程组一定有解(零解或非零解)!

## 二、齐次线性方程组非零解

### 1. 齐次线性方程组有非零解的充要条件

$$\begin{cases} r(\boldsymbol{A})=n(\text{未知量个数}),\text{有唯一解:零解}, \\ r(\boldsymbol{A})<n, \qquad\qquad \text{有无穷多解:非零解。} \end{cases}$$

**定理 1.4.2** 齐次线性方程组 $\boldsymbol{AX}=\boldsymbol{0}$ 有无穷多解的充要条件是系数矩阵 $\boldsymbol{A}$ 的秩小于未知量的个数,即:$r(\boldsymbol{A})<n$。

### 2. 齐次线性方程组非零解求法

步骤如下:

①将系数矩阵 $\boldsymbol{A}$ 用初等行变换化为简化阶梯形矩阵。

②判断齐次线性方程组是否有非零解,即 $r(\boldsymbol{A})=r<n$。

③将简化阶梯形矩阵还原为线性方程组,得到同解方程组。

④写出全部非零解。

**例 1.4.5** 解齐次线性方程组:

$$\begin{cases} 2x_1-4x_2+5x_3+3x_4=0, \\ 3x_1-6x_2+4x_3+2x_4=0, \\ 4x_1-8x_2+17x_3+11x_4=0。 \end{cases}$$

**解:**(1)对系数矩阵 $\boldsymbol{A}$ 施以初等行变换,化为简化阶梯形矩阵

$$\boldsymbol{A}=\begin{bmatrix} 2 & -4 & 5 & 3 \\ 3 & -6 & 4 & 2 \\ 4 & -8 & 17 & 11 \end{bmatrix} \xrightarrow{(-1)r_2+r_1}$$

$$\begin{bmatrix} -1 & 2 & 1 & 1 \\ 3 & -6 & 4 & 2 \\ 4 & -8 & 17 & 11 \end{bmatrix} \xrightarrow[-r_1]{\substack{3r_1+r_2 \\ 4r_1+r_3}}$$

$$\begin{bmatrix} 1 & -2 & -1 & -1 \\ 0 & 0 & 7 & 5 \\ 0 & 0 & 21 & 15 \end{bmatrix} \xrightarrow[\frac{1}{7}r_2]{(-3)r_2+r_3}$$

$$\begin{bmatrix}1 & -2 & -1 & -1\\0 & 0 & 1 & \frac{5}{7}\\0 & 0 & 0 & 0\end{bmatrix}\xrightarrow{r_2+r_1}$$

$$\begin{bmatrix}1 & -2 & 0 & -\frac{2}{7}\\0 & 0 & 1 & \frac{5}{7}\\0 & 0 & 0 & 0\end{bmatrix}。$$

(2)判断解情况

因为 $r(\mathbf{A})=2<4$，所以齐次线性方程组有非零解，且含 $4-2=2$ 个“自由未知量”。

(3)还原成方程组形式得到同解方程组

$$\begin{cases}x_1-2x_2-\frac{2}{7}x_4=0,\\x_3+\frac{5}{7}x_4=0,\end{cases}\Rightarrow\begin{cases}x_1=2x_2+\frac{2}{7}x_4,\\x_3=-\frac{5}{7}x_4,\end{cases}$$

其中，$x_3,x_4$ 为自由未知量，可令 $x_2=c_1,x_4=7c_2$。

(4)写出全部非零解

则齐次方程组全部解为：

$$\begin{cases}x_1=2c_1+2c_2,\\x_2=c_1,\\x_3=-5c_2,\\x_4=7c_2,\end{cases}\quad(c_1,c_2\text{ 为任意常数})。$$

**学生自练 1.4.2** 求齐次线性方程组

$$\begin{cases}x_1+2x_2-x_3-2x_4=0,\\2x_1-x_2-x_3+x_4=0,\\3x_1+x_2-2x_3-x_4=0,\end{cases}$$

的非零解。

**解：**(1)对系数矩阵 $\mathbf{A}$ 施以初等行变换，化为简化阶梯形矩阵

$$A=\begin{bmatrix}1&2&-1&-2\\2&-1&-1&1\\3&1&-2&-1\end{bmatrix}\xrightarrow[(-3)r_1+r_3]{(-2)r_1+r_2}$$

$$\begin{bmatrix}1&2&-1&-2\\0&-5&1&5\\0&-5&1&5\end{bmatrix}\xrightarrow[\left(-\frac{1}{5}\right)r_2]{-r_2+r_3}$$

$$\begin{bmatrix}1&2&-1&-2\\0&1&-\frac{1}{5}&-1\\0&0&0&0\end{bmatrix}\xrightarrow{(-2)r_2+r_1}\begin{bmatrix}1&0&-\frac{3}{5}&0\\0&1&-\frac{1}{5}&-1\\0&0&0&0\end{bmatrix}。$$

(2)判断解情况

因为 $r(\boldsymbol{A})=2<4$,所以 齐次线性方程组有非零解。

(3)还原成方程组形式得到同解方程组

还原为方程组:

$$\begin{cases}x_1-\frac{3}{5}x_3=0,\\x_2-\frac{1}{5}x_3-x_4=0,\end{cases}\Rightarrow\begin{cases}x_1=\frac{3}{5}x_3,\\x_2=\frac{1}{5}x_3+x_4。\end{cases}$$

(4)其中 $x_3,x_4$ 为自由未知量,可令 $x_3=5c_1,x_4=c_2$,则齐次方程组非零解:

$$\begin{cases}x_1=3c_1,\\x_2=c_1+c_2,\\x_3=5c_1,\\x_4=c_2。\end{cases}$$

# §1.5 练习题

1.设 $\boldsymbol{A}=\begin{bmatrix}3&1&0\\-1&2&1\\3&4&2\end{bmatrix}$,$\boldsymbol{B}=\begin{bmatrix}1&-1&0\\2&-2&5\\3&4&1\end{bmatrix}$。求:(1)$\boldsymbol{AB}-\boldsymbol{BA}$;(2)$\boldsymbol{A}^2-$

$\boldsymbol{B}^2$；(3)$\boldsymbol{B}^{\mathrm{T}}\boldsymbol{A}^{\mathrm{T}}$。

2. 设 $\boldsymbol{A}=\begin{bmatrix}1&1&1\\1&1&-1\\1&-1&1\end{bmatrix}$，$\boldsymbol{B}=\begin{bmatrix}1&2&3\\-1&-2&4\\0&5&1\end{bmatrix}$。求：$3\boldsymbol{AB}-2\boldsymbol{A}$ 及 $\boldsymbol{A}^{\mathrm{T}}\boldsymbol{B}$。

3. 计算以下乘积：

(1) $\begin{bmatrix}4&3&1\\1&-2&3\\5&7&0\end{bmatrix}\begin{bmatrix}7\\2\\1\end{bmatrix}$；

(2) $(1,2,3)\begin{bmatrix}3\\2\\1\end{bmatrix}$；

(3) $\begin{bmatrix}2\\1\\3\end{bmatrix}(-1,2)$；

(4) $\begin{bmatrix}2&1&4&0\\1&-1&3&4\end{bmatrix}\begin{bmatrix}1&3&1\\0&-1&2\\1&-3&1\\4&0&-2\end{bmatrix}$；

(5) $(x_1,x_2,x_3)\begin{bmatrix}a_{11}&a_{12}&a_{13}\\a_{12}&a_{22}&a_{23}\\a_{13}&a_{23}&a_{33}\end{bmatrix}\begin{bmatrix}x_1\\x_2\\x_3\end{bmatrix}$；

(6) $\begin{bmatrix}1&2&1&0\\0&1&0&1\\0&0&2&1\\0&0&0&3\end{bmatrix}\begin{bmatrix}1&0&3&1\\0&1&2&-1\\0&0&-2&3\\0&0&0&-3\end{bmatrix}$。

4. 设 $\boldsymbol{A}=\begin{bmatrix}1&2\\1&3\end{bmatrix}$，$\boldsymbol{B}=\begin{bmatrix}1&0\\1&2\end{bmatrix}$。问：

(1) $\boldsymbol{AB}=\boldsymbol{BA}$ 吗？

(2) $(\boldsymbol{A}+\boldsymbol{B})^2=\boldsymbol{A}^2+2\boldsymbol{AB}+\boldsymbol{B}^2$ 吗？

(3) $(\boldsymbol{A}+\boldsymbol{B})(\boldsymbol{A}-\boldsymbol{B})=\boldsymbol{A}^2-\boldsymbol{B}^2$ 吗？

5.举反列说明以下命题是错误的

(1)假设 $\boldsymbol{A}^2=\boldsymbol{O}$，则 $\boldsymbol{A}=\boldsymbol{O}$；

(2)假设 $\boldsymbol{A}^2=\boldsymbol{A}$，则 $\boldsymbol{A}=\boldsymbol{O}$ 或 $\boldsymbol{A}=\boldsymbol{E}$；

(3)假设 $\boldsymbol{AX}=\boldsymbol{AY}$，且 $\boldsymbol{A}\neq\boldsymbol{O}$，则 $\boldsymbol{X}=\boldsymbol{Y}$。

6.解下列矩阵方程

(1) $\begin{bmatrix}2&5\\1&3\end{bmatrix}\boldsymbol{X}=\begin{bmatrix}4&-6\\2&1\end{bmatrix}$；

(2) $\boldsymbol{X}\begin{bmatrix}2&1&-1\\2&1&0\\1&-1&1\end{bmatrix}=\begin{bmatrix}1&-1&3\\4&3&2\end{bmatrix}$；

(3) $\begin{bmatrix}1&4\\-1&2\end{bmatrix}\boldsymbol{X}\begin{bmatrix}2&0\\-1&1\end{bmatrix}=\begin{bmatrix}3&1\\0&-1\end{bmatrix}$；

(4) $\begin{bmatrix}0&1&0\\1&0&0\\0&0&1\end{bmatrix}\boldsymbol{X}\begin{bmatrix}1&0&0\\0&0&1\\0&1&0\end{bmatrix}=\begin{bmatrix}1&-4&3\\2&0&-1\\1&-2&0\end{bmatrix}$。

7.设 $\boldsymbol{A}=\begin{bmatrix}1&0\\\lambda&1\end{bmatrix}$，求 $\boldsymbol{A}^2,\boldsymbol{A}^3,\cdots,\boldsymbol{A}^k$。

8.设 $\boldsymbol{A}=\begin{bmatrix}\lambda&1&0\\0&\lambda&1\\0&0&\lambda\end{bmatrix}$，求 $\boldsymbol{A}^k$。

9.利用初等变换求下列矩阵的秩

(1) $\begin{bmatrix}2&1&11&2\\1&0&4&-1\\11&4&56&5\\2&-1&5&-6\end{bmatrix}$；(2) $\begin{bmatrix}1&1&2&5&7\\1&2&3&7&10\\1&3&4&9&13\\1&4&5&11&16\end{bmatrix}$。

10.求下列矩阵的逆

(1) $\begin{bmatrix}1&-1&1\\1&1&3\\2&-3&2\end{bmatrix}$； (2) $\begin{bmatrix}-2&-1&6\\4&0&5\\-6&-1&1\end{bmatrix}$；

(3) $\begin{bmatrix} 5 & 2 & 0 & 0 \\ 2 & 1 & 0 & 0 \\ 0 & 0 & 8 & 3 \\ 0 & 0 & 5 & 2 \end{bmatrix}$； (4) $\begin{bmatrix} 1 & 0 & 0 & 0 \\ 1 & 2 & 0 & 0 \\ 2 & 1 & 3 & 0 \\ 1 & 2 & 1 & 4 \end{bmatrix}$。

11. 利用逆矩阵解以下线性方程组

(1) $\begin{cases} x_1 + 2x_2 + 3x_3 = 1, \\ 2x_1 + 2x_2 + 5x_3 = 2, \\ 3x_1 + 5x_2 + x_3 = 3, \end{cases}$ (2) $\begin{cases} x_1 - x_2 - x_3 = 2, \\ 2x_1 - x_2 - 3x_3 = 1, \\ 3x_1 + 2x_2 - 5x_3 = 0。 \end{cases}$

12. $\lambda$ 取怎样的数值时，线性方程组

$$\begin{cases} 2x_1 - x_2 + x_3 + x_4 = 1, \\ x_1 + 2x_2 - x_3 + 4x_4 = 2, \\ x_1 + 7x_2 - 4x_3 + 11x_4 = \lambda, \end{cases}$$

有解，并求它的一般解。

13. $\lambda$ 取怎样的数值时，线性方程组

$$\begin{cases} (\lambda + 3)x_1 + x_2 + 2x_3 = 1, \\ \lambda x_1 + (\lambda - 1)x_2 + x_3 = 2\lambda, \\ 3(\lambda + 1)x_1 + \lambda x_2 + (\lambda + 3)x_3 = 3, \end{cases}$$

有唯一解，没有解，有无穷多解？在有无穷多解时，求出它的一般解。

# 第二章　集合与关系

## §2.1　集合的基本概念与运算

### 2.1.1　集合的基本概念

#### 一、集合的有关概念

**1. 集合**

**定义 2.1.1**　集合是具有某种特定性质的对象汇集成的一个整体，通常用大写字母 $A,B,C,D$ 表示。

**例如**　滁州学院全体学生；

计算机与信息工程学院所有女生；

常见的数的集合：$\mathbf{N},\mathbf{N}^{+},\mathbf{Z},\mathbf{Q},\mathbf{R},\mathbf{C}$。

**2. 元素**

集合中的每一个对象称为该集合的元素，通常用小写字母 $a,b,c,d,x$ 等表示。

**例如**　滁州学院的每个学生；

计算机与信息工程学院的每个女生；

$\mathbf{N}$：$0,1,2,3,\cdots$。

**3. 集合的表示方法**

列举法：$\mathbf{Z}=\{\cdots,-2,-1,0,1,2,\cdots\}$；

描述法：$\{x \mid x$ 是自然数且 $x$ 小于 $10\}$；

文氏图(图 2.1.1)：

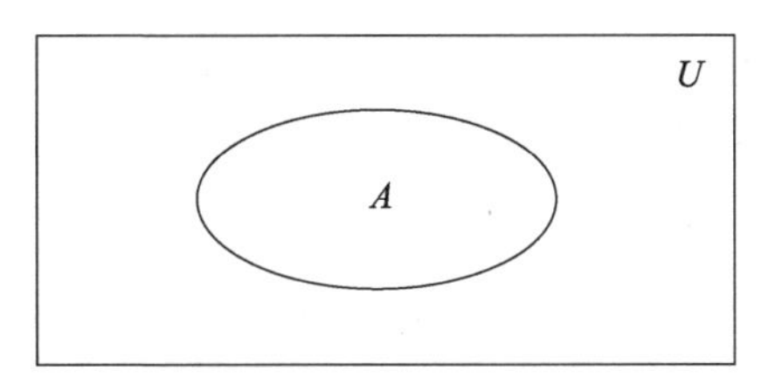


**图 2.1.1　文氏图**

特殊集合：全集 $U$，空集 $\varnothing$。

**4. 元素与集合**

元素属于集合用符号$\in$表示；元素不属于集合用符号$\notin$表示。

**例如**　$x \in A$ 表示$x$是集合$A$的元素；$x \notin A$ 表示$x$不是集合$A$的元素。

$|A|$表示集合 $A$ 中的元素个数。

**注意：**①集合中的元素可以是集合，如 $A=\{a,\{a,b\},b,c\}$，$|A|=4$，$\{a,b\}\in A$。

②集合中的元素无顺序，集合中无重复元素。

**例 2.1.1**　指出下列哪些是集合，哪些不是集合？

①中国人的集合；

②百货商店里好看的花布的集合；

③1000 以内的素数的集合；

④26 个英文字母组成的集合；

⑤这个班里高个子学生的集合；

⑥直线 $y=2x-5$ 上的点的集合。

其中，是集合的有：①③④⑥；不是集合的有：②⑤。

## 二、集合之间的关系

**1. 子集**

**定义 2.1.2**　若集合 $A$ 中的任意元素都属于集合 $B$，则 $A$ 是 $B$ 的子集，称 $A$ 包含于$B$ 或$B$ 包含$A$，记作：$A\subseteq B$。$A\subseteq B$ 包括两层含义：包含与真包含 $(A\neq B)$，$A\subset B$ 表示$A$ 是$B$ 的真子集。

**注意：**属于（元素与集合的关系）与包含于（集合与集合的关系）的区别。

**例 2.1.2**　$A=\{1,2,3,4\}$，$B=\{2,4\}$，则

$$B\subseteq A \text{ 或 } A\supseteq B。$$

**定理 2.1.1**　对任意集合 $A$，$\varnothing\subseteq A$。

**定理 2.1.2** 对任意集合 $A,B,C$，

(1) $A\subseteq A$（自反性）；

(2) $A\subseteq B, B\subseteq A$ 则 $A=B$；

(3) $A\subseteq B, B\subseteq C$ 则 $A\subseteq C$（传递性）。

可用定义进行证明。

**定理 2.1.3** 集合 $A=B$ 的充要条件是 $A\subseteq B, B\subseteq A$。

**注:**①该定理是证明 2 个集合相等的基本方法；

②区分该定理与定理 2.1.2 中的(2)的区别。

**2. 幂集**

**定义 2.1.3** 由集合 $X$ 的所有子集组成的集合，$P(X)=\{A\mid A\subseteq X\}$ 称为 $A$ 的幂集。

**例如** 集合 $X=\{1,2\}$，则其幂集为

$$P(X)=\{\varnothing,\{1\},\{2\},\{1,2\}\}。$$

集合 $Y=\{a,b,c\}$，则其幂集为

$$P(Y)=\{\varnothing,\{a\},\{b\},\{c\},\{a,b\},\{a,c\},\{b,c\},\{a,b,c\}\}。$$

**定理 2.1.4** 若 $|X|=n$，则 $|P(X)|=2^n$。

**注:**每个元素的参与与否构成不同的子集。

若组成集合的元素个数是有限的，则称该集合为有限集(Finite Set)，否则称为无限集(Infinite Set)。

表 2.1.1 为常见集合专用字符的约定。

**表 2.1.1 常见集合专用字符**

| 符号 | 集合名称 | 符号 | 集合名称 |
|---|---|---|---|
| **N** | 自然数集(非负整数集) | **I**(或 **Z**) | 整数集($\mathbf{I}_+$，$\mathbf{I}_-$) |
| **Q** | 有理数集($\mathbf{Q}_+$，$\mathbf{Q}_-$) | **R** | 实数集($\mathbf{R}_+$，$\mathbf{R}_-$) |
| **F** | 分数集($\mathbf{F}_+$，$\mathbf{F}_-$) | **P** | 素数集 |
| **C** | 复数集 | **E** | 偶数集 |
| **O** | 奇数集 | | |

注:脚标＋和－是对正负的区分。

## 2.1.2　集合的运算

### 1. 并运算

**定义 2.1.4**　集合 $A$ 和 $B$ 的并运算定义为

$$A \cup B = \{x \mid x \in A \text{ 或 } x \in B\},$$

$A \cup B$ 的文氏图如图 2.1.2 所示。

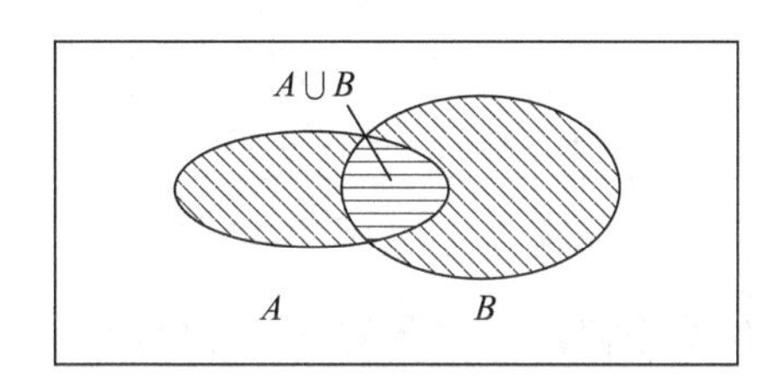


**图 2.1.2　$A \cup B$ 的文氏图**

**定理 2.1.5**　$A \cup B$ 是包含 $A$ 和 $B$ 的最小集合，即 $\forall C \supseteq A, C \supseteq B \Rightarrow C \supseteq A \cup B$。

**定理 2.1.6**　并运算满足的性质：

(1) $A \cup B = B \cup A$（交换律）；

(2) $(A \cup B) \cup C = A \cup (B \cup C)$（结合律）；

(3) $A \cup A = A$（幂等律）；

(4) $A \cup \varnothing = \varnothing \cup A = A$（$\varnothing$ 是 $\cup$ 运算的零元素）；

(5) $A \cup U = U \cup A = A$（全集 $U$ 是 $\cup$ 运算的单位元素）。

**例 2.1.3**　设 $f:A \to B, X, Y \subseteq A$。证明：$f(X \cup Y) = f(X) \cup f(Y)$。

**证明：**因为 $X \subseteq X \cup Y \Rightarrow f(X) \subseteq f(X \cup Y)$，

$Y \subseteq X \cup Y \Rightarrow f(Y) \subseteq f(X \cup Y)$，

所以，

$$f(X) \cup f(Y) \subseteq f(X \cup Y),$$

$$\forall b \in f(X \cup Y) \Rightarrow \exists a \in (X \cup Y),$$

$$a \in X \Rightarrow b = f(a) \in f(X), a \in Y \Rightarrow b = f(a) \in f(Y),$$

所以，$b \in f(X) \cup f(Y)$，

从而，

$$f(X \cup Y) \subseteq f(X) \cup f(Y)。$$

**2. 交运算**

**定义 2.1.5** 集合 $A$ 和 $B$ 的交运算定义为

$$A \cap B = \{x \mid x \in A \text{ 且 } x \in B\},$$

$A \cap B$ 的文氏图如图 2.1.3 所示。

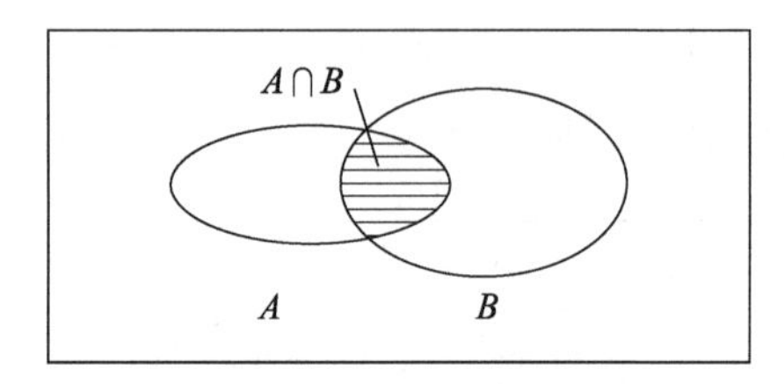


**图 2.1.3 $A \cap B$ 的文氏图**

**定理 2.1.7** $A \cap B$ 是包含 $A$ 和 $B$ 的最大集合，即 $\forall C \subseteq A, C \subseteq B \Rightarrow C \subseteq A \cap B$。

**定理 2.1.8** 交运算满足的性质：

(1) $A \cap A = A$（幂等律）；

(2) $A \cap B = B \cap A$（交换律）；

(3) $(A \cap B) \cap C = A \cap (B \cap C)$（结合律）；

(4) $A \cap \varnothing = \varnothing \cap A = \varnothing$（$\varnothing$ 是 $\cap$ 运算的零元素）；

(5) $A \cap U = U \cap A = A$（全集 $U$ 是 $\cap$ 运算的单位元素）。

**定理 2.1.9** 并运算与交运算之间满足的性质：

(1) $A \cup (A \cap B) = A$（$\cup$ 对 $\cap$ 可吸收）；

(2) $A \cap (A \cup B) = A$（$\cap$ 对 $\cup$ 可吸收）；

(3) $A \cup (B \cap C) = (A \cup B) \cap (A \cup C)$（$\cup$ 对 $\cap$ 可分配）；

(4) $A \cap (B \cup C) = (A \cap B) \cup (A \cap C)$（$\cap$ 对 $\cup$ 可分配）。

**例 2.1.4** $A \subseteq B \Leftrightarrow A \cap B = A \Leftrightarrow A \cup B = B$。

**证明：** 由 $A \subseteq B \Leftrightarrow A \cup B = B$，

因为，$B \subseteq A \cup B$，$\forall x \in A \cup B$，$x \in A$，由于 $A \subseteq B \Rightarrow x \in B$，

所以

$$A \cup B \subseteq B,$$

所以

$$A \cup B = B,$$

$$A \subseteq A \cup B = B \Rightarrow A \subseteq B$$

同理,可得 $A \subseteq B \Leftrightarrow A \cap B = A$。

**3. 补运算**

**定义 2.1.6**　集合 $A$ 的补运算定义为

$$\bar{A} = \complement_U(A),$$

$U$ 为全集,$\bar{A}$ 的文氏图如图 2.1.4 所示。

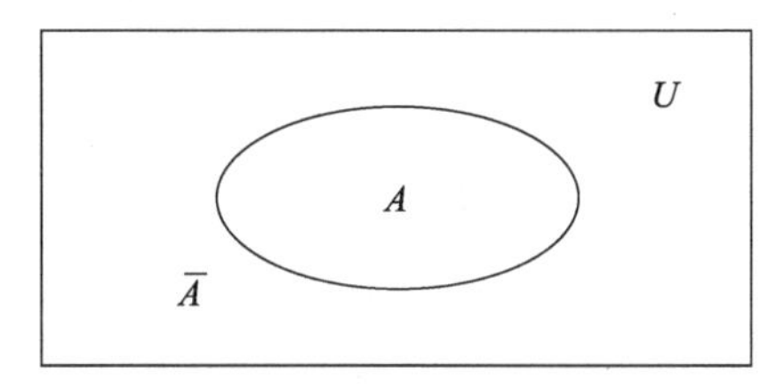


**图 2.1.4**　$\bar{A}$ **的文氏图**

**例 2.1.5**　($A$ 的补集依赖于全集 $U$ 的选取)

$A = \{a, b, c\}$;

$U = \{a, b, c, d\} \Rightarrow \bar{A} = \{d\}$;

$U = \{a, b, c, d, \{a, b\}, \{b, c\}, \{c\}\} \Rightarrow \bar{A} = \{d, \{a, b\}, \{b, c\}, \{c\}\}$。

**定理 2.1.10**　$A \cup \bar{A} = U, A \cap \bar{A} = \varnothing$。

**定理 2.1.11**　德·摩根律:

(1) $\overline{A \cup B} = \bar{A} \cap \bar{B}$,

(2) $\overline{A \cap B} = \bar{A} \cup \bar{B}$。

**4. 差运算**

**定义 2.1.7**　集合 $A$ 和 $B$ 的差运算定义为

$$A - B = \{x \mid x \in A \text{ 且 } x \notin B\},$$

$A - B$ 的文氏图如图 2.1.5 所示。

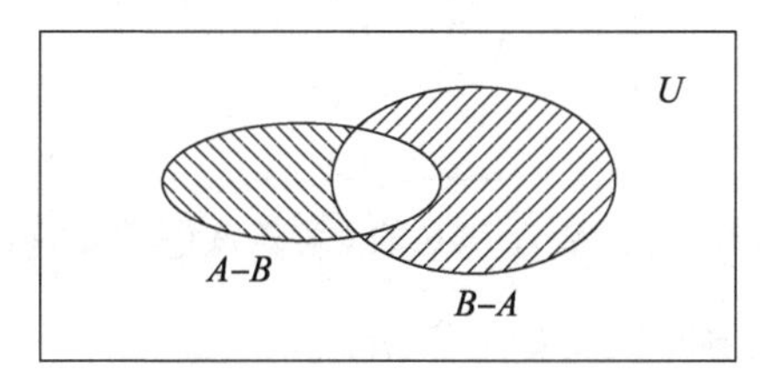


**图 2.1.5**　$A - B$ **的文氏图**

**例 2.1.6** 集合 $A=\{a,b,c\}$，$B=\{b,c,d,e,f\}$，求 $A-B$，$B-A$。

**解**：$A-B=\{a,b,c\}-\{b,c,d,e,f\}=\{a\}$；

$B-A=\{b,c,d,e,f\}-\{a,b,c\}=\{d,e,f\}$。

**定理 2.1.12** $A-B=A\cap\overline{B}$。

**证明**：$\forall x\in A-B\Leftrightarrow x\in A, x\notin B\Leftrightarrow x\in A, x\in\overline{B}\Leftrightarrow x\in A\cap\overline{B}$。

**例 2.1.7** 证明：$(A-B)-C=A-(B\cup C)$。

**证明**：
$$\begin{aligned}(A-B)-C&=(A\cap\overline{B})-C\\&=(A\cap\overline{B})\cap\overline{C}\\&=A\cap(\overline{B}\cap\overline{C})\\&=A-(B\cup C)。\end{aligned}$$

**例 2.1.8** $A\subseteq B\Leftrightarrow A-B=\varnothing$。

**例 2.1.9**
$$\begin{aligned}(A-B)\cup(A-C)&=(A\cap\overline{B})\cup(A\cap\overline{C})\\&=A\cap(\overline{B}\cup\overline{C})\\&=A\cap\overline{B\cap C}\\&=A-(B\cap C)。\end{aligned}$$

**5. 对称差运算**

**定义 2.1.8** 设 $A$ 和 $B$ 是2个集合，要么属于 $A$，要么属于 $B$，但不能同时属于 $A$ 和 $B$ 的所有元素组成的集合，称为 $A$ 和 $B$ 的对称差集，记为 $A\oplus B$。即：

$$A\oplus B=(A-B)\cup(B-A)=\{x\mid x\in A\text{ 或 }x\in B\}。$$

**例 2.1.10** 若 $A=\{1,2,c,d\}$，$B=\{1,b,3,d\}$，则 $A\oplus B=\{2,c,b,3\}$。

对称差的定义如图 2.1.6 所示。

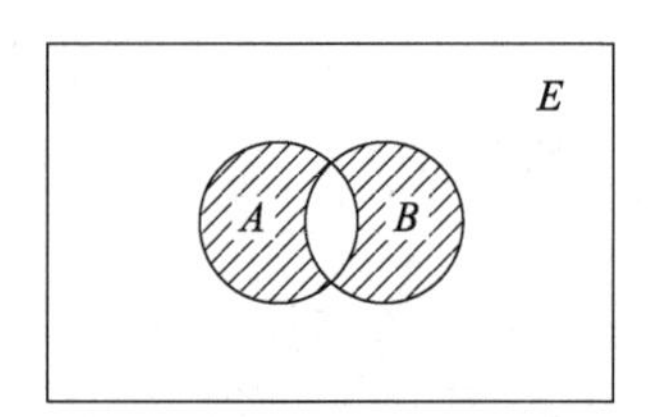


**图 2.1.6 集合 $A$ 和 $B$ 的对称差 $A\oplus B$ 的文氏图**

由对称差的定义容易推得如下性质：

(1) $A\oplus B=B\oplus A$；

(2) $A \oplus \varnothing = A$；

(3) $A \oplus A = \varnothing$；

(4) $A \oplus B = (A \cap \bar{B}) \cup (\bar{A} \cap B)$；

(5) $(A \oplus B) \oplus C = A \oplus (B \oplus C)$。

**证明:**易证(1)～(4),现只证明(5)。

(5) $(A \oplus B) \oplus C$

$$= [(A \cap \bar{B}) \cup (\bar{A} \cap B)] \cup (\overline{A \oplus B} \cap C)$$

$$= \{[(A \cap \bar{B}) \cup (\bar{A} \cap B)] \cap \bar{C}\} \cup [\overline{(A \cap \bar{B}) \cup (\bar{A} \cap B)} \cap C]$$

$$= (A \cap \bar{B} \cap \bar{C}) \cup (\bar{A} \cap B \cap \bar{C}) \cup \{[(\bar{A} \cup B) \cap (A \cup \bar{B})] \cap C\},$$

但　$[(\bar{A} \cup B) \cap (A \cup \bar{B})] \cap C$

$$= \{[(\bar{A} \cup B) \cap A] \cup [(\bar{A} \cup B) \cap \bar{B}]\} \cap C$$

$$= [(\bar{A} \cap A) \cup (A \cap B) \cup (\bar{A} \cap \bar{B}) \cup (B \cap \bar{B})] \cap C$$

$$= (A \cap B \cap C) \cup (\bar{A} \cap \bar{B} \cap C),$$

故　$(A \oplus B) \oplus C$

$$= (A \cap \bar{B} \cap \bar{C}) \cup (\bar{A} \cap B \cap \bar{C}) \cup (A \cap B \cap C) \cup (\bar{A} \cap \bar{B} \cap C)。$$

又　$A \oplus (B \oplus C)$

$$= (A \cap \overline{B \oplus C}) \cup [\bar{A} \cap (B \oplus C)]$$

$$= [A \cap \overline{((B \cap \bar{C}) \cup (\bar{B} \cap C))}] \cup \{\bar{A} \cap [(B \cap \bar{C}) \cup (\bar{B} \cap C)]\}$$

$$= \{A \cap [(\bar{B} \cup C) \cap (B \cup \bar{C})]\} \cup [(\bar{A} \cap B \cap \bar{C}) \cup (\bar{A} \cap \bar{B} \cap C)],$$

因为　$A \cap [(\bar{B} \cup C) \cap (B \cup \bar{C})]$

$$= A \cap [(\bar{B} \cap B) \cup (\bar{B} \cap \bar{C}) \cup (C \cap B) \cup (C \cap \bar{C})]$$

$$= A[(\bar{B} \cap \bar{C}) \cup (C \cap B)]$$

$$= (A \cap \bar{B} \cap \bar{C}) \cup (A \cap B \cap C),$$

故　$A \oplus (B \oplus C)$

$$= (A \cap \bar{B} \cap \bar{C}) \cup (A \cap B \cap C) \cup (\bar{A} \cap B \cap \bar{C}) \cup (\bar{A} \cap \bar{B} \cap C)。$$

因此　$(A \oplus B) \oplus C = A \oplus (B \oplus C)$。

对称差运算的结合性亦可用图 2.1.7 说明。

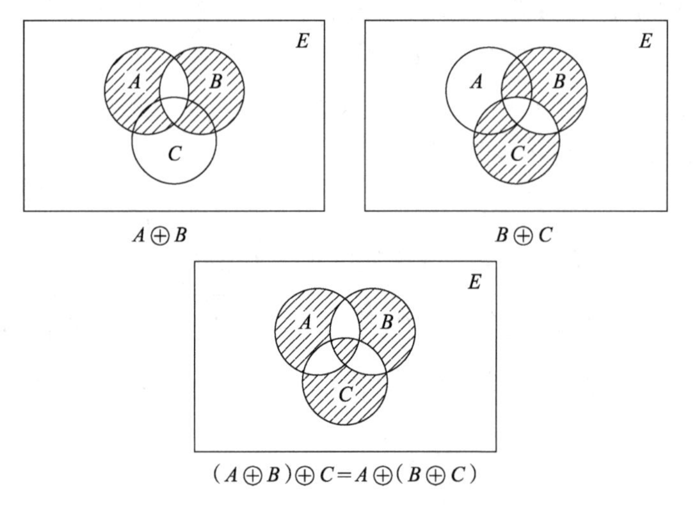


**图 2.1.7　对称差运算的结合性**

从图 2.1.8 的文氏图亦可以看出以下关系式成立。

$$A \cup B = (A \oplus B) \cup (A \cap B)。$$

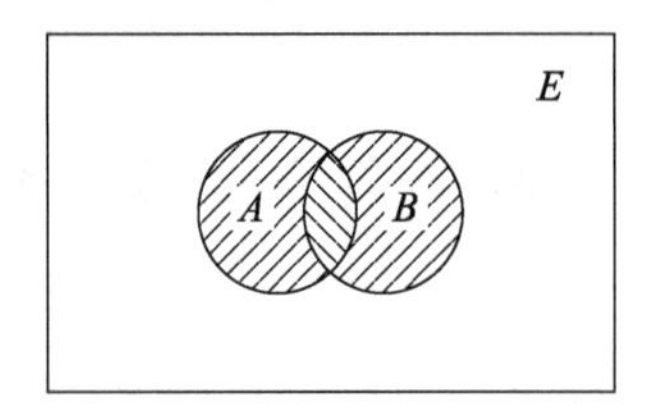


**图 2.1.8**　$A \cup B = (A \oplus B) \cup (A \cap B)$ **示意**

# §2.2　关系

## 一、序偶与笛卡儿积

### 1. 序偶

在日常生活中，有许多事物是成对出现的，而且这种成对出现的事物，具有一定的顺序。例如，上，下；1，2；男生 9 名而女生 6 名；中国地处亚洲；平面上点的坐标 $(a, b)$ 等。一般地说，2 个具有固定次序的个体组成一个序偶

(Ordered Pair),记作 $\langle x,y\rangle$。上述各例可分别表示为〈上,下〉;$\langle 1,2\rangle$;$\langle 9,6\rangle$;〈中国,亚洲〉;$\langle a,b\rangle$ 等。

序偶可看作具有 2 个元素的集合,但它与一般集合不同的是序偶具有确定的次序。在集合中,$\{a,b\}=\{b,a\}$,但对序偶,当 $a\neq b$ 时,$\langle a,b\rangle\neq\langle b,a\rangle$。

**定义 2.2.1**　2 个序偶相等,$\langle x,y\rangle=\langle u,v\rangle$,当且仅当 $x=u,y=v$。

这里指出:序偶 $\langle a,b\rangle$ 中 2 个元素不一定来自同一个集合,它们可以代表不同类型的事物。例如,$a$ 代表操作码,$b$ 代表地址码,则序偶 $\langle a,b\rangle$ 就代表一条单地址指令;当然亦可将 $a$ 代表地址码,$b$ 代表操作码,$\langle a,b\rangle$ 仍代表一条单地址指令。但上述这种约定,一经确定,序偶的次序就不能再予以变化了。在序偶 $\langle a,b\rangle$ 中,$a$ 称为第一元素,$b$ 称为第二元素。

序偶的概念可以推广到有序三元组的情况。

有序三元组是一个序偶,其第一元素本身也是一个序偶,可形式化表示为 $\langle\langle x,y\rangle,z\rangle$。由序偶相等的定义,可以知道 $\langle\langle x,y\rangle,z\rangle=\langle\langle u,v\rangle,w\rangle$,当且仅当 $\langle x,y\rangle=\langle u,v\rangle,z=w$,即 $x=u,y=v,z=w$,我们约定有序三元组可记作 $\langle x,y,z\rangle$。

**注意:**$\langle\langle x,y\rangle,z\rangle\neq\langle x,\langle y,z\rangle\rangle$,因为 $\langle x,\langle y,z\rangle\rangle$ 不是有序三元组。同理,有序四元组被定义为一个序偶,其第一元素为有序三元组,故有序四元组形式为 $\langle\langle x,y,z\rangle,w\rangle$,可记作 $\langle x,y,z,w\rangle$,且:

$$\langle x,y,z,w\rangle=\langle p,q,r,s\rangle\Leftrightarrow x=p \text{ 且 } y=q \text{ 且 } z=r \text{ 且 } w=s,$$

这样,有序 $n$ 元组定义为 $\langle\langle x_1,x_2,\cdots,x_{n-1}\rangle,x_n\rangle$,记作 $\langle x_1,x_2,\cdots,x_{n-1},x_n\rangle$,且

$$\langle x_1,x_2,\cdots,x_n\rangle=\langle y_1,y_2,\cdots,y_n\rangle\Leftrightarrow x_1=y_1 \text{ 且 } x_2=y_2 \text{ 且 } \cdots \text{ 且 } x_n=y_n。$$

一般地,有序 $n$ 元组 $\langle x_1,x_2,\cdots,x_n\rangle$ 中的 $x_i$ 称作有序 $n$ 元组的第 $i$ 个坐标。

**2. 笛卡儿积**

**定义 2.2.2**　设 $A$ 和 $B$ 是任意 2 个集合,若序偶的第一个成员是 $A$ 的元素,第二个成员是 $B$ 的元素,所有这样的序偶集合,称为集合 $A$ 和 $B$ 的笛卡儿乘积或直积(Cartesian Product),记作 $A\times B$。即

$$A\times B=\{\langle x,y\rangle\mid x\in A \text{ 且 } y\in B\}。$$

**例 2.2.1**　若 $A=\{1,2\},B=\{a,b,c\}$。求 $A\times B,B\times B$ 及 $(A\times B)\cap(B\times A)$。

**解**:$A \times B = \{\langle 1,a\rangle,\langle 1,b\rangle,\langle 1,c\rangle,\langle 2,a\rangle,\langle 2,b\rangle,\langle 2,c\rangle\}$。

$B \times B = \{\langle a,a\rangle,\langle a,b\rangle,\langle a,c\rangle,\langle b,a\rangle,\langle b,b\rangle,\langle b,c\rangle,\langle c,a\rangle,\langle c,b\rangle,\langle c,c\rangle\}$。

$B \times A = \{\langle a,1\rangle,\langle a,2\rangle,\langle b,1\rangle,\langle b,2\rangle,\langle c,1\rangle,\langle c,2\rangle\}$。

$(A \times B) \cap (B \times A) = \varnothing$。

显然,我们有:

(1) $A \times B \neq B \times A$。

(2)如果 $|A| = m$, $|B| = n$,则 $|A \times B| = |B \times A| = |A|\,|B| = mn$。

我们约定:若 $A = \varnothing$ 或 $B = \varnothing$,则 $A \times B = \varnothing$。

由笛卡儿积定义可知:

$(A \times B) \times C = \{\langle\langle x,y\rangle,z\rangle \mid \langle x,y\rangle \in A \times B \text{ 且 } z \in C\}$

$\qquad = \{\langle x,y,z\rangle \mid x \in A \text{ 且 } y \in B \text{ 且 } z \in C\}$,

$A \times (B \times C) = \{x,\langle y,z\rangle \mid x \in A \text{ 且} \langle y,z\rangle \in B \times C\}$,

由于 $\langle x,\langle y,z\rangle\rangle$ 不是有序三元组,所以 $(A \times B) \times C \neq A \times (B \times C)$。

**定理 2.2.1** 设 $A$,$B$ 和 $C$ 为任意 3 个集合,则有

(1) $A \times (B \cup C) = (A \times B) \cup (A \times C)$。

(2) $A \times (B \cap C) = (A \times B) \cap (A \times C)$。

(3) $(A \cup B) \times C = (A \times C) \cup (B \times C)$。

(4) $(A \cap B) \times C = (A \times C) \cap (B \times C)$。

**证明**:(1)设 $\langle x,y\rangle \in (A \cap B) \times C \Leftrightarrow x \in A \cap B \text{ 且 } y \in C$

$\Leftrightarrow (x \in A \text{ 且 } x \in B) \text{ 且 } y \in C$

$\Leftrightarrow (x \in A \text{ 且 } y \in c) \text{且} (x \in B \text{ 且 } y \in C)$

$\Leftrightarrow \langle x,y\rangle \in A \times C \text{ 且} \langle x,y\rangle \in B \times C$

$\Leftrightarrow \langle x,y\rangle \in (A \times C) \cap (B \times C)$。

因此,$(A \cap B) \times C = (A \times C) \cap (B \times C)$。

(4)设 $\langle x,y\rangle \in (A \cap B) \times C \Leftrightarrow x \in A \cap B \text{ 且 } y \in C$

$\Leftrightarrow (x \in A \text{ 且 } x \in B) \text{ 且 } y \in C$

$\Leftrightarrow (x \in A \text{ 且 } y \in C) \text{且} (x \in B \text{ 且 } y \in C)$

$\Leftrightarrow \langle x,y\rangle \in A \times C \text{ 且} \langle x,y\rangle \in B \times C$

$\Leftrightarrow \langle x,y\rangle \in (A \times C) \cap (B \times C)$。

因此,$(A \cap B) \times C = (A \times C) \cap (B \times C)$。

**定理 2.2.2**　设 $A,B$ 和 $C$ 为 3 个非空集合，则有：

$$A \subseteq B \Leftrightarrow A \times C \subseteq B \times C \Leftrightarrow C \times A \subseteq C \times B。$$

**证明：**设 $A \subseteq B$，对任意的 $\langle x, y \rangle$，

$$\begin{aligned}\langle x, y \rangle \in A \times C &\Leftrightarrow x \in A \text{ 且 } y \in C \\ &\Rightarrow x \in B \text{ 且 } y \in C \\ &\Leftrightarrow \langle x, y \rangle \in B \times C。\end{aligned}$$

因此，$A \times C \subseteq B \times C$。

反之，若 $A \times C \subseteq B \times C$，取 $y \in C$，则对 $\forall x$，有：

$$\begin{aligned}x \in A &\Leftrightarrow x \in A \text{ 且 } y \in C \\ &\Leftrightarrow \langle x, y \rangle \in A \times C \\ &\Rightarrow \langle x, y \rangle \in B \times C \\ &\Leftrightarrow x \in B \text{ 且 } y \in C \\ &\Leftrightarrow x \in B。\end{aligned}$$

因此，$A \subseteq B$。

定理的第 2 部分 $A \subseteq B \Leftrightarrow C \times A \subseteq C \times B$，证明类似。

**定理 2.2.3**　设 $A,B,C$ 和 $D$ 为 4 个非空集合，则 $A \times B \subseteq C \times D$ 的充要条件为 $A \subseteq C$ 且 $B \subseteq D$。

**证明：**若 $A \times B \subseteq C \times D$，对任意的 $x \in A, y \in B$，有

$$\begin{aligned}(x \in A) \text{ 且 } (y \in B) &\Leftrightarrow \langle x, y \rangle \in A \times B \\ &\Rightarrow \langle x, y \rangle \in C \times D \\ &\Leftrightarrow (x \in C) \text{ 且 } (y \in D),\end{aligned}$$

即 $A \subseteq C, B \subseteq D$。

反之，若 $A \subseteq C$ 且 $B \subseteq D$，设任意 $x \in A, y \in B$，有：

$$\begin{aligned}\langle x, y \rangle \in A \times B &\Leftrightarrow (x \in A) \text{ 且 } (y \in B) \\ &\Rightarrow (x \in C) \text{ 且 } (y \in D) \\ &\Rightarrow \langle x, y \rangle \in C \times D,\end{aligned}$$

因此，$A \times B \subseteq C \times D$。

对于有限个集合可以进行多次笛卡儿积运算。为了与有序 $n$ 元组一致，我们约定：

$$A_1 \times A_2 \times A_3 = (A_1 \times A_2) \times A_3,$$

$$A_1 \times A_2 \times A_3 \times A_4 = (A_1 \times A_2 \times A_3) \times A_4 = ((A_1 \times A_2) \times A_3) \times A_4。$$

一般地，

$$A_1 \times A_2 \times \cdots \times A_n = (A_1 \times A_2 \times \cdots \times A_{n-1}) \times A_n$$
$$= \{\langle x_1, x_2, \cdots, x_n \rangle \mid x_1 \in A_1 \text{ 且 } x_2 \in A_2 \cdots x_n \in A_n\},$$

故 $A_1 \times A_2 \times \cdots \times A_n$ 是有序 $n$ 元组构成的集合。

特别地，同一集合的 $n$ 次直积 $\underbrace{A \times A \times \cdots \times A}_{n}$，记为 $A^n$，这里 $A^n = A^{n-1} \times A$。

**例如** $\{1,2\}^3 = \{1,2\}^2 \times \{1,2\} = \{\langle 1,1 \rangle, \langle 1,2 \rangle, \langle 2,1 \rangle, \langle 2,2 \rangle\} \times \{1,2\}$
$= \{\langle\langle 1,1 \rangle,1\rangle, \langle\langle 1,1 \rangle,2\rangle, \langle\langle 1,2 \rangle,1\rangle \langle\langle 1,2 \rangle,2\rangle, \langle\langle 2,1 \rangle,1\rangle, \langle\langle 2,1 \rangle,2\rangle, \langle\langle 2,2 \rangle,1\rangle, \langle\langle 2,2 \rangle,2\rangle\}$
$= \{(1,1,1), (1,1,2), (1,2,1), (1,2,2), (2,1,1), (2,1,2), (2,2,1), (2,2,2)\}$。

此处，$|A| = 2$，$|A^3| = 2^3 = 8$。

一般地，若 $|A| = m$，则 $|A^n| = m^n$。

## 二、关系的定义

在日常生活中我们都熟悉关系这个词的含义，如父子关系、上下级关系、朋友关系等。我们知道，序偶可以表达 2 个客体、3 个客体或 $n$ 个客体之间的联系，因此可以用序偶表达关系这个概念。

**例如** 机票与舱位之间有对号关系。设 $X$ 表示机票的集合，$Y$ 表示舱位的集合，则对于任意的 $x \in X$ 和 $y \in Y$，必有 $x$ 与 $y$ 有对号关系和 $x$ 与 $y$ 没有对号关系 2 种情况的一种。令 $R$ 表示“对号”关系，则上述问题可以表达为 $xRy$ 或 $x\overline{R}y$，亦可记为 $\langle x, y \rangle \in R$ 或 $\langle x, y \rangle \notin R$。因此，我们看到对号关系 $R$ 是序偶的集合。

**定义 2.2.3** 设 $X$，$Y$ 是任意 2 个集合，则称直积 $X \times Y$ 的任一子集为从 $X$ 到 $Y$ 的一个二元关系(Binary Relation)。二元关系亦简称关系，记为 $R$，$R \subseteq X \times Y$。

**定义 2.2.4** 设 $R$ 为 $X$ 到 $Y$ 的二元关系，由 $\langle x, y \rangle \in R$ 的所有 $x$ 组成的集合称为 $R$ 的定义域或前域(Domain)，记作 $domR$ 或 $D(R)$，即：

$$domR = \{x \mid (\exists y)(\langle x, y \rangle \in R)\},$$

使 $\langle x, y \rangle \in R$ 的所有 $y$ 组成的集合称为 $R$ 的值域(Range)，记作 $ranR$，即：

$$ranR=\{y \mid (\exists x)(\langle x,y\rangle \in R)\},$$

$R$ 的定义域和值域一起称作 $R$ 的域(Field)，记作 $FLDR$，即

$$FLDR=domR \cup ranR,$$

显然，$domR \subseteq X$，$ranR \subseteq Y$，$FLDR=domR \cup ranR \subseteq X \cup Y$。

$X$ 到 $Y$ 的二元关系 $R$ 如图 2.2.1 所示。

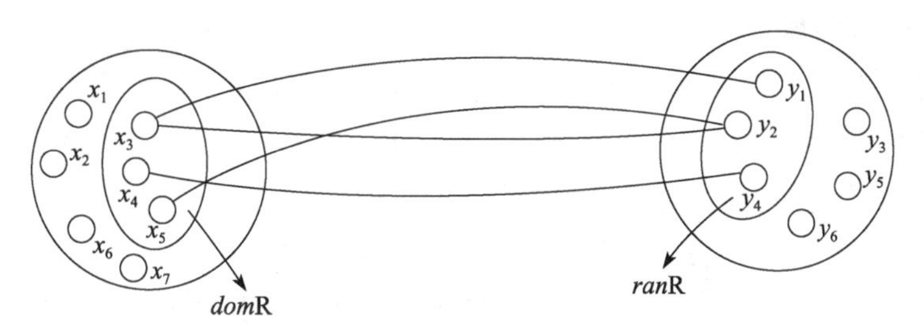


**图 2.2.1　$X$ 到 $Y$ 的二元关系 $R$**

集合 $X$ 到 $Y$ 的二元关系是第一坐标取自 $X$，第二坐标取自 $Y$ 的序偶集合。如果序偶 $\langle x,y\rangle \in R$，也说 $x$ 与 $y$ 有关系 $R$，记为 $xRy$；如果序偶 $\langle x,y\rangle \notin R$，则说 $x$ 与 $y$ 没有关系 $R$，记为 $x\bar{R}y$。

当 $X=Y$ 时，关系 $R$ 是 $X\times X$ 的子集，这时称 $R$ 为集合 $X$ 上的二元关系。

**例 2.2.2**　(1)设 $A=\{a,b\}$，$B=\{2,5,8\}$，则

$$A\times B=\{\langle a,2\rangle,\langle a,5\rangle,\langle a,8\rangle,\langle b,2\rangle,\langle b,5\rangle,\langle b,8\rangle\}$$

令：$R_1=\{\langle a,2\rangle,\langle a,8\rangle,\langle b,2\rangle\}$，

$R_2=\{\langle a,5\rangle,\langle b,2\rangle,\langle b,5\rangle\}$，

$R_3=\{\langle a,2\rangle\}$。

因为 $R_1\subseteq A\times B$，$R_2\subseteq A\times B$，$R_3\subseteq A\times B$，所以 $R_1$，$R_2$ 和 $R_3$ 均是由 $A$ 到 $B$ 的关系。

(2) $>=\{\langle x,y\rangle \mid x,y$ 是实数且 $x>y\}$ 是实数集上的大于关系。

**例 2.2.3**　设 $A=\{1,3,7\}$，$B=\{1,2,6\}$，$H=\{\langle 1,2\rangle,\langle 1,6\rangle,\langle 7,2\rangle\}$。求 $domH$，$ranH$ 和 $FLDH$。

**解：** $domH=\{1,7\}$，$ranH=\{2,6\}$，$FLDH=\{1,2,6,7\}$。

**例 2.2.4**　设 $X=\{2,3,4,5\}$。求集合 $X$ 上的关系"$<$"，$dom<$ 及 $ran<$。

**解：** $<=\{\langle 2,3\rangle,\langle 2,4\rangle,\langle 2,5\rangle,\langle 3,4\rangle,\langle 3,5\rangle,\langle 4,5\rangle\}$；

$dom<=\{2,3,4\}$；

$ran<=\{3,4,5\}$。

## 三、几种特殊的关系

**1. 空关系**

对任意集合 $X,Y,\varnothing \in X\times Y,\varnothing \subseteq X\times X$，所以 $\varnothing$ 是由 $X$ 到 $Y$ 的关系，也是 $X$ 上的关系，称为空关系(Empty Relation)。

**2. 全域关系**

因为 $X\times Y\subseteq X\times Y,X\times X\subseteq X\times X$，所以 $X\times Y$ 是一个由 $X$ 到 $Y$ 的关系，称为由 $X$ 到 $Y$ 的全域关系(Universal Relation)。$X\times X$ 是 $X$ 上的一个关系，称为 $X$ 上的全域关系，通常记作 $E_X$，即

$$E_X=\{\langle x_i,x_j\rangle \mid x_i,x_j\in X\}。$$

**例 2.2.5** 若 $H=\{f,m,s,d\}$ 表示家庭中父、母、子、女 4 个人的集合，确定 $H$ 上的全域关系和空关系，另外再确定 $H$ 上的一个关系，并指出该关系的定义域和值域。

**解:**设 $H$ 上同一家庭的成员的关系为 $H_1$，

$H_1=\{\langle f,f\rangle,\langle f,m\rangle,\langle f,s\rangle\langle f,d\rangle,\langle m,f\rangle,\langle m,m\rangle,\langle m,s\rangle,\langle m,d\rangle,$
$\langle s,f\rangle,\langle s,m\rangle,\langle s,s\rangle,\langle s,d\rangle,\langle d,f\rangle,\langle d,m\rangle,\langle d,s\rangle,\langle d,d\rangle\}$。

设 $H$ 上的互不相识的关系为 $H_2,H_2\neq\varnothing$，则 $H_1$ 为全域关系，$H_2$ 为空关系。

设 $H$ 上的长幼关系为 $H_3$，则

$H_3=\{\langle f,s\rangle,\langle f,d\rangle,\langle m,s\rangle,\langle m,d\rangle\}$；

$domH_3=\{f,m\}$；

$ranH_3=\{s,d\}$。

**3. 恒等关系**

**定义 2.2.5** 设 $I_X$ 是 $X$ 上的二元关系且满足 $I_X=\{\langle x,x\rangle \mid x\in X\}$，则称 $I_X$ 是 $X$ 上的恒等关系(Identical Relation)。

**例如** $A=\{1,2,3\}$，则 $I_A=\{\langle 1,1\rangle,\langle 2,2\rangle,\langle 3,3\rangle\}$。

因为关系是序偶的集合，因此，可以进行集合的所有运算。

**定理 2.2.4** 若 $Q$ 和 $S$ 是从集合 $X$ 到集合 $Y$ 的 2 个关系，则 $Q$ 和 $S$ 的并、交、补、差仍是 $X$ 到 $Y$ 的关系。

**证明:**因为

$$Q\subseteq X\times Y,S\subseteq X\times Y,$$

故

$$Q\cup S\subseteq X\times Y,Q\cap S\subseteq X\times Y,$$

$$\bar{S}=(X\times Y-S)\subseteq X\times Y,$$

$$Q-S=(Q\cap\bar{S})\subseteq X\times Y。$$

**例 2.2.6**　若 $A=\{1,2,3,4\}$，$R_1=\{\langle x,y\rangle\mid(x-y)/2\in A,x,y\in A\}$，$R_2=\{\langle x,y\rangle\mid(x-y)/3\in A,x,y\in A\}$。

求 $R_1\cap R_2$，$R_1\cup R_2$，$R_1-R_2$ 和 $\overline{R_1}$。

**解：**因为 $R_1=\{\langle 3,1\rangle,\langle 4,2\rangle\}$，$R_2=\{\langle 4,1\rangle\}$，

所以

$R_1\cap R_2=\varnothing$，

$R_1\cup R_2=\{\langle 3,1\rangle,\langle 4,2\rangle,\langle 4,1\rangle\}$，

$R_1-R_2=R_1$，

$\overline{R_1}=E_A-R_1$

$=\{\langle 1,1\rangle,\langle 1,2\rangle,\langle 1,3\rangle,\langle 1,4\rangle,\langle 2,1\rangle,\langle 2,2\rangle,\langle 2,3\rangle,\langle 2,4\rangle,$
$\langle 3,2\rangle,\langle 3,3\rangle,\langle 3,4\rangle,\langle 4,1\rangle,\langle 4,3\rangle,\langle 4,4\rangle\}$。

## 四、关系的表示

### 1. 集合表示法

因为关系是序偶的集合，因此可用表示集合的列举法或描述法来表示关系。例如，例 2.2.2 中的(1)中的关系 $R_1$，$R_2$ 和 $R_3$ 及例 2.2.6 中的关系 $H$ 均是用列举法表示的关系；而例 2.2.2 中(2)中的关系$>$和例 2.2.6 中的关系 $R_1$，$R_2$ 都是用描述法表示的关系。

有限集合间的二元关系 $R$ 除了可以用序偶集合的形式表达以外，还可用矩阵和图形表示，以便引入线性代数和图论的知识来讨论。

### 2. 矩阵表示法

设给定 2 个有限集合 $X=\{x_1,x_2,\cdots,x_m\}$，$Y=\{y_1,y_2,\cdots,y_n\}$，则对应于从 $X$ 到 $Y$ 的二元关系 $R$ 有一个关系矩阵 $\boldsymbol{M}_R=(r_{ij})_{m\times n}$。其中：

$$r_{ij}=\begin{cases}1,\langle x_i,y_j\rangle\in R,\\0,\langle x_i,y_j\rangle\notin R,\end{cases}(i=1,2,\cdots,m;j=1,2,\cdots,n)。$$

如果 $R$ 是有限集合 $X$ 上的二元关系或 $X$ 和 $Y$ 含有相同数量的有限个元素，则 $\boldsymbol{M}_R$ 是方阵。

**例 2.2.7** 若 $A=\{a_1,a_2,a_3,a_4,a_5\}$，$B=\{b_1,b_2,b_3\}$，

$R=\{\langle a_1,b_1\rangle,\langle a_1,b_3\rangle,\langle a_2,b_2\rangle,\langle a_2,b_3\rangle,\langle a_3,b_1\rangle,\langle a_4,b_2\rangle,\langle a_5,b_2\rangle\}$，写出关系矩阵 $\boldsymbol{M}_R$。

**解：**关系矩阵为：

$$\boldsymbol{M}_R=\begin{bmatrix}1&0&1\\0&1&1\\1&0&0\\0&1&0\\0&1&0\end{bmatrix}_{5\times3}。$$

**例 2.2.8** 设 $X=\{1,2,3,4\}$，写出集合 $X$ 上的大于关系>的关系矩阵。

**解：**$>=\{\langle 2,1\rangle,\langle 3,1\rangle,\langle 3,2\rangle,\langle 4,1\rangle,\langle 4,2\rangle,\langle 4,3\rangle\}$，所以关系矩阵为：

$$\boldsymbol{M}_>=\begin{bmatrix}0&0&0&0\\1&0&0&0\\1&1&0&0\\1&1&1&0\end{bmatrix}。$$

**3. 关系图表示法**

有限集合的二元关系也可用图形来表示。设集合 $X=\{x_1,x_2,\cdots,x_m\}$ 到 $Y=\{y_1,y_2,\cdots,y_n\}$ 上的一个二元关系为 $R$，首先我们在平面上做出 $m$ 个结点分别记作 $x_1,x_2,\cdots,x_m$，另外做 $n$ 个结点分别记作 $y_1,y_2,\cdots,y_n$。如果 $x_iRy_j$，则从结点 $x_i$ 至结点 $y_j$ 做一有向弧，其箭头指向 $y_j$，如果 $x_i\bar{R}y_j$，则 $x_i,y_j$ 之间没有线段连接。用这种方法连接起来的图称为 $R$ 的关系图。

**例 2.2.9** 画出例 2.2.7 的关系图。

**解：**本例的关系图如图 2.2.2 所示：

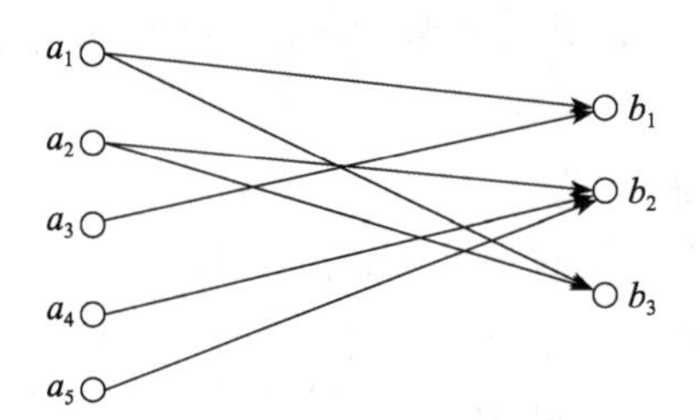


**图 2.2.2 例 2.2.7 的关系图**

**例 2.2.10**　设集合 $A=\{1,2,3,4,5\}$，$R=\{\langle 1,2\rangle,\langle 1,5\rangle,\langle 2,2\rangle,\langle 3,2\rangle,\langle 3,1\rangle,\langle 4,3\rangle\}$，画出 $R$ 的关系图。

**解：**因为 $R$ 是 $A$ 上的关系，故只需画出 $A$ 中的每个元素即可。如果 $a_iRa_j$，就画一条由 $a_i$ 到 $a_j$ 的有向弧。若 $a_i=a_j$，则画出的是一条自回路。本例的关系图如图 2.2.3 所示。

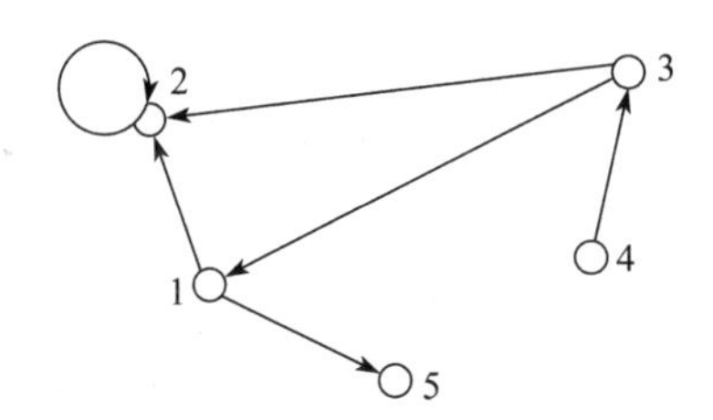


**图 2.2.3　例 2.2.10 的关系图**

关系图主要表达结点与结点之间的邻接关系，故关系图与结点位置和线段的长短无关。

从 $X$ 到 $Y$ 的关系 $R$ 是 $X\times Y$ 的子集，即 $R\subseteq X\times Y$，而 $X\times Y\subseteq(X\cup Y)\times(X\cup Y)$，所以，$R\subseteq(X\cup Y)\times(X\cup Y)$。令 $Z=X\cup Y$，则 $R\subseteq Z\times Z$。因此，我们今后通常限于讨论同一集合上的关系。

# §2.3　关系的性质与运算

## 2.3.1　关系的性质

**定义 2.3.1**　设 $R$ 是定义在集合 $X$ 上的二元关系，如果

(1)对于每一个 $x\in X$，都有 $xRx$，则称 $R$ 是自反的(Reflexive)。即

$$R\text{ 在 }X\text{ 上自反}\Leftrightarrow(\forall x)(x\in X\rightarrow xRx)。$$

(2)对于每一个 $x\in X$，都有 $x\bar{R}x$，则称 $R$ 是反自反的(Antireflexive)。即

$$R\text{ 在 }X\text{ 上反自反}\Leftrightarrow(\forall x)(x\in X\rightarrow x\bar{R}x)。$$

(3)对于任意 $x,y\in X$，若 $xRy$，就有 $yRx$，则称 $R$ 是对称的(Symmetric)。即 $R$ 在 $X$ 上对称 $\Leftrightarrow(\forall x)(\forall y)((x\in X)$ 且 $(y\in X)$ 且 $(xRy)\rightarrow(yRx))$。

(4)对于任意 $x,y \in X$，若 $xRy$，$yRx$，必有 $x=y$，则称 $R$ 在 $X$ 上是反对称的(Antisymmetric)。即

$R$ 在 $X$ 上反对称 $\Leftrightarrow(\forall x)(\forall y)((x \in X)$ 且 $(y \in X)$ 且 $(xRy)$ 且 $(yRx) \rightarrow (x=y))$。

(5)对于任意 $x,y,z \in X$，若 $xRy$，$yRz$，就有 $xRz$，则称 $R$ 在 $X$ 上是传递的(Transitive)。即

$R$ 在 $X$ 上传递 $\Leftrightarrow(\forall x)(\forall y)(\forall z)((x \in X)$ 且 $(y \in X)$ 且 $(z \in X)$ 且 $(xRy)$ 且 $(yRz) \rightarrow (xRz))$。

**例 2.3.1** 设 $A=\{1,2,3\}$，则集合 $A$ 上的关系

$R_1=\{\langle 1,1\rangle,\langle 2,2\rangle,\langle 2,1\rangle,\langle 3,3\rangle\}$ 是自反而不是反自反的关系；

$R_2=\{\langle 1,2\rangle,\langle 1,3\rangle,\langle 2,1\rangle,\langle 2,3\rangle\}$ 是反自反而不是自反的关系；

$R_3=\{\langle 1,1\rangle,\langle 1,3\rangle,\langle 2,1\rangle,\langle 2,3\rangle\}$ 是既不是自反也不是反自反的关系；

$R_4=\{\langle 1,1\rangle,\langle 1,3\rangle,\langle 3,1\rangle,\langle 2,3\rangle,\langle 3,2\rangle\}$ 是对称的而不是反对称的关系；

$R_5=\{\langle 1,1\rangle,\langle 1,3\rangle,\langle 2,1\rangle,\langle 2,3\rangle\}$ 是反对称的而不是对称的关系；

$R_6=\{\langle 1,1\rangle,\langle 2,2\rangle,\langle 3,3\rangle\}$ 是既对称也反对称的关系；

$R_7=\{\langle 1,2\rangle,\langle 2,3\rangle,\langle 3,2\rangle\}$ 是既不对称也不反对称关系。

$R_8=\{\langle 1,1\rangle,\langle 1,2\rangle,\langle 2,1\rangle,\langle 2,2\rangle\}$，$R_9=\{\langle 1,2\rangle,\langle 3,2\rangle\}$ 是可传递的关系；

$R_{10}=\{\langle 1,2\rangle,\langle 2,3\rangle,\langle 1,3\rangle,\langle 2,1\rangle\}$ 是不可传递的关系，因为 $\langle 1,2\rangle \in R_{10}$，$\langle 2,1\rangle \in R_{10}$，但 $\langle 1,1\rangle \notin R_{10}$。

由定义 2.3.1 及例 2.3.1 可知：

(1)对任意一个关系 $R$，若 $R$ 自反则它一定不反自反，若 $R$ 反自反则它也一定不自反；但 $R$ 不自反，它未必反自反，若 $R$ 不反自反，也未必自反。

(2)存在着既对称也反对称的关系。

图 2.3.1 表明了自反与反自反、对称与反对称性之间的关系。

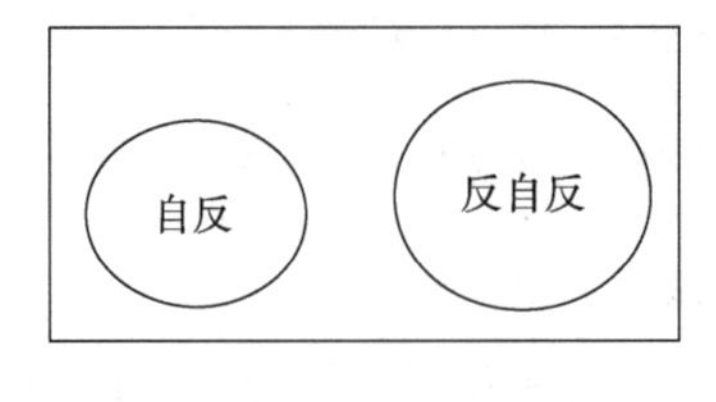


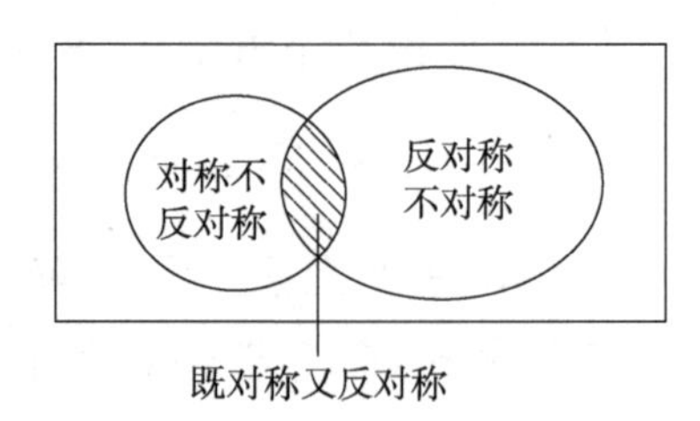


**图 2.3.1 自反与反自反、对称与反对称之间的关系**

**例 2.3.2**　(1)集合之间的$\subseteq$关系是自反的、反对称的和可传递的。因为：

①对于任意集合 $A$，均有 $A \subseteq A$ 成立，所以$\subseteq$是自反的；

②对于任意集合 $A,B$，若 $A \subseteq B$ 且 $B \subseteq A$，则 $A = B$，所以$\subseteq$是反对称的；

③对于任意集合 $A,B,C$，若 $A \subseteq B$ 且 $B \subseteq C$，则 $A \subseteq C$，所以$\subseteq$是可传递的。

(2)平面上三角形集合中的相似关系是自反的、对称的和可传递的。因为:任意一个三角形都与自身相似;若三角形 $A$ 相似于三角形 $B$，则三角形 $B$ 必相似于三角形 $A$；若三角形 $A$ 相似于三角形 $B$，且三角形 $B$ 相似于三角形 $C$，则三角形 $A$ 必相似于三角形 $C$。

(3)人类的祖先关系是反自反、反对称和传递的。

(4)实数集上的“$>$”关系是反自反、反对称和可传递的。

(5)实数集上的“$\leqslant$”关系是自反、反对称和可传递的。

(6)实数集上的“$=$”关系是自反、对称、反对称和可传递的。

(7)人群中的父子关系是反自反和反对称的。

(8)正整数集上的整除关系是自反、反对称和可传递的。

(9)$\varnothing$是反自反、对称、反对称和可传递的。

(10)任意非空集合上的全关系是自反的、对称的和可传递的。

**例 2.3.3**　设整数集 $\mathbf{Z}$ 上的二元关系 $R$ 定义如下：

$$R = \{\langle x, y\rangle \mid x, y \in \mathbf{Z}, (x-y)/2 \text{是整数}\},$$

验证 $R$ 在 $\mathbf{Z}$ 上是自反和对称的。

**证明：** $\forall x \in \mathbf{Z}, (x-x)/2 = 0$，即 $\langle x, x\rangle \in R$，故 $R$ 是自反的。

又设 $\forall x, y \in \mathbf{Z}$，如果 $xRy$，即 $(x-y)/2$ 是整数，则 $(y-x)/2$ 也必是整数，即 $yRx$，因此 $R$ 是对称的。

## 2.3.2　由关系图、关系矩阵判别关系的性质

**例 2.3.4**　集合 $A = \{1,2,3,4\}$，$A$ 上的关系 $R$ 的关系矩阵为：

$$\boldsymbol{M}_R = \begin{bmatrix} 1 & 0 & 1 & 0 \\ 0 & 1 & 0 & 0 \\ 1 & 0 & 1 & 1 \\ 0 & 0 & 1 & 1 \end{bmatrix},$$

$R$ 的关系图如图 2.3.2 所示，讨论 $R$ 的性质。

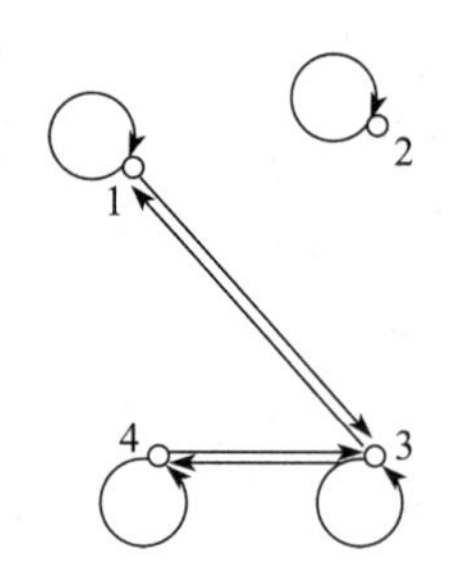


**图 2.3.2　$R$ 的关系图**

**解：**从 $R$ 的关系矩阵和关系图容易看出，$R$ 是自反的、对称的。

一般地，我们有：

(1)若关系 $R$ 是自反的，当且仅当其关系矩阵的主对角线上的所有元素都是 1；其关系图上每个结点都有自环。

(2)若关系 $R$ 是对称的，当且仅当其关系矩阵是对称矩阵；其关系图上任意 2 个结点间若有定向弧，必是成对出现的。

(3)若关系 $R$ 是反自反的，当且仅当其关系矩阵的主对角线上的元素皆为 0；关系图上每个结点都没有自环。

(4)若关系 $R$ 是反对称的，当且仅当其关系矩阵中关于主对角线对称的元素不能同时为 1；其关系图上任意 2 个不同结点间至多出现一条定向弧。

(5)若关系 $R$ 是可传递的，当且仅当其关系矩阵满足：对 $\forall i,j,k,i \neq j,j \neq k$，若 $r_{ij} = 1$ 且 $r_{jk} = 1$，则 $r_{ik} = 1$；其关系图满足：对 $\forall i,j,k,i \neq j,j \neq k$，若有弧由 $a_i$ 指向 $a_j$，且又有弧由 $a_j$ 指向 $a_k$，则必有一条弧由 $a_i$ 指向 $a_k$。

**例 2.3.5**　图 2.3.3 是由关系图所表示的 $A = \{a,b,c\}$ 上的 5 个二元关系。

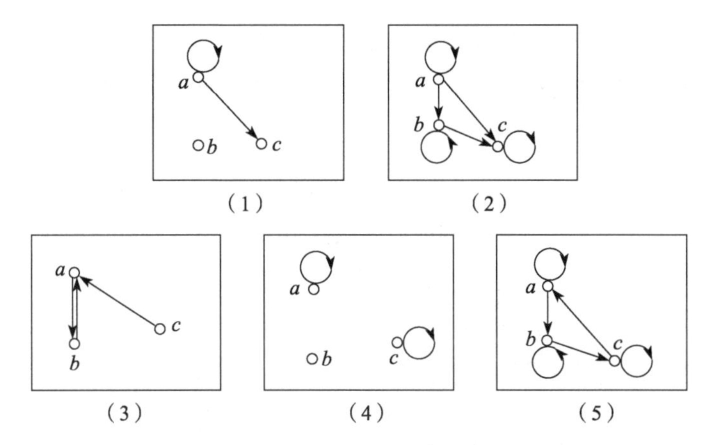


**图 2.3.3**　$A=\{a,b,c\}$ **上的 5 个二元关系**

请判断它们的性质。

**解：**图 2.3.3(1)是反对称、传递但不是对称的关系，而且是既不自反也不反自反的关系。

图 2.3.3(2)是自反、传递、反对称的关系，但不是对称也不是反自反的关系。

图 2.3.3(3)是反自反但不是对称、不是反对称、不是自反也不是传递的关系。

图 2.3.3(4)是不自反、不反自反但是传递的关系，而且既是对称也是反对称的关系。

图 2.3.3(5)是自反、反对称但不是传递、不是对称也不是反自反的关系。

## 2.3.3　复合关系和逆关系

### 1. 复合关系

**定义 2.3.2**　设 $R$ 是从 $X$ 到 $Y$ 的关系，$S$ 是从 $Y$ 到 $Z$ 的关系，则 $R \circ S$ 称为 $R$ 和 $S$ 的复合关系(Compositive Relation)，表示为：

$R \circ S=\{\langle x,z\rangle \mid x \in X$ 且 $z \in Z$ 且$(\exists y)(y \in Y$且 $xRy$ 且 $ySz)\}$，

从 $R$ 和 $S$ 求 $R \circ S$，称为关系的复合运算。

复合运算是关系的二元运算，它能够由 2 个关系生成一个新的关系，以此类推。例如，$R$ 是从 $X$ 到 $Y$ 的关系，$S$ 是从 $Y$ 到 $Z$ 的关系，$P$ 是从 $Z$ 到 $W$ 的

关系，则 $(R\circ S)\circ P$ 是从 $X$ 到 $W$ 的关系。

**例 2.3.6** 设 $R$ 是由 $A=\{1,2,3,4,\}$ 到 $B=\{2,3,4\}$ 的关系，$S$ 是由 $B$ 到 $C=\{3,5,6\}$ 的关系，分别定义为：

$$R=\{\langle a,b\rangle \mid a+b=6\}=\{\langle 2,4\rangle,\langle 3,3\rangle,\langle 4,2\rangle\},$$

$$S=\{\langle b,c\rangle \mid b \text{ 整除 } c\}=\{\langle 2,6\rangle,\langle 3,3\rangle,\langle 3,6\rangle\},$$

于是复合关系：

$$R\circ S=\{\langle 3,3\rangle,\langle 3,6\rangle,\langle 4,6\rangle\}。$$

**例 2.3.7** 设 $A$ 是所有人的集合

$$R_1=\{\langle a,b\rangle \mid a,b\in A, a \text{ 是 } b \text{ 的兄弟}\},$$

$$R_2=\{\langle b,c\rangle \mid b,c\in A, b \text{ 是 } c \text{ 的父亲}\},$$

那么

$$R_1\circ R_2=\{\langle a,c\rangle \mid a,c\in A, a \text{ 是 } c \text{ 的叔伯}\},$$

而

$$R_2\circ R_2=\{\langle a,c\rangle \mid a,c\in A, a \text{ 是 } c \text{ 的祖父}\}。$$

**例 2.3.8** 设 $R_1$ 和 $R_2$ 是集合 $A=\{0,1,2,3\}$ 上的关系，

$$R_1=\{\langle i,j\rangle \mid j=i+1 \text{或} j=i/2\}, R_2=\{\langle i,j\rangle \mid i=j+2\},$$

求 $R_1\circ R_2$，$R_2\circ R_1$，$(R_1\circ R_2)\circ R_1$ 和 $(R_1\circ R_1)\circ R_1$。

**解：** 因为 $R_1=\{\langle 0,1\rangle,\langle 1,2\rangle,\langle 2,3\rangle,\langle 0,0\rangle,\langle 2,1\rangle\}$，

$R_2=\{\langle 2,0\rangle,\langle 3,1\rangle\}$。

所以

$$R_1\circ R_2=\{\langle 1,0\rangle,\langle 2,1\rangle\},$$

$$R_2\circ R_1=\{\langle 2,1\rangle,\langle 2,0\rangle,\langle 3,2\rangle\},$$

$$(R_1\circ R_2)\circ R_1=\{\langle 1,1\rangle,\langle 1,0\rangle,\langle 2,2\rangle\},$$

$$R_1\circ R_1=\{\langle 0,2\rangle,\langle 0,1\rangle,\langle 1,3\rangle,\langle 1,1\rangle,\langle 0,0\rangle,\langle 2,2\rangle\},$$

$$(R_1\circ R_1)\circ R_1=\{\langle 0,3\rangle,\langle 0,1\rangle,\langle 0,2\rangle,\langle 1,2\rangle,\langle 0,0\rangle,\langle 2,3\rangle,\langle 2,1\rangle\}。$$

**2. 关系的复合运算的性质**

**定理 2.3.1** 设 $R$ 是由集合 $X$ 到 $Y$ 的关系，则 $I_X\circ R=R\circ I_Y=R$。

**定理 2.3.2** 设 $R$ 是从 $X$ 到 $Y$ 的关系，$S$ 是从 $Y$ 到 $Z$ 的关系，则有

(1) $dom(R\circ S)\subseteq domR$；

(2) $ran(R\circ S)\subseteq ranS$；

(3)若 $ranR\cap domS=\varnothing$，则 $R\circ S=\varnothing$。

**证明**:(1)和(2)是显然的,下面我们证明(3),用反证法。

反设 $R \circ S \neq \varnothing$,则必存在 $x \in X, z \in Z$,使 $\langle x, z\rangle \in R \circ S$,从而 $\exists y \in Y$,使

$$\langle x, y\rangle \in R, \langle y, z\rangle \in S。$$

故 $y \in ranR$ 且 $y \in domS$,所以 $y \in ranR \cap domS$,这就与 $ranR \cap domS = \varnothing$ 矛盾,因此,$R \circ S = \varnothing$。

**定理 2.3.3**　(1)设 $R_1, R_2$ 和 $R_3$ 分别是从 $X$ 到 $Y$、$Y$ 到 $Z$ 和 $Z$ 到 $W$ 的关系,则

$$(R_1 \circ R_2) \circ R_3 = R_1 \circ (R_2 \circ R_3),$$

即关系的复合运算满足结合律。

(2)设 $R_1$ 和 $R_2$ 都是从 $X$ 到 $Y$ 的关系,$S$ 是从 $Y$ 到 $Z$ 的关系,则:

① $(R_1 \cup R_2) \circ S = (R_1 \circ S) \cup (R_2 \circ S)$;

② $(R_1 \cap R_2) \circ S \subseteq (R_1 \circ S) \cap (R_2 \circ S)$。

(3)设 $S$ 是从 $X$ 到 $Y$ 的关系,$R_1$ 和 $R_2$ 都是从 $Y$ 到 $Z$ 的关系,则:

① $S \circ (R_1 \cup R_2) = (S \circ R_1) \cup (S \circ R_2)$;

② $S \circ (R_1 \cap R_2) \subseteq (S \circ R_1) \cap (S \circ R_2)$。

**证明**:我们只证明(2),其他证明类似。

① $\forall \langle x, z\rangle \in (R_1 \cup R_2) \circ S$

$\Leftrightarrow (\exists y)(y \in Y$ 且 $\langle x, y\rangle \in R_1 \cup R_2$ 且 $\langle y, z\rangle \in S)$

$\Leftrightarrow (\exists y)(y \in Y$ 且 $(\langle x, y\rangle \in R_1$ 或 $\langle x, y\rangle \in R_2)$ 且 $\langle y, z\rangle \in S)$

$\Leftrightarrow (\exists y)(y \in Y$ 且 $\langle x, y\rangle \in R_1$ 且 $\langle y, z\rangle \in S)$ 或 $(\exists y)(y \in Y$ 且 $\langle x, y\rangle \in R_2)$ 且 $\langle y, z\rangle \in S)$

$\Leftrightarrow \langle x, z\rangle \in R_1 \circ S$ 或 $\langle x, z\rangle \in R_2 \circ S$

$\Leftrightarrow \langle x, z\rangle \in (R_1 \circ S) \cup (R_2 \circ S)$,

所以

$$(R_1 \cup R_2) \circ S = (R_1 \circ S) \cup (R_2 \circ S)。$$

② $\forall \langle x, z\rangle \in (R_1 \cap R_2) \circ S$

$\Leftrightarrow (\exists y)(y \in Y$ 且 $\langle x, y\rangle \in R_1 \cap R_2$ 且 $\langle y, z\rangle \in S)$

$\Leftrightarrow (\exists y)(y \in Y$ 且 $\langle x, y\rangle \in R_1$ 且 $\langle x, y\rangle \in R_2$ 且 $\langle y, z\rangle \in S)$

$\Rightarrow \langle x, z\rangle \in R_1 \circ S$ 且 $\langle x, z\rangle \in R_2 \circ S$

$\Leftrightarrow \langle x, z\rangle \in (R_1 \circ S) \cap (R_2 \circ S)$,

所以

$$(R_1 \cap R_2)\circ S \subseteq (R_1\circ S) \cap (R_2\circ S)。$$

**注意:**一般来说,

(1) $(R_1 \cap R_2)\circ S \neq (R_1\circ S) \cap (R_2\circ S)$;

(2)关系的复合运算不满足交换律。

**例 2.3.9** (1)设 $A=\{a,b,c\}$,$B=\{x,y,z\}$,$R_1$ 和 $R_2$ 都是从 $A$ 到 $B$ 的关系,$S$ 是从 $B$ 到 $A$ 的关系,$R_1=\{\langle a,x\rangle,\langle a,y\rangle\}$,$R_2=\{\langle a,x\rangle,\langle a,z\rangle\}$,$S=\{\langle x,b\rangle,\langle y,c\rangle,\langle z,c\rangle\}$,则

$$(R_1 \cap R_2)\circ S=\{\langle a,b\rangle\},(R_1\circ S) \cap (R_2\circ S)=\{\langle a,b\rangle,\langle a,c\rangle\},$$

可见,$(R_1 \cap R_2)\circ S \subseteq (R_1\circ S) \cap (R_2\circ S)$,但$(R_1 \cap R_2)\circ S \neq (R_1\circ S) \cap (R_2\circ S)$。

(2)设 $A=\{a,b,c\}$,$R_1$ 和 $R_2$ 都是集合 $A$ 上的关系,$R_1=\{\langle a,b\rangle\}$,$R_2=\{\langle b,a\rangle\}$,则

$$R_1\circ R_2=\{\langle a,a\rangle\},而\ R_2\circ R_1=\{\langle b,b\rangle\},所以\ R_1\circ R_2 \neq R_2\circ R_1。$$

由于关系的复合运算满足结合律,所以 $(R_1\circ R_2)\circ R_3=R_1\circ(R_2\circ R_3)$ 可以写成 $R_1\circ R_2\circ R_3$。一般地,若 $R_1$ 是由 $A_1$ 到 $A_2$ 的关系,$R_2$ 是由 $A_2$ 到 $A_3$ 的关系,…,$R_n$ 是一由 $A_n$ 到 $A_{n+1}$ 的关系,则不加括号的表达式 $R_1\circ R_2\circ\cdots\circ R_n$ 唯一地表示由 $A_1$ 到 $A_{n+1}$ 的关系,在计算这一关系时,可以运用结合律将其中任意 2 个相邻的关系先结合。特别地,当 $A_1=A_2=\cdots=A_{n+1}=A$,$R_1=R_2=\cdots=R_n=R$,即 $R$ 是集合 $A$ 上的关系时,复合关系

$$R_1\circ R_2\circ\cdots\circ R_n=\underbrace{R\circ R\circ\cdots\circ R}_{n},$$

简记作 $R^n$,它也是集 $A$ 上的一个关系。

**3. 复合关系的矩阵表示及图形表示**

因为关系可用矩阵表示,所以复合关系也可用矩阵表示。

已知从集合 $X=\{x_1,x_2,\cdots,x_m\}$ 到集合 $Y=\{y_1,y_2,\cdots,y_n\}$ 上的关系为 $R$,关系矩阵 $\boldsymbol{M}_R=(u_{ij})_{m\times n}$,从集合 $Y=\{y_1,y_2,\cdots,y_n\}$ 到集合 $Z=\{z_1,z_2,\cdots,z_p\}$ 的关系 $S$,关系矩阵 $\boldsymbol{M}_S=(v_{ij})_{n\times p}$,表示复合关系 $R\circ S$ 的矩阵 $\boldsymbol{M}_{R\circ S}$ 可构造如下:

若 $\exists y_j \in Y$,使得 $\langle x_i,y_j\rangle \in R$ 且 $\langle y_j,z_k\rangle \in S$,则 $\langle x_i,z_k\rangle \in R\circ S$。在集合 $Y$ 中能够满足这样条件的元素可能不止 $y_j$ 一个,如另有 $y_{j'}$ 也满足 $\langle x_i,y_{j'}\rangle \in R$ 且 $\langle y_{j'},z_k\rangle \in S$。在所有这样的情况下,$\langle x_i,z_k\rangle \in R\circ S$ 都是成立的。这样,当我们扫描 $\boldsymbol{M}_R$ 的第 $i$ 行和 $\boldsymbol{M}_S$ 的第 $k$ 列时,若发现至少有一

个这样的 $j$，使得第 $i$ 行的第 $j$ 个位置上的记入值和第 $k$ 列的第 $j$ 个位置上的记入值都是 1 时，则 $\boldsymbol{M}_{R\circ S}$ 的第 $i$ 行和第 $k$ 列上的记入值为 1；否则为 0。因此 $\boldsymbol{M}_{R\circ S}$ 可以用类似于矩阵乘法的方法得到：

$$\boldsymbol{M}_{R\circ S}=\boldsymbol{M}_R\circ\boldsymbol{M}_S=(w_{ik})_{m\times p},$$

式中，

$$w_{ik}=\bigvee_{j=1}^{n}(u_{ij}\wedge v_{jk}),$$

式中，$\vee$ 代表逻辑加，满足 $0\vee0=0,0\vee1=1,1\vee0=1,1\vee1=1$；$\wedge$ 代表逻辑乘，满足 $0\wedge0=0,0\wedge1=0,1\wedge0=0,1\wedge1=1$。

**例 2.3.10**　给定集合 $A=\{1,2,3,4,5\}$，在集合 $A$ 上定义两种关系：$R=\{\langle1,2\rangle,\langle3,4\rangle,\langle2,2\rangle\}$，$S=\{\langle4,2\rangle,\langle2,5\rangle,\langle3,1\rangle,\langle1,3\rangle\}$。求 $R\circ S$ 和 $S\circ R$ 的矩阵。

**解：** $$\boldsymbol{M}_{R\circ S}=\begin{bmatrix}0&1&0&0&0\\0&1&0&0&0\\0&0&0&1&0\\0&0&0&0&0\\0&0&0&0&0\end{bmatrix}\circ\begin{bmatrix}0&0&1&0&0\\0&0&0&0&1\\1&0&0&0&0\\0&1&0&0&0\\0&0&0&0&0\end{bmatrix}=\begin{bmatrix}0&0&0&0&1\\0&0&0&0&1\\0&1&0&0&0\\0&0&0&0&0\\0&0&0&0&0\end{bmatrix},$$

$$\boldsymbol{M}_{S\circ R}=\begin{bmatrix}0&0&1&0&0\\0&0&0&0&1\\1&0&0&0&0\\0&1&0&0&0\\0&0&0&0&0\end{bmatrix}\circ\begin{bmatrix}0&1&0&0&0\\0&1&0&0&0\\0&0&0&1&0\\0&0&0&0&0\\0&0&0&0&0\end{bmatrix}=\begin{bmatrix}0&0&0&1&0\\0&0&0&0&0\\0&1&0&0&0\\0&1&0&0&0\\0&0&0&0&0\end{bmatrix}。$$

因为关系可用图形表示，所以复合关系也可用图形表示。

**例 2.3.11**　例 2.3.1 中的两个关系 $R$ 与 $S$ 的复合 $R\circ S$ 很容易通过下面的关系图(图 2.3.4)得到。

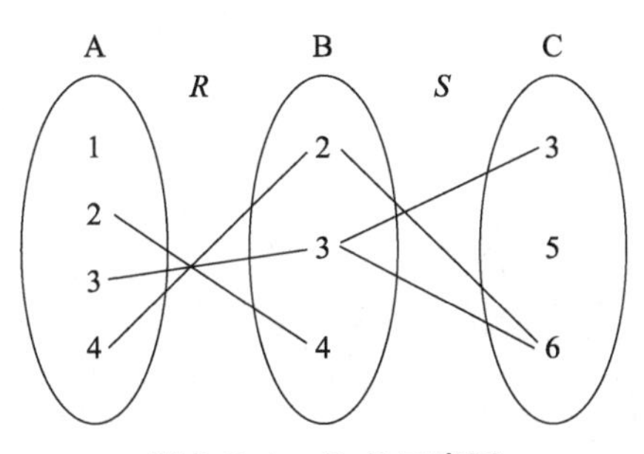


**图 2.3.4　$R\circ S$ 示意图**

由该图立即可得

$$R \circ S = \{\langle 3,3\rangle,\langle 3,6\rangle,\langle 4,6\rangle\}。$$

**4. 逆关系**

关系是序偶的集合，由于序偶的有序性，关系还有一些特殊的运算。

**定义 2.3.3** 设 $R$ 是从 $X$ 到 $Y$ 的二元关系，若将 $R$ 中每一序偶的元素顺序互换，得到的集合称为 $R$ 的逆关系(Inverse Relation)，记为 $R^{-1}$。即

$$R^{-1} = \{\langle y,x\rangle \mid \langle x,y\rangle \in R\}。$$

**例如** 在实数集上，关系"<"的逆关系是">"。

从逆关系的定义，我们容易看出 $(R^{-1})^{-1} = R$。

**定理 2.3.4** 设 $R$，$R_1$ 和 $R_2$ 都是从 $X$ 到 $Y$ 的二元关系，则下列各式成立：

(1) $(R_1 \cup R_2)^{-1} = R_1^{-1} \cup R_2^{-1}$；

(2) $(R_1 \cap R_2)^{-1} = R_1^{-1} \cap R_2^{-1}$；

(3) $(X \times Y)^{-1} = Y \times X$；

(4) $(\bar{R})^{-1} = \overline{R^{-1}}$，这里 $\bar{R} = X \times Y - R$；

(5) $(R_1 - R_2)^{-1} = R_1^{-1} - R_2^{-1}$。

**证明：**(1) $\langle x,y\rangle \in (R_1 \cup R_2)^{-1} \Leftrightarrow \langle y,x\rangle \in R_1 \cup R_2$

$\Leftrightarrow \langle y,x\rangle \in R_1 \vee \langle y,x\rangle \in R_2$

$\Leftrightarrow \langle x,y\rangle \in R_1^{-1} \vee \langle x,y\rangle \in R_2^{-1}$

$\Leftrightarrow \langle x,y\rangle \in R_1^{-1} \cup R_2^{-1}$；

(4) $\langle x,y\rangle \in (\bar{R})^{-1} \Leftrightarrow \langle y,x\rangle \in \bar{R} \Leftrightarrow \langle y,x\rangle \notin R$

$\Leftrightarrow \langle x,y\rangle \notin R^{-1} \Leftrightarrow \langle x,y\rangle \in \overline{R^{-1}}$；

(5)因为 $R_1 - R_2 = R_1 \cap \overline{R_2}$，

故有

$$\begin{aligned}(R_1 - R_2)^{-1} &= (R_1 \cap \overline{R_2})^{-1} \\ &= R_1^{-1} \cap (\overline{R_2})^{-1} \\ &= R_1^{-1} \cap \overline{R_2^{-1}} \\ &= R_1^{-1} - R_2^{-1}。\end{aligned}$$

其他易自证。

**定理 2.3.5**　设 $R$ 为从 $X$ 到 $Y$ 的关系，$S$ 是从 $Y$ 到 $Z$ 的关系。则

(1) $(R \circ S)^{-1} = S^{-1} \circ R^{-1}$；

(2) $R_1 \subseteq R_2 \Leftrightarrow R_1^{-1} \subseteq R_2^{-1}$。

**证明:**(1) $\langle z,x \rangle \in (R \circ S)^{-1} \Leftrightarrow \langle x,z \rangle \in R \circ S$

$$\Leftrightarrow (\exists y)(y \in Y \wedge \langle x,y \rangle \in R \wedge \langle y,z \rangle \in S)$$

$$\Leftrightarrow (\exists y)(y \in Y \wedge \langle y,x \rangle \in R^{-1} \wedge \langle z,y \rangle \in S^{-1})$$

$$\Leftrightarrow \langle z,x \rangle \in S^{-1} \circ R^{-1}。$$

所以

$$(R \circ S)^{-1} = S^{-1} \circ R^{-1}。$$

(2)自证。

**定理 2.3.6**　设 $R$ 是 $X$ 上的二元关系，则

(1) $R$ 是对称的，当且仅当 $R = R^{-1}$；

(2) $R$ 是反对称的，当且仅当 $R \cap R^{-1} \subseteq I_X$；

(3) $R$ 是传递的，当且仅当 $R^2 \subseteq R$；

(4) $R$ 是自反的，当且仅当 $I_X \subseteq R$；

(5) $R$ 是反自反的，当且仅当 $I_X \cap R = \varnothing$。

**证明:**(1)若 $R$ 是对称的，则对 $\forall x,y \in X$，

$$\langle x,y \rangle \in R \Leftrightarrow \langle y,x \rangle \in R \Leftrightarrow \langle x,y \rangle \in R^{-1}$$

所以，$R = R^{-1}$。

若 $R = R^{-1}$，则对 $\forall x,y \in X$，

$$\langle x,y \rangle \in R \Leftrightarrow \langle y,x \rangle \in R^{-1} \Leftrightarrow \langle y,x \rangle \in R，$$

所以，$R$ 是对称的。

(3)若 $R^2 \subseteq R$，则对 $\forall x,y,z \in X$，

$$\langle x,y \rangle \in R \wedge \langle y,z \rangle \in R \Leftrightarrow \langle x,z \rangle \in R^2 \Rightarrow \langle x,z \rangle \in R，$$

所以，$R$ 是传递的。

若 $R$ 是传递的，

$\forall \langle x,z \rangle \in R^2 \Leftrightarrow (\exists y)(y \in X \wedge \langle x,y \rangle \in R \wedge \langle y,z \rangle \in R) \Rightarrow \langle x,z \rangle \in R$，

所以，$R^2 \subseteq R$。

其他证明留为作业。

关系 $R^{-1}$ 的图形，是关系 $R$ 的图形中将其弧的箭头方向反置。$R^{-1}$ 的关系矩阵 $\boldsymbol{M}_{R^{-1}}$ 是 $\boldsymbol{M}_R$ 的转置矩阵。

**例 2.3.12** 设 $R=\{\langle 1,a\rangle,\langle 2,b\rangle,\langle 3,a\rangle\}$ 是 $A=\{1,2,3\}$ 到 $B=\{a,b,c\}$ 的二元关系，$S$ 是 $B$ 到 $C=\{x,y,z\}$ 的二元关系，且 $S=\{\langle a,x\rangle,\langle b,x\rangle,\langle a,y\rangle\}$，求 $R\circ S$ 和 $R^{-1}$。

**解：** $R\circ S=\{\langle 1,x\rangle,\langle 1,y\rangle,\langle 2,x\rangle,\langle 3,x\rangle,\langle 3,y\rangle\}$。

$R^{-1}=\{\langle a,1\rangle,\langle b,2\rangle,\langle a,3\rangle\}$。

$$\boldsymbol{M}_R=\begin{bmatrix}1&0&0\\0&1&0\\1&0&0\end{bmatrix},\quad \boldsymbol{M}_S=\begin{bmatrix}1&1&0\\1&0&0\\0&0&0\end{bmatrix},$$

$$\boldsymbol{M}_{R\circ S}=\begin{bmatrix}1&0&0\\0&1&0\\1&0&0\end{bmatrix}\circ\begin{bmatrix}1&1&0\\1&0&0\\0&0&0\end{bmatrix}=\begin{bmatrix}1&1&0\\1&0&0\\1&1&0\end{bmatrix}。$$

故取到 $R\circ S$ 同样的序元素。

而

$$\boldsymbol{M}_{R^{-1}}=\begin{bmatrix}1&0&1\\0&1&0\\0&0&0\end{bmatrix},$$

故取到 $R^{-1}$ 同样的序元素。

**例 2.3.13** 给定集合 $X=\{a,b,c\}$，$R$ 是 $X$ 上的二元关系，$R$ 的关系矩阵

$$\boldsymbol{M}_R=\begin{bmatrix}1&0&1\\1&1&0\\1&1&1\end{bmatrix},$$

求 $R^{-1}$ 和 $R\circ R^{-1}$ 的关系矩阵。

**解：** $R^{-1}$ 的关系矩阵：

$$\boldsymbol{M}_{R^{-1}}=\begin{bmatrix}1&1&1\\0&1&1\\1&0&1\end{bmatrix},$$

$R\circ R^{-1}$ 的关系矩阵：

$$M_{R\circ R^{-1}}=\begin{bmatrix}1&0&1\\1&1&0\\1&1&1\end{bmatrix}\circ\begin{bmatrix}1&1&1\\0&1&1\\1&0&1\end{bmatrix}=\begin{bmatrix}1&1&1\\1&1&1\\1&1&1\end{bmatrix}。$$

**5. 关系的闭包运算**

关系作为集合，在其上已经定义了并、交、差、补、复合及逆运算。现在再来考虑一种新的关系运算——关系的闭包运算，它是由已知关系，通过增加最少的序偶生成满足某种指定性质的关系的运算。

**例如**　设集合 $A=\{a,b,c\}$，$A$ 上的二元关系 $R=\{\langle a,a\rangle,\langle a,b\rangle,\langle b,c\rangle,\langle c,c\rangle\}$，则 $A$ 上含 $R$ 且最小的自反关系是：

$$r(R)=R\cup\{\langle b,b\rangle\},$$

$A$ 上含 $R$ 且最小的对称关系是：

$$s(R)=R\cup\{\langle b,a\rangle,\langle c,b\rangle\}。$$

$A$ 上含 $R$ 且最小的传递关系是：

$$t(R)=R\cup\{\langle a,c\rangle\}。$$

**定义 2.3.4**　设 $R$ 是 $X$ 上的二元关系，如果有另一个 $X$ 上的关系 $R'$ 满足：

(1) $R'$ 是自反的(对称的，传递的)；

(2) $R'\supseteq R$；

(3)对于任何 $X$ 上的自反的(对称的，传递的)关系 $R''$，若 $R''\supseteq R$，就有 $R''\supseteq R'$。则称关系 $R'$ 为 $R$ 的自反(对称，传递)闭包(Closure)，记作 $r(R)(s(R),t(R))$。

显然，自反(对称，传递)闭包是包含 $R$ 的最小自反(对称，传递)关系。

**定理 2.3.7**　设 $R$ 是 $X$ 上的二元关系，那么

(1) $R$ 是自反的，当且仅当 $r(R)=R$；

(2) $R$ 是对称的，当且仅当 $s(R)=R$；

(3) $R$ 是传递的，当且仅当 $t(R)=R$。

**证明：**(1)若 $R$ 是自反的，$R\supseteq R$，对任何包含 $R$ 的自反关系 $R''$，有 $R''\supseteq R$，故 $r(R)=R$。

若 $r(R)=R$，根据闭包定义，$R$ 必是自反的。

(2)和(3)的证明完全类似。

下面讨论由给定关系 $R$，求取 $R'$ 的方法。

**定理 2.3.8** 设 $R$ 是集合 $X$ 上的二元关系，则

(1) $r(R)=R\cup I_X$；

(2) $s(R)=R\cup R^{-1}$；

(3) $t(R)=\bigcup_{i=1}^{\infty}R^i$，$t(R)$ 通常也记作 $R^+$。

**证明：**(1)令 $R'=R\cup I_X$。

$\forall x\in X$，因为 $\langle x,x\rangle\in I_X$，故 $\langle x,x\rangle\in R'$，于是 $R'$ 在 $X$ 上是自反的。

又 $R\subseteq R\cup I_X$ 即 $R\subseteq R'$。若有自反关系 $R''$ 且 $R''\supseteq R$，显然有 $R''\supseteq I_X$，于是 $R''\supseteq R\cup I_X=R'$，所以 $r(R)=R\cup I_X$。

(2)令 $R'=R\cup R^{-1}$。

因为

$$(R\cup R^{-1})^{-1}=R^{-1}\cup(R^{-1})^{-1}=R^{-1}\cup R=R\cup R^{-1},$$

所以 $R'$ 是对称的。

若 $R''$ 是对称的且 $R''\supseteq R$，$\forall\langle x,y\rangle\in R'$，则

$$\langle x,y\rangle\in R \text{ 或} \langle x,y\rangle\in R^{-1}。$$

当 $\langle x,y\rangle\in R$ 时，$\langle x,y\rangle\in R''$；

当 $\langle x,y\rangle\in R^{-1}$ 时，$\langle y,x\rangle\in R$，$\langle y,x\rangle\in R''$，$\langle x,y\rangle\in R''$。

因此 $R'\subseteq R''$，故 $s(R)=R\cup R^{-1}$。

(3)令 $R'=\bigcup_{i=1}^{\infty}R^i$，先证 $R'$ 是传递的。

$\forall\langle x,y\rangle\in R'$，$\langle y,z\rangle\in R'$，则存在自然数 $k,l$，有 $\langle x,y\rangle\in R^k$，$\langle y,z\rangle\in R^l$，因此 $\langle x,z\rangle\in R^{k+l}\subseteq\bigcup_{i=1}^{\infty}R^i$，所以，$R'$ 是传递的。

显然，$R'\supseteq R$。若有传递关系 $R''$ 且 $R''\supseteq R$，$\forall\langle x,y\rangle\in R'$，则存在自然数 $m$，有 $\langle x,y\rangle\in R^m$。

则 $\exists a_i\in X\ (i=1,2,\cdots,m-1)$，使得

$$\langle x,a_1\rangle,\langle a_1,a_2\rangle,\cdots,\langle a_{m-1},y\rangle\in R,$$

因此

$$\langle x,a_1\rangle,\langle a_1,a_2\rangle,\cdots,\langle a_{m-1},y\rangle\in R'',$$

由于 $R''$ 是传递关系，

则 $\langle x,y\rangle\in R''$，所以 $R''\supseteq R'$。故

$$t(R)=\bigcup_{i=1}^{\infty}R^i。$$

**例 2.3.14**　设 $X=\{x,y,z\}$，$R$ 是 $X$ 上的二元关系，$R=\{\langle x,y\rangle,\langle y,z\rangle,\langle z,x\rangle\}$，求 $r(R)$，$s(R)$，$t(R)$。

**解：**$r(R)=R\cup I_X=\{\langle x,y\rangle,\langle y,z\rangle,\langle z,x\rangle,\langle x,x\rangle,\langle y,y\rangle,\langle z,z\rangle\}$，

$s(R)=R\cup R^{-1}=\{\langle x,y\rangle,\langle y,z\rangle,\langle z,x\rangle,\langle y,x\rangle,\langle z,y\rangle,\langle x,z\rangle\}$。

为了求得 $t(R)$，先写出

$$\boldsymbol{M}_R=\begin{bmatrix}0&1&0\\0&0&1\\1&0&0\end{bmatrix},$$

$$\boldsymbol{M}_{R^2}=\begin{bmatrix}0&1&0\\0&0&1\\1&0&0\end{bmatrix}^2=\begin{bmatrix}0&0&1\\1&0&0\\0&1&0\end{bmatrix},$$

即：

$R^2=\{\langle x,z\rangle,\langle y,x\rangle,\langle z,y\rangle\}$，

$$\boldsymbol{M}_{R^3}=\boldsymbol{M}_R^2\circ\boldsymbol{M}_R=\begin{bmatrix}0&0&1\\1&0&0\\0&1&0\end{bmatrix}\circ\begin{bmatrix}0&1&0\\0&0&1\\1&0&0\end{bmatrix}=\begin{bmatrix}1&0&0\\0&1&0\\0&0&1\end{bmatrix},$$

$R^3=\{\langle x,x\rangle,\langle y,y\rangle,\langle z,z\rangle\}$，

$$\boldsymbol{M}_{R^4}=\boldsymbol{M}_{R^3}\circ\boldsymbol{M}_R=\begin{bmatrix}1&0&0\\0&1&0\\0&0&1\end{bmatrix}\circ\begin{bmatrix}0&1&0\\0&0&1\\1&0&0\end{bmatrix}=\begin{bmatrix}0&1&0\\0&0&1\\1&0&0\end{bmatrix},$$

$R^4=\{\langle x,y\rangle,\langle y,z\rangle,\langle z,x\rangle\}=R$，

$R^5=R^4\circ R=R^2$，

继续这个运算有：

$R=R^4=\cdots=R^{3n+1}$；

$R^2=R^5=\cdots=R^{3n+2}$；

$R^3=R^6=\cdots=R^{3n+3}(n=1,2,\cdots)$；

$$\begin{aligned}t(R)&=\bigcup_{i=1}^{\infty}R^i=R\cup R^2\cup R^3\cup\cdots\\&=R\cup R^2\cup R^3\\&=\{\langle x,y\rangle,\langle y,z\rangle,\langle z,x\rangle,\langle x,z\rangle,\langle y,x\rangle,\langle z,y\rangle,\langle x,x\rangle,\\&\quad\langle y,y\rangle,\langle z,z\rangle\}。\end{aligned}$$

从以上例题中看到,若 $X$ 有限,如含有 $n$ 个元素,那么求取 $X$ 上二元关系 $R$ 的传递闭包 $t(R)$ 不必计算到对 $R$ 的无限次复合,而最多不超过 $n$ 次复合。

**定理 2.3.9** 设 $X$ 是含有 $n$ 个元素的集合,$R$ 是 $X$ 上的二元关系,则存在一个正整数 $k \leqslant n$,使得

$$t(R)=\bigcup_{i=1}^{k} R^{i}。$$

**证明:** $x_i, x_j \in X$,记 $t(R)=R^{+}$。

若 $x_i R^{+} x_j$,则存在整数 $p>0$,使得 $x_i R^{P} x_j$ 成立,既存在序列 $a_1$, $a_2, \cdots a_{p-1} a_i \in X(i=1,2,\cdots,m-1)$,有 $x_i R a_1, a_1 R a_2, \cdots, a_{p-1} R x_j$。

设满足上述条件的最小 $p$ 大于 $n$,不妨 $x_i=a_0, x_j=a_p$,则序列中必有 $0 \leqslant t<q<s \leqslant p$,使得 $a_t=a_q$ 或 $a_q=a_s$. 不妨 $a_t=a_q$,此时序列就成为

$$\underbrace{x_i R a_1, a_1 R a_2, \cdots, a_{t-1} R a_t}_{t个}, \underbrace{a_t R a_{q+1}, \cdots, a_{p-1} R x_j}_{(p-q)个},$$

这表明 $x_i R^{k} x_j$ 存在,其中 $k=t+p-q=p-(q-t)<p$,这与 $p$ 是最小的假设矛盾,所以,$p>n$ 不成立,即 $p \leqslant n$。

所以

$$t(R)=\bigcup_{i=1}^{k} R^{i}(k \leqslant n)。$$

一般地,取 $t(R)=\bigcup_{i=1}^{n} R^{i}$,式中的 $n$ 给出了复合次数的上限。

**例 2.3.15** 设 $A=\{a, b, c\}$,给定 $A$ 上的关系

$$R=\{\langle a, a\rangle,\langle a, b\rangle,\langle b, c\rangle,\langle c, c\rangle\},$$

求 $t(R)$。

**解:** $t(R)=\bigcup_{i=1}^{3} R^{i}$,

$$\boldsymbol{M}_R=\begin{bmatrix}1 & 1 & 0 \\ 0 & 0 & 1 \\ 0 & 0 & 1\end{bmatrix},$$

$$\boldsymbol{M}_{R^2}=\begin{bmatrix}1 & 1 & 0 \\ 0 & 0 & 1 \\ 0 & 0 & 1\end{bmatrix}^2=\begin{bmatrix}1 & 1 & 1 \\ 0 & 0 & 1 \\ 0 & 0 & 1\end{bmatrix},$$

$$\boldsymbol{M}_{R^3}=\begin{bmatrix}1&1&1\\0&0&1\\0&0&1\end{bmatrix}\circ\begin{bmatrix}1&1&0\\0&0&1\\0&0&1\end{bmatrix}=\begin{bmatrix}1&1&1\\0&0&1\\0&0&1\end{bmatrix},$$

所以

$$\boldsymbol{M}_{t(R)}=\begin{bmatrix}1&1&1\\0&0&1\\0&0&1\end{bmatrix},$$

即

$$t(R)=\{\langle a,a\rangle,\langle a,b\rangle,\langle a,c\rangle,\langle b,c\rangle,\langle c,c\rangle\}。$$

为计算元素较多的有限集合 $X$ 上二元关系 $R$ 的传递闭包，Warshall 于 1962 年提出了一个有效的算法(假定集合 $X$ 含有 $n$ 个元素)：

①置新矩阵 $\boldsymbol{M}:=\boldsymbol{M}_R$；

②置 $i:=1$；

③对 $j=1,2,\cdots,n$，若 $r_{ji}=1(\boldsymbol{M}_R=(r_{ij})_{m\times n})$，则置 $r_{jk}:=r_{jk}\vee r_{ik},k=1,2,\cdots,n$；

④ $i:=i+1$；

⑤如果 $i\leqslant n$，则转到步骤③，否则停止。

**例 2.3.16**　已知

$$\boldsymbol{M}_R=\begin{bmatrix}1&1&0\\0&0&1\\0&0&1\end{bmatrix},$$

求 $R^+$。

**解:**按照 Warshall 算法，从 $\boldsymbol{M}_R$ 出发，只要遵循“置行查列遍寻真(1)，见真行上析当今 $(i)$，行推列移下右再，行穷列尽闭包成 $(\boldsymbol{M}_{R^+})$”便可直接求得 $\boldsymbol{M}_{R^+}$。

对集合上关系 $R$，首先将其关系矩阵 $\boldsymbol{M}_{R^+}$ 赋予 $\boldsymbol{M}$：

$$\boldsymbol{M}=\boldsymbol{M}_R=\begin{bmatrix}1&1&0\\0&0&1\\0&0&1\end{bmatrix},$$

而后的每一次循环重复操作，均在前一次操作结果的矩阵 $\boldsymbol{M}$ 上进行。

对第 1 行进行改写，查看第 1 列中 1，对有 1 的行进行改写，改写方法是：

将当今行的元素与列中有 1 的行的元素分别做析取。对本例，$i=1$ 时，第 1 列中只有 $r_{11}=1$，将第 1 行与第 1 行各对应元素进行逻辑加，仍记于第 1 行：

$$\begin{bmatrix}1&1&0\\0&0&1\\0&0&1\end{bmatrix}\to\begin{bmatrix}1&1&0\\0&0&1\\0&0&1\end{bmatrix}。$$

对第 2 行进行改写，查看第 2 列中 1，对有 1 的行进行改写。对本例，$i=2$ 时，第 2 列中 $r_{12}=1$，将第 2 行与第 1 行各对应元素进行逻辑加，仍记于第 1 行：

$$\begin{bmatrix}1&1&1\\0&0&1\\0&0&1\end{bmatrix}。$$

对第 3 行进行改写，重复上述操作并结束。对本例，$i=3$ 时，第 3 列中 $r_{13}=1, r_{23}=1, r_{33}=1$，将第 3 行分别与第 1 行、第 2 行、第 3 行各对应元素进行逻辑加，仍分别记于第 1 行、第 2 行、第 3 行：

$$\begin{bmatrix}1&1&1\\0&0&1\\0&0&1\end{bmatrix},$$

得

$$R^{+}=\{\langle a,a\rangle,\langle a,b\rangle,\langle a,c\rangle,\langle b,c\rangle,\langle c,c\rangle\},$$

结果与例 2.3.15 一致。

传递闭包 $R^{+}$ 在语法分析中有很多应用，先以下例说明。

**例 2.3.17** 设有一字母表 $V=\{A,B,C,D,e,d,f\}$ 并给定下面 6 条规则：

$$A\to Af, B\to Dde, C\to e,$$

$$A\to B, B\to De, D\to Bf,$$

$R$ 为定义在 $V$ 上的二元关系且 $x_iRx_j$，即是从 $x_i$ 出发用一条规则推出一串字符，使其第一个字符恰为 $x_j$。说明每个字母连续应用上述规则可能推出的头字符。

**解：**

$$M_R=\begin{bmatrix}1&1&0&0&0&0&0\\0&0&0&1&0&0&0\\0&0&0&0&1&0&0\\0&1&0&0&0&0&0\\0&0&0&0&0&0&0\\0&0&0&0&0&0&0\\0&0&0&0&0&0&0\end{bmatrix},$$

则 $x_iR^+x_j$ 表示从 $x_i$ 出发，经过多次连续推导而得的字符串，其第一个字符恰为 $x_j$ 的关系，此关系即是 $R^+$。按照 Warshall 算法计算的过程中，$i=5$ 时，由于第 5 行的元素都等于零，$\boldsymbol{M}$ 的赋值不变。$i=3$，$i=6$，$i=7$ 时，由于第 3，6，7 列各元素均为零，$\boldsymbol{M}$ 的赋值不变。经计算得：

$$M_{R^+}=\begin{bmatrix}1&1&0&1&0&0&0\\0&1&0&1&0&0&0\\0&0&0&0&1&0&0\\0&1&0&1&0&0&0\\0&0&0&0&0&0&0\\0&0&0&0&0&0&0\\0&0&0&0&0&0&0\end{bmatrix}。$$

因此

$R^+=\{\langle A,A\rangle,\langle A,B\rangle,\langle A,D\rangle,\langle B,B\rangle,\langle B,D\rangle,\langle C,e\rangle,\langle D,B\rangle,\langle D,D\rangle\}$。

这说明应用给定的 6 条规则，从 $A$ 出发推导的头字符有 $A,B,D$ 这 3 种可能，而从 $B$ 出发推导的头字符有 $B,D$ 这 2 种可能，而从 $D$ 推出的头字符有 $B,D$ 这 2 种可能，从 $C$ 出发推导的头字符只可能为 $e$。

从一种性质的闭包关系出发，求取另一种性质的闭包关系，具有以下运算律。

**定理 2.3.10**　设 $R$ 是集合 $X$ 上的二元关系，则

(1) $rs(R)=sr(R)$；

(2) $rt(R)=tr(R)$；

(3) $ts(R)\supseteq st(R)$。

**证明：**(1) $sr(R)=s(r(R))=s(I_X\cup R)=(I_X\cup R)\cup(I_X\cup R)^{-1}$

$$=(I_X \cup R) \cup (I_X^{-1} \cup R^{-1}) = I_X \cup R \cup R^{-1}$$
$$= I_X \cup s(R) = r(s(R)) = rs(R),$$

其中，$I_X^{-1} = I_X$。

(2) $tr(R) = t(I_X \cup R) = \bigcup_{i=1}^{\infty}(I_X \cup R)^i = \bigcup_{i=1}^{\infty}(I_X \cup \bigcup_{j=1}^{i} R^j)$

$$= I_X \cup \bigcup_{i=1}^{\infty}\bigcup_{j=1}^{i} R^j = I_X \cup \bigcup_{i=1}^{\infty} R^i = I_X \cup t(R) = r(t(R)) = rt(R),$$

其中，$I_X \circ R = R \circ I_X = R, I_X^k = I_X (k = 1, 2, \cdots)$。

(3)留作练习请读者自证。

# §2.4 次序关系

## 2.4.1 偏序关系和全序关系

**1. 偏序关系的定义**

在一个集合上，我们常常要考虑元素的次序关系，其中很重要的一类关系称作偏序关系。

**定义 2.4.1** 设 $A$ 是一个集合，如果 $A$ 上的一个关系 $R$，满足自反性、反对称性和传递性，则称 $R$ 是 $A$ 上的一个偏序关系(Partially Ordered Relation)，并把它记为"$\leqslant$"。序偶 $\langle A, \leqslant \rangle$ 称作偏序集(Partially Ordered Set 或 Poset)。

**例 2.4.1** 在实数集 $\boldsymbol{R}$ 上，小于或等于关系"$\leqslant$"是偏序关系。因为：

(1)对于任何实数 $a \in \boldsymbol{R}$，有 $a \leqslant a$ 成立，故$\leqslant$是自反的；

(2)对任何实数 $a, b \in \boldsymbol{R}$，如果 $a \leqslant b$ 且 $b \leqslant a$，则必有 $a = b$，故$\leqslant$是反对称的；

(3)对任何实数 $a, b, c \in \boldsymbol{R}$，如果 $a \leqslant b, b \leqslant c$，那么必有 $a \leqslant c$，故$\leqslant$是传递的。

**例 2.4.2** 设 $S$ 为任意非空集合，$S$ 上的包含关系 $\subseteq = \{\langle A, B \rangle \mid A, B \in P(S), A \subseteq B\}$ 是偏序关系。因为：

(1)对于任意 $A \in P(S)$，有 $A \subseteq A$，所以"$\subseteq$"是自反的；

(2)对任意 $A,B\in P(S)$，若 $A\subseteq B$ 且 $B\subseteq A$，则 $A=B$ 所以“$\subseteq$”是反对称的；

(3)对任意 $A,B,C\in P(S)$，若 $A\subseteq B$ 且 $B\subseteq C$，则 $A\subseteq C$，所以“$\subseteq$”是传递的。

**例 2.4.3**　正整数集 $\mathbf{I}_+$ 上的整除关系 $\mid=\{\langle a,b\rangle \mid a,b\in\mathbf{I}_+,a|b\}$ 是偏序关系。因为：

(1)对于任何正整数 $m\in\mathbf{I}_+$，有 $m|m$ 成立，故“|”是自反的；

(2)对任何正整数 $m,n\in\mathbf{I}_+$，如果 $m|n$ 且 $n|m$，则必有 $m=n$，故“|”是反对称的；

(3)对任何正整数 $m,n,k\in\mathbf{I}_+$，如果 $m|n$ 且 $n|k$，那么必有 $m|k$，故“|”是传递的。

**例 2.4.4**　(1)实数集 $\mathbf{R}$ 上的小于关系“$<$”不是偏序关系。

(2)任意非空集合 $S$ 的幂集 $P(S)$ 上的真包含关系“$\subset$”不是偏序关系。

**2. 偏序关系的哈斯图**

为了更清楚地描述偏序集合中元素间的层次关系，我们先介绍“盖住”的概念。

**定义 2.4.2**　在偏序集合 $\langle A,\leqslant\rangle$ 中，如果 $x,y\in A,x\leqslant y,x\neq y$，且没有其他元素 $z$ 满足 $x\leqslant z,z\leqslant y$，则称元素 $y$ 盖住元素 $x$ 。并且记

$$\mathrm{COV}\,A=\{\langle x,y\rangle \mid x,y\in A;y\text{ 盖住 }x\},$$

称 $\mathrm{COV}\,A$ 为偏序集 $\langle A,\leqslant\rangle$ 中的盖住关系。显然 $\mathrm{COV}\,A\subseteq\leqslant$。

**例 2.4.5**　设 $A=\{1,2,3,4,6,8,12\}$，并设“|”为整除关系，求 $\mathrm{COV}\,A$。

**解：**“$\mid$”$=\{\langle 1,1\rangle,\langle 1,2\rangle,\langle 1,3\rangle,\langle 1,4\rangle,\langle 1,6\rangle,\langle 1,8\rangle,\langle 1,12\rangle,\langle 2,2\rangle,\langle 2,4\rangle,\langle 2,6\rangle,\langle 2,8\rangle,\langle 2,12\rangle,\langle 3,3\rangle,\langle 3,6\rangle,\langle 3,12\rangle,\langle 4,4\rangle,\langle 4,8\rangle,\langle 4,12\rangle,\langle 6,6\rangle,\langle 6,12\rangle,\langle 8,8\rangle,\langle 12,12\rangle\}$。

$\mathrm{COV}\,A=\{\langle 1,2\rangle,\langle 1,3\rangle,\langle 2,4\rangle,\langle 2,6\rangle,\langle 3,6\rangle,\langle 4,8\rangle,\langle 4,12\rangle,\langle 6,12\rangle\}$。

对于给定偏序集 $\langle A,\leqslant\rangle$，它的盖住关系是唯一的，所以哈斯(Hasse)根据盖住的概念给出了偏序关系图的一种画法，这种画法画出的图称为哈斯图(Hasse Diagram)，其作图规则如下：

(1)用小圆圈代表元素。

(2)如果 $x\leqslant y$ 且 $x\neq y$，则将代表 $y$ 的小圆圈画在代表 $x$ 的小圆圈之上。

(3)如果 $\langle x,y\rangle\in\mathrm{COV}\,A$，则在 $x$ 与 $y$ 之间用直线连接。

根据这个作图规则,例 2.4.5 中偏序集的一般关系图和哈斯图如图 2.4.1 所示。

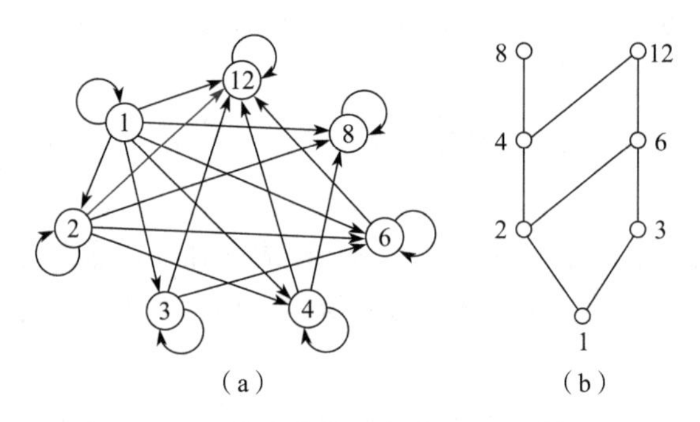


**图 2.4.1　偏序集的一般关系图和哈斯图**

**例 2.4.6**　设 $S_1=\{a\}, S_2=\{a,b\}, S_3=\{a,b,c\}, S_4=\{a,b,c,d\}$,则“$\subseteq$”关系是 $P(S_i)(i=1,2,3,4)$ 上的偏序关系,哈斯图分别如图 2.4.2(a)—图 2.4.2(d)所示。

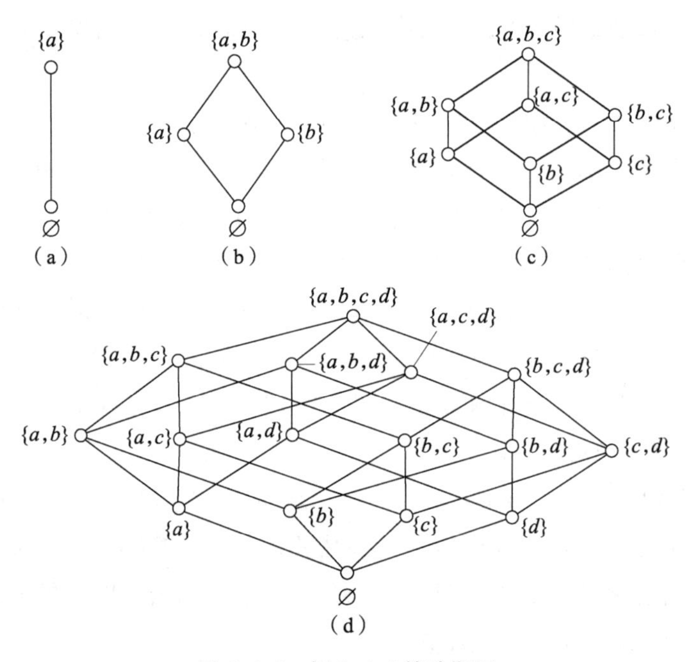


**图 2.4.2　例 2.4.6 的哈斯图**

**例 2.4.7**　设 $A=\{2,3,6,12,24,36\}$,$A$ 上的整除关系“|”是一偏序关系,其哈斯图如图 2.4.3 所示。

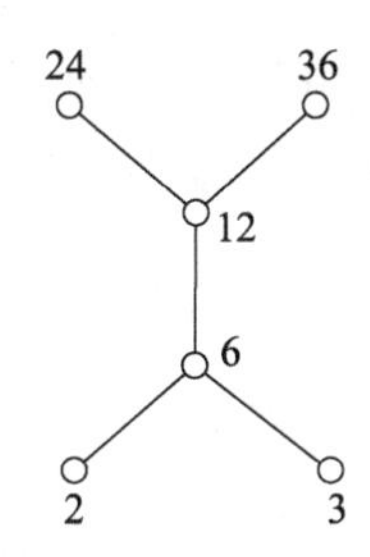


**图 2.4.3　例 2.4.7 的哈斯图**

**3. 偏序集中特殊位置的元素**

从偏序集的哈斯图可以看到偏序集中各个元素之间具有分明的层次关系，则其中必有一些处于特殊位置的元素。下面讨论偏序集中具有特殊位置的元素。

**定义 2.4.3**　设 $\langle A, \leqslant\rangle$ 是一个偏序集合，且 $B$ 是 $A$ 的子集，若有某个元素 $b \in B$，使得：

(1)不存在 $x \in B$，满足 $b \neq x$ 且 $b \leqslant x$，则称 $b$ 为 $B$ 的极大元(Maximal Element)；

(2)不存在 $x \in B$，满足 $b \neq x$ 且 $x \leqslant b$，则称 $b$ 为 $B$ 的极小元(Minimal Element)；

(3)对每一个 $x \in B$ 有 $x \leqslant b$，则称 $b$ 为 $B$ 的最大元(Largest Element)；

(4)对每一个 $x \in B$ 有 $b \leqslant x$，则称 $b$ 为 $B$ 的最小元(Smallest Element)。

**例 2.4.8**　设 $A=\{2,3,5,7,14,15,21\}$，其偏序关系为

$$R=\{\langle 2,14\rangle,\langle 3,15\rangle,\langle 3,21\rangle,\langle 5,15\rangle,\langle 7,14\rangle,\langle 7,21\rangle,\langle 2,2\rangle,\langle 3,3\rangle, \langle 5,5\rangle,\langle 7,7\rangle,\langle 14,14\rangle,\langle 15,15\rangle,\langle 21,21\rangle\}。$$

求：$B=\{2,7,3,21,14\}$ 的极大元、极小元、最大元和最小元。

**解**：$\mathrm{COV}\,A=\{\langle 2,14\rangle,\langle 3,15\rangle,\langle 3,21\rangle,\langle 5,15\rangle,\langle 7,14\rangle,\langle 7,21\rangle\}$，$\langle A,R\rangle$ 的哈斯图如图 2.4.4 所示。

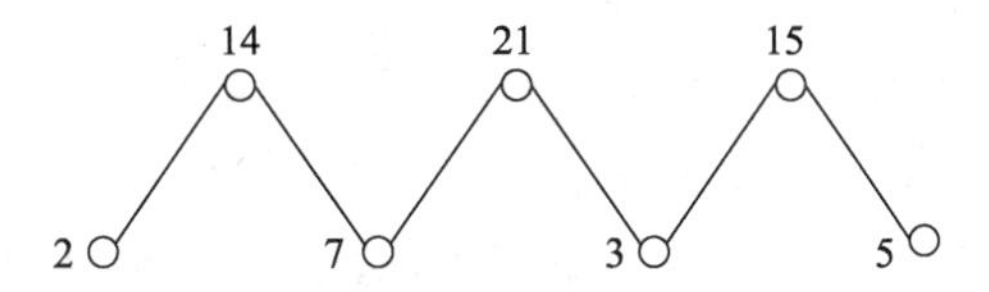


**图 2.4.4　例 2.4.8 的哈斯图**

故 $B$ 的极小元集合是 $\{2,7,3\}$，$B$ 的极大元集合为 $\{14,21\}$，$B$ 无最大元，也无最小元。

**例 2.4.9** 在例 2.4.8 中取 $B$ 分别为 $A$，$\{6,12\}$ 和 $\{2,3,6\}$，则对应的极大元、极小元、最大元和最小元情况如表 2.4.1 所示。

**表 2.4.1 例 2.4.9 的极大元、极小元、最大元和最小元情况**

| 集合 | 极大元 | 极小元 | 最大元 | 最小元 |
| --- | --- | --- | --- | --- |
| $A$ | 24,36 | 2,3 | 无 | 无 |
| $\{6,12\}$ | 12 | 6 | 12 | 6 |
| $\{2,3,6\}$ | 6 | 2,3 | 6 | 无 |

**例 2.4.10** 在例 2.4.6 中的图 2.4.2(c)所示的偏序集中，取 $B$ 分别为 $P(S_3)$，$\{\{a\},\{b\},\{c\}\}$ 和 $\{\{a\},\{a,b\}\}$，则对应的极大元、极小元、最大元和最小元情况如表 2.4.2 所示。

**表 2.4.2 例 2.4.10 的极大元、极小元、最大元和最小元情况**

| 集合 | 极大元 | 极小元 | 最大元 | 最小元 |
| --- | --- | --- | --- | --- |
| $P(S_3)$ | $\{a,b,c\}$ | $\varnothing$ | $\{a,b,c\}$ | $\varnothing$ |
| $\{\{a\},\{b\},\{c\}\}$ | $\{a\},\{b\},\{c\}$ | $\{a\},\{b\},\{c\}$ | 无 | 无 |
| $\{\{a\},\{a,b\}\}$ | $\{a,b\}$ | $\{a\}$ | $\{a,b\}$ | $\{a\}$ |

从上面的 3 个例子可以看出，最大(小)元和极大(小)元有如下性质：

**定理 2.4.1** 设 $\langle A,\leqslant\rangle$ 为一偏序集且 $B\subseteq A$，则

(1) $B$ 的最大(小)元必是 $B$ 的极大(小)元，反之不然。

(2) $B$ 的最大(小)元不一定存在，若 $B$ 有最大(最小)元，则必是唯一的。

(3) $B$ 的极大(小)元不一定是唯一的。当 $B=A$ 时，则偏序集 $\langle A,\leqslant\rangle$ 的极大元即是哈斯图中最顶层的元素，其极小元是哈斯图中最底层的元素，不同的极小元或不同的极大元之间是不可比较的。

**证明**：我们证明最大(小)元的唯一性。假定 $a$ 和 $b$ 都是 $B$ 的最大元，则 $a\leqslant b$ 且 $b\leqslant a$，由 $\leqslant$ 的反对称性，得到 $a=b$。$B$ 的最小元情况与此类似。

**定义 2.4.4** 设 $\langle A,\leqslant\rangle$ 为一偏序集，对于 $B\subseteq A$，如有 $a\in A$，对 $B$ 的任意元素 $x$，都满足：

(1) $x\leqslant a$，则称 $a$ 为 $B$ 的上界(Upper Bound)；

(2) $a\leqslant x$，则称 $a$ 为 $B$ 的下界(Lower Bound)；

(3) $a$ 为 $B$ 的上界，且对 $B$ 的任一上界 $a'$ 均有 $a \leqslant a'$，则称 $a$ 为 $B$ 的最小上界（上确界）(Least Upper Bound)，记作 LUB $B$；

(4) $a$ 为 $B$ 的下界，且对 $B$ 的任一下界 $a'$，均有 $a' \leqslant a$，则称 $a$ 为 $B$ 的最大下界（下确界）(Greatest Lower Bound)，记为 GLB $B$。

**例 2.4.11**　在例 2.4.8 中取 $B$ 分别为 $A$，{6,12} 和 {2,3,6}，{12,24,36} 和 {24,36}，则对应的上界、下界、上确界和下确界情况如表 2.4.3 所示。

**表 2.4.3　例 2.4.11 的上界、下界、上确界和下确界情况**

| 集合 | 上界 | 下界 | 上确界 | 下确界 |
| --- | --- | --- | --- | --- |
| $A$ | 无 | 无 | 无 | 无 |
| {6,12} | 12,24,36 | 2,3,6 | 12 | 6 |
| {2,3,6} | 6,12,24,36 | 无 | 6 | 无 |
| {12,24,36} | 无 | 2,3,6,12 | 无 | 12 |
| {24,36} | 无 | 2,3,6,12 | 无 | 12 |

**例 2.4.12**　在例 2.4.6 中的图 2.4.2(c)所示的偏序集中，取 $B$ 分别为 $P(S_3)$，$\{\{a\},\{b\},\{c\}\}$ 和 $\{\{a\},\{a,b\}\}$，则对应的上界、下界、上确界和下确界情况如表 2.4.4 所示。

**表 2.4.4　例 2.4.12 的上界、下界、上确界和下确界情况**

| 集合 | 上界 | 下界 | 上确界 | 下确界 |
| --- | --- | --- | --- | --- |
| $P(S_3)$ | $\{a,b,c\}$ | $\varnothing$ | $\{a,b,c\}$ | $\varnothing$ |
| $\{\{a\},\{b\},\{c\}\}$ | $\{a,b,c\}$ | $\varnothing$ | $\{a,b,c\}$ | $\varnothing$ |
| $\{\{a\},\{a,b\}\}$ | $\{a,b\},\{a,b,c\}$ | $\varnothing,\{a\}$ | $\{a,b\}$ | $\{a\}$ |

从上面的 2 个例子可以看出，上（下）界和上（下）确界有如下性质：

**定理 2.4.2**　设 $\langle A, \leqslant \rangle$ 为一偏序集且 $B \subseteq A$，则

(1) $B$ 的上（下）界不一定存在，若存在，则不一定唯一，并且它们可能在 $B$ 中，也可能在 $B$ 外；

(2) $B$ 的上（下）确界不一定存在，若存在，必定是唯一的，并且若 $B$ 有最大（小）元，则它必是 $B$ 的上（下）确界。

**4. 全序关系**

**定义 2.4.5** 设 $\langle A, \leqslant \rangle$ 为一个偏序集，若对于任意 $a, b \in A$，必有 $a \leqslant b$ 或 $b \leqslant a$，则称 $\langle A, \leqslant \rangle$ 为全序集合或线序集合(有时也称为链)，二元关系≤称为全序关系(Total Order)或线序关系(Linear Order)。

**例 2.4.13** (1)定义在自然数集合 **N** 上的小于或等于关系"≤"是偏序关系，且对任意 $i, j \in \mathbf{N}$，必有：$i \leqslant j$ 或 $j \leqslant i$ 成立，故"≤"是全序关系。

(2)实数集 **R** 上的小于或等于关系"≤"也是 **R** 上的一个全序关系。

(3)设 $A = \{1,2,4,8,24,48\}$，则 $A$ 上的整除关系是一个全序关系，其哈斯图如图 2.4.5 所示。

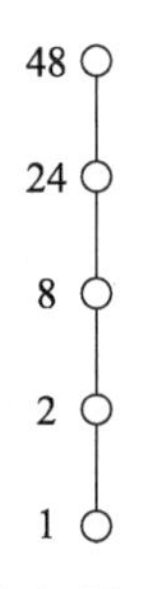


**图 2.4.5 例 2.4.13 中(3)的哈斯图**

(4)自然数集合 **N** 上的整除关系就仅是一个偏序而不是全序。

## 2.4.2 等价关系与划分

本小节讨论等价关系。在讨论之前，我们先引进概念——集合的划分和覆盖。

### 一、集合的划分和覆盖

设 $A$ 是某一所综合性大学本科学生的全体组成的集合，$S_i$ 是对 $A$ 的某种分类的集合 $(i=1,2,3)$。若按文理科分类，则有 $S_1=\{S_{11}, S_{12}\}$，其中 $S_{11}$ 表示理科学生全体的集合、$S_{12}$ 表示文科学生全体的集合；若按年级分类，则有 $S_2=\{S_{21}, S_{22}, S_{23}, S_{24}\}$，其中 $S_{2j}(j=1,2,3,4)$ 表示该大学 $j$ 年级学生全体的集合；若按系分类，则有 $S_3=\{S_{31}, S_{32}, S_{33}, S_{34}, S_{35}, S_{36}\}$，这说明这所大学有 6 个系。分类法尽管给出了 3 种，但是它们有个共同的特点：① $S_i$ 的元素都是$A$的非空子集；② $S_i$ 的元素求交是空集、求并就是$A$。此时，我们就说$S_i$是集合$A$的一个划分。

**定义 2.4.6**　设$A$是非空集合，$A$的子集的集合$S=\{A_1,A_2,\cdots,A_m\}$，如果满足：

(1) $A_1,A_2,\cdots,A_m$ 都是非空集合；

(2) $\bigcup_{i=1}^{m} A_i=A$；

则称集合$S$是集合$A$的覆盖(Cover)，称$A_i$是覆盖$S$的分块。

如果除以上条件外，另有$A_i\cap A_j=\varnothing\ (i\neq j)$，则称$S$是$A$的划分(或分划)(Partition)。显然，若是划分则必是覆盖，其逆不真。

若$A=\{a_1,a_2,\cdots,a_n\}$，则$A$有2个简单的划分：一是$\{\{a_1\},\{a_2\},\cdots,\{a_n\}\}$，称为$A$的最大划分(分块最多)；二是$A=\{\{a_1,a_2,\cdots,a_n\}\}$，称为$A$的最小划分(分块最少)。

**例如**　$A=\{a,b,c,d\}$，考虑下列子集：

$S=\{\{a,b\},\{b,c\},\{d\}\}$，$Q=\{\{a\},\{a,b\},\{a,c,d\}\}$，

$D=\{\{a,d\},\{b,c\}\}$，$G=\{\{a,b,c,d\}\}$，

$E=\{\{a\},\{b\},\{c\},\{d\}\}$，$F=\{\{a,b\},\{a,c\}\}$，

则$S,Q$是$A$的覆盖；$D,G,E$是$A$的划分，其中$G$是最小划分，$E$是最大划分；$F$既不是划分也不是覆盖。

**定义 2.4.7**　若$S_1=\{A_1,A_2,\cdots,A_r\}$与$S_2=\{B_1,B_2,\cdots,B_t\}$是同一集合$X$的2种划分，则其中所有$A_i\cap B_j(\neq\varnothing)$组成的集合，称为$S_1$和$S_2$的交叉划分，即

$$\{A_i\cap B_j \mid A_i\in S_1,B_j\in S_2,A_i\cap B_j\neq\varnothing(i=1,2,\cdots,r;j=1,2,\cdots,t)\}。$$

**注意：**$S_1$和$S_2$的交叉划分一般不是$S_1\cap S_2$，而是以$S_1$与$S_2$元素之间的所有非空交集作元素的集合。

**例如**　所有生物的集合$X$，可分割成$\{P,Q\}$，其中$P$表示所有植物的集合，$Q$表示所有动物的集合；又$X$也可分割成$\{E,F\}$，其中$E$表示史前生物，$F$表示史后生物。则其交叉划分为$\{P\cap E,P\cap F,Q\cap E,Q\cap F\}$，其中$P\cap E$表示史前植物，$P\cap F$表示史后植物，$Q\cap E$表示史前动物，$Q\cap F$表示史后动物。

**定理 2.4.3**　设$S_1=\{A_1,A_2,\cdots,A_r\}$与$S_2=\{B_1,B_2,\cdots,B_t\}$是同一集合$X$的2种划分，则其交叉划分也是原集合$X$的一种划分。

**证明**：$S_1$ 和 $S_2$ 的交叉划分是：

$\{A_1 \cap B_1, A_1 \cap B_2, \cdots, A_1 \cap B_t, A_2 \cap B_1, A_2 \cap B_2, \cdots, A_2 \cap B_t, \cdots, A_r \cap B_1, A_r \cap B_2, \cdots, A_r \cap B_t\}$，

在交叉划分中，任取 2 个元素 $A_i \cap B_k$ 和 $A_j \cap B_h(i, j = 1, 2, \cdots, r; k, h = 1, 2, \cdots, t)$，因为 $A_i \cap A_j = \varnothing, B_k \cap B_h = \varnothing$，所以

$$(A_i \cap B_k) \cap (A_j \cap B_h) = A_i \cap B_k \cap A_j \cap B_h = \varnothing。$$

其次，交叉划分中所有元素的并为

$(A_1 \cap B_1) \cup (A_1 B_2) \cup \cdots \cup (A_1 \cap B_t) \cup (A_2 \cap B_1) \cup (A_2 \cap B_2) \cup \cdots \cup (A_2 \cap B_t) \cup \cdots \cup (A_r \cap B_1) \cup (A_r \cap B_2) \cup \cdots \cup (A_r \cap B_t)$

$= (A_1 \cap (B_1 \cup B_2 \cup \cdots \cup B_t)) \cup (A_2 \cap (B_1 \cup B_2 \cup \cdots \cup B_t)) \cup \cdots \cup (A_r \cap (B_1 \cup B_2 \cup \cdots \cup B_t))$

$= (A_1 \cup A_2 \cdots \cup A_r) \cap (B_1 \cup B_2 \cup \cdots \cup B_t))$

$= X \cap X = X$。

所以，$S_1$ 和 $S_2$ 的交叉划分也是 $X$ 的一种划分。

**定义 2.4.8** 给定 $X$ 的任意 2 个划分 $S_1 = \{A_1, A_2, \cdots, A_r\}$ 与 $S_2 = \{B_1, B_2, \cdots, B_t\}$，若对于每一个 $A_i$ 均有 $B_k$，使 $A_i \subseteq B_k(i = 1, 2, \cdots r; k = 1, 2, \cdots t)$，则 $S_1$ 称为 $S_2$ 的加细。若还有 $S_1 \neq S_2$，则 $S_1$ 称为 $S_2$ 的真加细。

**定理 2.4.4** 任何 2 种划分的交叉划分，都是原来各划分的一种加细。

**证明**：设 $S_1 = \{A_1, A_2, \cdots, A_r\}$ 与 $S_2 = \{B_1, B_2, \cdots, B_t\}$ 的交叉划分为 $T$，对 $T$ 中任意元素 $A_i \cap B_j$ 必有 $A_i \cap B_j \subseteq A_i$ 和 $A_i \cap B_j \subseteq B_j$，则 $T$ 分别是 $S_1$ 和 $S_2$ 的加细。

## 二、等价关系与等价类

### 1. 等价关系

**定义 2.4.9** 设 $R$ 为定义在集合 $A$ 上的一个关系，若 $R$ 是自反的、对称的和传递的，则 $R$ 称为等价关系(Equivalence Relation)。

**例 2.4.14** (1)平面上三角形集合中，三角形的相似关系是等价关系。

(2)数的相等关系是任何数集上的等价关系。

(3)一群人的集合中姓氏相同的关系也是等价关系。

(4)设 $A$ 是任意非空集合，则 $A$ 上的恒等关系 $I_A$ 和全域关系 $E_A$ 均是 $A$ 上的等价关系。

**例 2.4.15**　设集合 $A=\{a,b,c,d,e\}$，

$R=\{\langle a,a\rangle,\langle a,b\rangle,\langle b,a\rangle,\langle b,b\rangle,\langle c,c\rangle,\langle c,d\rangle,\langle c,e\rangle,\langle d,c\rangle,\langle d,d\rangle,\langle d,e\rangle,\langle e,c\rangle,\langle e,d\rangle,\langle e,e\rangle\}$，

验证 $R$ 是 $A$ 上的等价关系。

**证明：**$R$ 的关系矩阵：

$$\boldsymbol{M}_R=\begin{bmatrix}1&1&0&0&0\\1&1&0&0&0\\0&0&1&1&1\\0&0&1&1&1\\0&0&1&1&1\end{bmatrix},$$

关系图如图 2.4.6 所示。

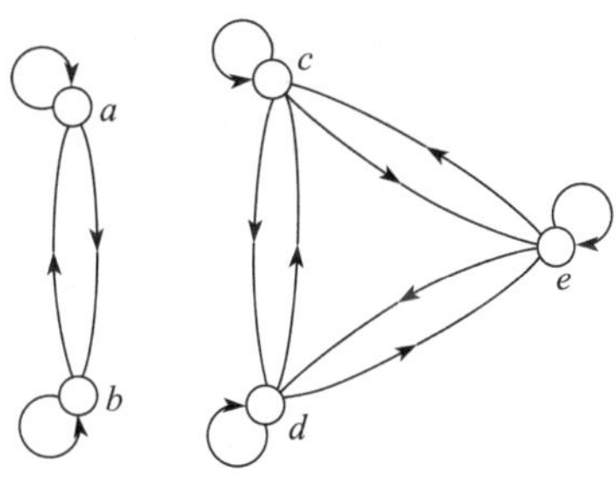

**图 2.4.6　例 2.4.15 的关系图**

关系矩阵中，对角线上的所有元素都是 1，关系图上每个结点都有自环，说明 $R$ 是自反的。关系矩阵是对称的，关系图上任意两结点间或没有弧线连接，或有成对弧出现，故 $R$ 是对称的。从 $R$ 的序偶表示式中，可以看出 $R$ 是传递的。故 $R$ 是 $A$ 上的等价关系。

**例 2.4.16**　设 $I$ 为整数集，$R=\{\langle x,y\rangle \mid x\in I,y\in I,x\equiv y(\mathrm{mod}k)\}$，其中 $x\equiv y(\mathrm{mod}k)$ 当且仅当 $\exists m\in I$，使得 $x-y=km$。证明：$R$ 是等价关系。

**证明：**设任意 $a,b,c\in I$

(1) $a-a=k\cdot 0$，所以，$\langle a,a\rangle\in R$，$R$ 是自反的；

(2)若 $a\equiv b(\mathrm{mod}k)$，$a-b=kt$（$t$ 为整数），则

$b-a=-kt$，所以，$b\equiv a(\mathrm{mod}k)$，$R$ 是对称的；

(3)若 $a\equiv b(\mathrm{mod}k)$，$b\equiv c(\mathrm{mod}k)$，则

$a-b=kt$，$b-c=ks$（$t,s$ 为整数），$a-c=a-b+b-c=k(t+s)$。所以，$a\equiv c(\mathrm{mod}k)$，$R$ 是传递的。

因此，$R$ 是等价关系。称之为整数集 $I$ 上的模 $k$ 同余关系(Congruence Modulo $k$ )。

**2. 等价类**

**定义 2.4.10**　设 $R$ 是集合 $A$ 上的等价关系，对任何 $a,b\in A$，若 $aRb$，

则称 $a$ 与 $b$ 等价。对任何 $a\in A$，集合 $A$ 中等价于 $a$ 的所有元素组成的集合称为以 $a$ 为代表元的（$A$ 关于等价关系 $R$ 的）等价类（Equivalence Class），记作 $[a]_R$。即

$$[a]_R=\{x \mid x\in A, aRx\}。$$

由等价类的定义可知 $[a]_R$ 是非空的，因为 $aRa, a\in[a]_R$。因此，任给集合 $A$ 及其上的等价关系 $R$，必可写出 $A$ 上各个元素的等价类。例如，在例 2.4.15 中，$A$ 的各个元素的等价类为：

$$[a]_R=\{x \mid x\in A, aRx\}=\{a,b\}=\{x \mid x\in A, bRx\}=[b]_R,$$

$$[c]_R=\{x \mid x\in A, cRx\}=\{c,d,e\}=\{x \mid x\in A, dRx\}=$$

$$[d]_R=\{x \mid x\in A, eRx\}=[e]_R,$$

可见，$A$ 上的等价关系 $R$ 的不同的等价类有 2 个。

**例 2.4.17** 设 $\mathbf{I}$ 是整数集，$R$ 是模 3 同余关系，即

$$R=\{\langle x,y\rangle \mid x\in\mathbf{I}, y\in\mathbf{I}, x\equiv y(\mathrm{mod}3)\},$$

确定由 $\mathbf{I}$ 的元素所产生的等价类。

**解：**例 2.4.16 已证明整数集合上的模 $k$ 同余的关系是等价关系，故本例中由 $\mathbf{I}$ 的元素所产生的等价类是：

$$[0]_R=\{\cdots,-6,-3,0,3,6,\cdots\},$$

$$[1]_R=\{\cdots,-5,-2,1,4,7,\cdots\},$$

$$[2]_R=\{\cdots,-4,-1,2,5,8,\cdots\},$$

从本例可以看到，在集合 $\mathbf{I}$ 上模 3 同余等价关系 $R$ 所构成的等价类有：

$$[0]_R=[3]_R=[-3]_R=\cdots=[3k]_R,$$

$$[1]_R=[4]_R=[-2]_R=\cdots=[3k+1]_R,$$

$$[2]_R=[5]_R=[-1]_R=\cdots=[3k+2]_R,$$

$$k=\cdots-2,-1,0,1,2,\cdots。$$

**定理 2.4.5** 给定集合 $A$ 上的等价关系 $R$，对于 $a,b\in A$ 有 $aRb$ 当且仅当 $[a]_R=[b]_R$。

**证明：**若 $[a]_R=[b]_R$，因为 $a\in[a]_R$，故 $a\in[b]_R$，即 $bRa$，则 $aRb$。

若 $aRb$，则 $\forall c\in[a]_R\Rightarrow aRc\Rightarrow cRa\Rightarrow cRb\Rightarrow bRc\Rightarrow c\in[b]_R$，即 $[a]_R\subseteq[b]_R$；$\forall c\in[b]_R\Rightarrow bRc\Rightarrow aRc\Rightarrow c\in[a]_R$，即 $[b]_R\subseteq[a]_R$。

所以，$[a]_R=[b]_R$。

**定义 2.4.11** 集合 $A$ 上的等价关系 $R$，其所有等价类的集合称作 $A$ 关

于 $R$ 的商集(Quotient Set),记作 $A/R$,即

$$A/R=\{[a]_R \mid a\in A\}。$$

**例如**　例 2.4.15 中,商集:

$$A/R=\{\{a,b\},\{c,d,e\}\},$$

例 2.4.16 中商集:

$$I/R=\{[0]_R,[1]_R,[2]_R\}。$$

我们注意到商集 $I/R$ 中,$[0]_R\cup[1]_R\cup[2]_R=I$,且任意 2 个等价类的交为$\varnothing$,于是我们有下述重要定理。

**定理 2.4.6**　集合 $A$ 上的等价关系 $R$,决定了 $A$ 的一个划分,该划分就是商集 $A/R$。

为证定理,我们需要证明非空集合 $A$ 在其上的等价关系 $R$ 下形成的等价类的全体的集合——商集满足:

(1)每一等价类都是 $A$ 的子集,$A$ 中任一元素均属于某一等价类,即等价类全体的并集是 $A$;

(2)不同的等价类之间交是空集。

**证明:**$\forall a\in A$,因为 $[a]_R=\{x\mid x\in A,aRx\}$,所以,$[a]_R\subseteq A$,从而 $\bigcup\limits_{a\in A}[a]_R\subseteq A$;因为 $R$ 自反,即 $aRa$,所以,$a\in[a]_R$,则 $A\subseteq\bigcup\limits_{a\in A}[a]_R$,故 $\bigcup\limits_{a\in A}[a]_R=A$。(1)得证。

为证明(2),用反证法:

设 $\exists a,b\in A,[a]_R\neq[b]_R$,且 $[a]_R\cap[b]_R\neq\varnothing$,则

$\exists c\in[a]_R\cap[b]_R\subseteq A$,使 $aRc,bRc$ 成立。

由对称性得 $cRb$,再由传递性得 $aRb$,据定理 2.4.5,必有 $[a]_R=[b]_R$,这与题设矛盾,(2)得证。所以,$A/R$ 是 $A$ 的对应于 $R$ 的一个划分。

**定理 2.4.7**　设 $S=\{S_1,S_2,\cdots,S_m\}$ 是集合 $A$ 的一个划分,则存在 $A$ 上的一个等价关系 $R$,使得 $S$ 是 $A$ 关于 $R$ 的商集。

**证明:**在集合 $A$ 上定义关系 $R$,对任意 $a,b\in A,aRb$ 当且仅当 $a,b$ 在同一分块中。可以证明这样定义的关系 $R$ 是一个等价关系。因为:

(1) $a$ 与 $a$ 在同一分块中,故必有 $aRa$,即 $R$ 是自反的;

(2)若 $a$ 与 $b$ 在同一分块中,$b$ 与 $a$ 也在同一分块中,即 $aRb\Rightarrow bRa$,故 $R$ 是对称的;

(3)若 $a$ 与 $b$ 在同一分块中,$b$ 与 $C$ 在同一分块中,因为 $S_i\cap S_j=\varnothing$,即

$b$ 属于且仅属于一个分块，故 $a$ 与 $C$ 必在同一分块中，即 $(aRb) \wedge (bRc) \Rightarrow aRc$，故 $R$ 是传递的。

所以，$R$ 是等价关系。

由 $R$ 的定义可知：$S = A/R$。

由定理 2.4.7 可知：由集合 $A$ 的划分 $S = \{S_1, S_2, \cdots, S_m\}$ 所确定的 $A$ 上的等价关系 $R$ 为：

$$R = S_1 \times S_1 \cup S_2 \times S_2 \cup \cdots \cup S_m \times S_m。$$

定理 2.4.6 和定理 2.4.7 说明：非空集合 $A$ 上的等价关系与 $A$ 的划分一一对应。

**例 2.4.18** 设 $A = \{a, b, c, d, e\}$ 的划分 $S = \{\{a, b\}, \{c\}, \{d, e\}\}$，试由划分 $S$ 确定 $A$ 上的一个等价关系 $R$。

**解：** $R_1 = \{a, b\} \times \{a, b\} = \{\langle a, a\rangle, \langle a, b\rangle, \langle b, a\rangle, \langle b, b\rangle\}$，

$R_2 = \{c\} \times \{c\} = \{\langle c, c\rangle\}$，

$R_3 = \{d, e\} \times \{d, e\} = \{\langle d, d\rangle, \langle d, e\rangle, \langle e, d\rangle, \langle e, e\rangle\}$，

$R = R_1 \cup R_2 \cup R_3 = \{\langle a, a\rangle, \langle a, b\rangle, \langle b, a\rangle, \langle b, b\rangle, \langle c, c\rangle, \langle d, d\rangle, \langle d, e\rangle, \langle e, d\rangle, \langle e, e\rangle\}$。

显然，$S = A/R$。

**定理 2.4.8** 设 $R_1$ 和 $R_2$ 为非空集合 $A$ 上的等价关系，则

$$R_1 = R_2 \Leftrightarrow A/R_1 = A/R_2。$$

**证明：** $A/R_1 = \{[a]_{R_1} | a \in A\}, A/R_2 = \{[a]_{R_2} | a \in A\}$。

若 $R_1 = R_2$，$\forall a \in A$，

$$\begin{aligned}[a]_{R_1} &= \{x \mid x \in A, aR_1x\} \\ &= \{x \mid x \in A, aR_2x\} \\ &= [a]_{R_2},\end{aligned}$$

故

$$\{[a]_{R_1} | a \in A\} = \{[a]_{R_2} | a \in A\},$$

即

$$A/R_1 = A/R_2。$$

若 $A/R_1 = A/R_2$，即

$$\{[a]_{R_1} | a \in A\} = \{[a]_{R_2} | a \in A\},$$

则对 $\forall [a]_{R_1} \in A/R_1$，必有 $[c]_{R_2} \in A/R_2$，使得 $[a]_{R_1} = [c]_{R_2}$，故

$$\begin{aligned}\langle a,b\rangle \in R_1 &\Leftrightarrow a\in[a]_{R_1} \wedge b\in[a]_{R_1}\\ &\Leftrightarrow a\in[c]_{R_2} \wedge b\in[c]_{R_2}\\ &\Leftrightarrow \langle a,c\rangle \in R_2 \wedge \langle c,b\rangle \in R_2\\ &\Rightarrow \langle a,b\rangle \in R_2,\end{aligned}$$

所以，$R_1 \subseteq R_2$。

类似地，有 $R_2 \subseteq R_1$。因此，$R_1 = R_2$。

# §2.5　练习题

1. 设 $\{A_1,A_2,\cdots,A_n\}$ 是集合 $A$ 的划分，试证明 $\{A_1\cap B,A_2\cap B,\cdots,A_n\cap B\}$ 是集合 $A\cap B$ 的划分。其中，$A_i\cap B\neq\varnothing,1\leqslant i\leqslant n$。

2. 把 $n$ 个元素的集合划分成 2 个分块，共有多少种不同的方法？

3. 已知 $X$ 及其关系 $R$ 如下，试说明 $R$ 是等价关系，并指出其等价类。

(1) $X$：自然数集，$R=\{\langle n_i,n_j\rangle n_i/n_j$ 能表示成 $2^n$ 形式，$n$ 为任意整数$\}$；

(2) $X$：正整数的序偶，$R=\{\langle\langle x,y\rangle,\langle u,v\rangle\rangle \mid xv=uy\}$；

(3) $X$：实数部分非零的复数全体，$R=\{\langle a+b\mathrm{i},c+d\mathrm{i}\rangle \mid ac>0\}$；

(4) $X$：实数集，$R=\{\langle x,y\rangle \mid [x]-[y]=0\}$，其中 $[x]$ 表示小于或等于 $x$ 的最大整数。

4. 设 $X=\{1,2,3,4,5\}$，试根据以下 $X$ 的划分求 $X$ 上相应的等价关系，并画出关系图。

(1) $\{\{1,2\},\{3\},\{4,5\}\}$；　　(2) $\{\{1,5\},\{2,3,4\}\}$；

(3) $\{\{1\},\{2\},\{3,4,5\}\}$；　　(4) $\{\{1,2,3,4,5\}\}$。

5. (1) 设 $R$ 是 $X$ 上的关系。对于 $x_i,x_j,x_k\in X$ 而言，如 $x_iRx_j$ 且 $x_jRx_k$ 蕴含 $x_kRx_i$，则关系 $R$ 称为循环的。证明：$R$ 是自反的和循环的，当且仅当它是一等价关系。

(2) 设 $R_1$ 和 $R_2$ 是 $X$ 上的等价关系，$C_1,C_2$ 分别是相应于 $R_1,R_2$ 的划分。证明：$R_2\supseteq R_1$ 当且仅当 $C_1$ 中每一个等价类包含于 $C_2$ 的一些等价类中。

(3) 设 $R_1$ 和 $R_2$ 是 $X$ 上的等价关系，其对应等价类的数目（称为等价关系的秩）分别为 $r_1,r_2$。试证 $R_1\cap R_2$ 是秩至多为 $r_1r_2$ 的 $X$ 上的等价关系，但 $R_1\cup R_2$ 不一定是 $X$ 上的等价关系。

# 第三章　图　论

图是建立和处理离散数学模型的一种重要工具。图论是一门应用性很强的学科。许多学科，如运筹学、网络理论、控制论、化学、生物学、物理学、社会科学、计算机科学等，凡是研究事物之间关系的实际问题或理论问题，都可以建立图论模型来解决。随着计算机科学的发展，图论的应用也越来越广泛，图论也得到了充分的发展。本章将主要介绍与计算机科学关系密切的图论的内容。

## §3.1　图的基本概念

我们已经知道集合的笛卡儿积的概念，为了定义无向图，还需要给出集合的无序积的概念。

任意 2 个元素 $a,b$ 构成的**无序对**(Unordered Pair)记作$(a,b)$，这里总有$(a,b)=(b,a)$。

设$A,B$ 为 2 个集合，无序对的集合 $\{(a,b) \mid a\in A \wedge b\in B\}$ 称为集合 $A$ 与 $B$ 的**无序积**(Unordered Product)，记作 $A\&B$。无序积与有序积的不同在于$A\&B=B\&A$。

**例如**　设$A=\{a,b\}$，$B=\{0,1,2\}$，则$A\&B=\{(a,0),(a,1),(a,2),(b,0),(b,1),(b,2)\}=B\&A$，$A\&A=\{(a,a),(a,b),(b,b)\}$。

为了引出图的定义，我们先介绍如下的例子。

**例 3.1.1**　(1)北京、上海、香港、澳门是中国的几个著名的城市，分别用字母表示为 $B,S,H,M$，城市的集合为 $V=\{B,S,H,M\}$，这些城市间现有的航空线的集合是$E=\{(B,S),(B,H),(B,M),(S,H),(S,M)\}$。我们也可以将这些城市间的航空线关系用图 3.1.1 来表示。

(2) $S=\sum_{i=1}^{10} i$ 的程序框图如图 3.1.2 所示。

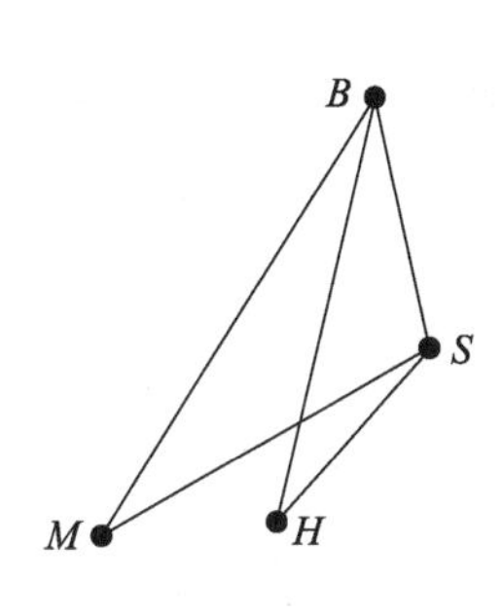


图 3.1.1　例 3.1.1 航空关系图

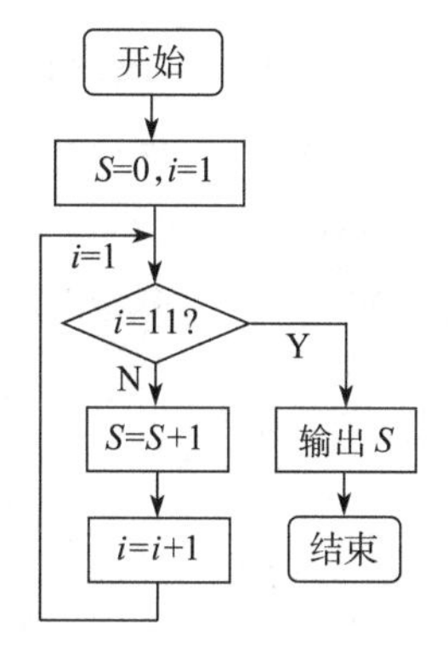


图 3.1.2　例 3.1.1 程序框图

## 3.1.1　图的定义及相关概念

**定义 3.1.1**　一个无向图(Undirected Graph)$G$ 是一个有序二元组 $\langle V, E\rangle$，记作 $G=\langle V,E\rangle$，其中 $V$ 是一个非空集合，$V$ 中的元素称为**结点**或**顶点**(Vertex)；$E$ 是无序积 $V\&V$ 的多重子集(元素可重复出现的集合)，称 $E$ 为 $G$ 的**边集**(Edge Set)，$E$ 中的元素称为**无向边**或简称**边**(Edge)。

在一个图 $G=\langle V,E\rangle$ 中，为了表示 $V$ 和 $E$ 分别是图 $G$ 的结点集和边集，常将 $V$ 记成 $V(G)$，而将 $E$ 记成 $E(G)$。

以上给出的是一个无向图的数学定义。它们可以用图形来表示，而这种图形有助于我们理解图的性质。在这种表示法中，每个结点用点来表示，每条边用线来表示，这样的线连接着代表该边端点的 2 个结点。

**例如**　$G=\langle V,E\rangle, V=\{v_1,v_2,v_3,v_4,v_5\}, E=\{(v_1,v_2),(v_2,v_2),(v_2,v_3),(v_1,v_3),(v_1,v_3),(v_3,v_4)\}$，$G$ 的图形如图 3.1.3 所示。

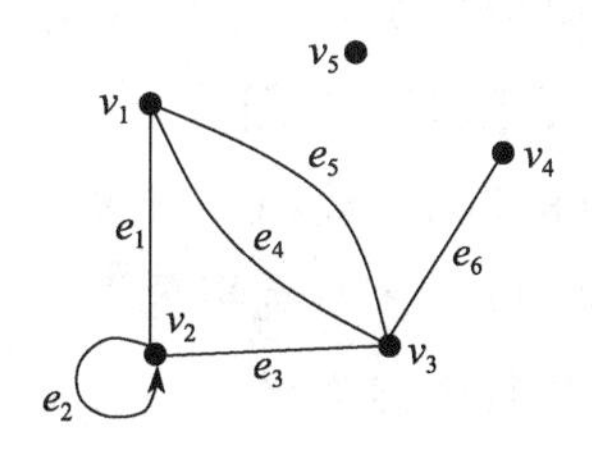


图 3.1.3　$G$ 的图形

**定义 3.1.2** 一个**有向图**(Directed Graph)$G$ 是一个有序二元组 $\langle V,E\rangle$，记作 $G=\langle V,E\rangle$。其中,$V$ 是一个非空的结点(或顶点)集;$E$ 是笛卡儿积 $V\times V$ 的多重子集,其元素称为**有向边**(Directed Edge),也简称**边**或**弧**(Arc)。

对于一个有向图 $G$,一般也可画出图形来表示。例如,$G=\langle V,E\rangle$，其中 $V=\{v_1,v_2,v_3,v_4,v_5\}$,$E=\{\langle v_1,v_1\rangle, \langle v_1,v_2\rangle, \langle v_2,v_3\rangle, \langle v_3,v_2\rangle, \langle v_2,v_4\rangle\langle v_3,v_4\rangle\}$,$G$ 的图形如图 3.1.4 所示。

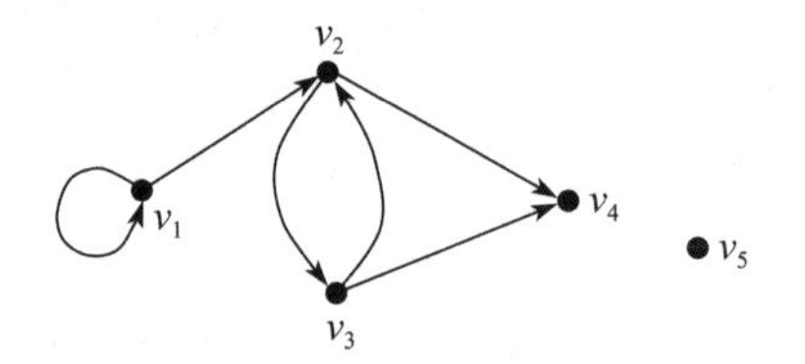


**图 3.1.4 有向图 G**

给图的结点标以名称,如图 3.1.3 中的 $v_1,v_2,v_3,v_4,v_5$ 这样的图称为**标定图**(Labled Graph)。同时也可对边进行标定,如图 3.1.3 中 $e_1=(v_1,v_2)$,$e_2=(v_2,v_2)$,$e_3=(v_2,v_3)$,$e_4=(v_1,v_3)$,$e_5=(v_1,v_3)$,$e_6=(v_3,v_4)$。

当 $e=(u,v)$ 时,称 $u$ 和 $v$ 是 $e$ 的**端点(顶点)**(End Point),并称 $e$ 与 $u$ 和 $v$ 是**关联**的(Incidence),而称结点 $u$ 与 $V$ 是**邻接**的(Adjacent)。若 2 条边关联于同一个结点,则称 2 条边是**邻接**的(Adjacent)。无边关联的结点称为**孤立点**(Isolated Point);若一条边关联的 2 个结点重合,则称此边为**环**(Ring)或**自回路**(Self Circuit)。若 $u\neq v$,则称 $e$ 与 $u$(或 $v$)**关联的次数**是 1;若 $u=v$,称 $e$ 与 $u$ **关联的次数**为 2;若 $u$ 不是 $e$ 的端点,则称 $e$ 与 $u$ 的**关联次数**为 0(或称 $e$ 与 $u$ **不关联**)。在图 3.1.3 中,$e_1=(v_1,v_2)$,$v_1,v_2$ 是 $e_1$ 的端点,$e_1$ 与 $v_1,v_2$ 的关联次数均为 1,$v_5$ 是孤立点,$e_2$ 是环,$e_2$ 与 $v_2$ 关联的次数为 2。

当 $e=\langle u,v\rangle$ 是有向边时,又称 $u$ 是 $e$ 的**始点**(Initial Point),$V$ 是 $e$ 的**终点**(Terminal Point)。

如果图的结点集 $V$ 和边集 $E$ 都是有限集,则称图为**有限图**(Finite Graph),本书讨论的图都是有限图。若图 $G=\langle V,E\rangle$ 中 $|V|=n$,$|E|=m$,为了方便起见,这样的图也称为 $\langle n,m\rangle$ **图**,有时也简称 $\boldsymbol{n}$ **阶图**。这时 $\langle n,0\rangle$ 图称为**零图**(Null Graph),$\langle 1,0\rangle$ 图称为**平凡图**(Trivial Graph)。

关联于同一对顶点的 2 条边称为平行边(Parallel Edge)(若是有向边方向应相同),平行边的条数称为边的重数。不含平行边和环的图称简单图(Simple Graph)。本书除非特别声明,一般是指简单图。

## 3.1.2　结点的度

**定义 3.1.3**　设 $G=\langle V,E\rangle$ 为一无向图,$v\in V$,$V$ 关联边的次数称为 $v$ 的**度数**,简称**度**(Degree),记作的 $d(v)$。

设 $G=\langle V,E\rangle$ 为一有向图,$v\in V$,$v$ 作为边的始点的次数,称为 $v$ 的**出度**(Out Degree),记作 $d^+(v)$;$v$ 作为边的终点的次数称为 $v$ 的**入度**(In Degree),记作 $d^-(v)$;$v$ 作为边的端点的次数称为 $v$ 的**度数**,简称**度**(Degree),记作 $d(v)$,显然

$$d(v)=d^+(v)+d^-(v)。$$

在图 3.1.3 中,$d(v_1)=3,d(v_2)=4,d(v_4)=1,d(v_5)=0$。

在图 3.1.4 中,$d^+(v_1)=2,d^-(v_1)=1;d^+(v_4)=0,d^-(v_4)=2;$ $d^+(v_2)=d^-(v_2)=2$。

称度为 1 的结点为**悬挂点**(Hanging Point),与悬挂点关联的边称为**悬挂边**(Hanging Edge)。图 3.1.3 中,$v_4$ 是悬挂点,$e_6$ 是悬挂边。

记 $\Delta(G)=\max\{d(v)\mid v\in V(G)\}$,$\delta(G)=\min\{d(v)\mid v\in V(G)\}$,分别称为图 $G$ 的**最大度**(Max Degree)和**最小度**(Min Degree)。若 $G=\langle V,E\rangle$ 是有向图,除了 $\Delta(G)$,$\delta(G)$,还有如下的定义:

**最大出度** $\Delta^+(G)=\max\{d^+(v)\mid v\in V\}$;

**最大入度** $\Delta^-(G)=\max\{d^-(v)\mid v\in V\}$;

**最小出度** $\delta^+(G)=\min\{d^+(v)\mid v\in V\}$;

**最小入度** $\delta^-(G)=\min\{d^-(v)\mid v\in V\}$。

图 3.1.4 中,$\Delta(G)=4,\delta(G)=2,\Delta^+(G)=2,\delta^+(G)=0,\Delta^-(G)=2,$ $\delta^-(G)=1$。

**例 3.1.2**　在图 3.1.3 中,

$$\begin{aligned}\sum_{v\in V}d(v)&=d(v_1)+d(v_2)+d(v_3)+d(v_4)+d(v_5)\\&=3+4+4+1+0=12,\end{aligned}$$

而该图有 6 条边,即结点度数和是边数的 2 倍。事实上这是图的一般性质。

**定理 3.1.1**　设图 $G$ 为具有结点集 $\{v_1,v_2,\cdots,v_n\}$ 的 $\langle n,m\rangle$ 图,则

$$\sum_{i=1}^{n} d(v_i) = 2m。$$

若 $d(v)$ 为奇数，则称 $V$ 为**奇点**，若 $d(v)$ 为偶数，则称 $V$ 为**偶点**。此定理也称握手定理。

**推论** 任一图中，奇点个数为偶数。

**证明：**设 $V_1 = \{v \mid v \text{ 为奇点}\}$，$V_2 = \{v \mid v \text{ 为偶点}\}$，

则

$$\sum_{v \in V_1} d(v) + \sum_{v \in V_2} d(v) = \sum_{v \in V} d(v) = 2m,$$

因为 $\sum_{v \in V_2} d(v)$ 是偶数，所以 $\sum_{v \in V_1} d(v)$ 也是偶数，而 $V_1$ 中每个点 $V$ 的度 $d(v)$ 均为奇数，因此 $|V_1|$ 为偶数。

对有向图，还有下面的定理。

**定理 3.1.2** 设有向图 $G = \langle V, E \rangle$，$v = \{v_1, v_2, \cdots, v_n\}$，$|E| = m$，

则

$$\sum_{i=1}^{n} d^+(v_i) = \sum_{i=1}^{n} d^-(v_i) = m。$$

以上 2 个定理及推论都很重要，要牢记并灵活运用。

设 $v = \{v_1, v_2, \cdots, v_n\}$ 是图 $G$ 的结点集，称 $d(v_1), d(v_2), \cdots, d(v_n)$ 为 $G$ 的度序列。例如，图 3.1.3 的度序列为 3,4,4,1,0，图 3.1.4 的度序列是 3,4,3,2。

**例 3.1.3** (1)图 $G$ 的度序列为 2,2,3,3,4，则边数 $m$ 是多少？

(2)3,3,2,3;5,2,3,1,4 能成为图的度序列吗？为什么？

(3)图 $G$ 有 12 条边，度数为 3 的结点有 6 个，其余结点度均小于 3，问图 $G$ 中至少有几个结点？

**解** (1)由握手定理

$$2m = \sum_{v \in V} d(v) = 2 + 2 + 3 + 3 + 4 = 14,$$

所以 $m = 7$。

(2)由于这 2 个序列中有奇数个是奇数，由握手定理的推论知，它们都不能成为图的度序列。

(3)由握手定理

$$\sum d(v) = 2m = 24,$$

度数为 3 的结点有 6 个占去 18 度，还有 6 度由其余结点占有，其余结点的度数可为 0,1,2，当均为 2 时所用结点数最少，所以应由 3 个结点占有这 6 度，即图 $G$ 中至少有 9 个结点。

**例 3.1.4**　证明在 $n(n \geqslant 2)$ 个人的集体中，总有 2 个人在此团体中恰有相同个数的朋友。

**解：**以结点代表人，二人如果是朋友，则在代表他们的结点间连上一条边，这样可得无向简单图 $G$，每个人的朋友数即是图中代表他的结点的度数，于是问题转化为：$n$ 阶无向简单图 $G$ 必有两个结点的度数相同。

用反证法，设 $G$ 中每个结点的度数均不相同，则度序列为 $0,1,2,\cdots,n-1$，说明图中有孤立点，而图 $G$ 是简单图，这与图中有 $n-1$ 度结点相矛盾。所以，必有 2 个结点的度数相同。

## 3.1.3　完全图和补图

**定义 3.1.4**　设 $G=\langle V,E\rangle$ 是无向简单图，若每一对结点之间都有边相连，则称 $G$ 为**完全图**(Complete Graph)，具有 $n$ 个结点完全图记作 $K_n$。

设 $G=\langle V,E\rangle$ 为有向简单图，若每对结点间均有一对方向相反的边相连，则称 $G$ 为**(有向)完全图**，具有 $n$ 个结点的有向完全图记作 $D_n$。

**例 3.1.5**　图 3.1.5 给出几个完全图的例子。

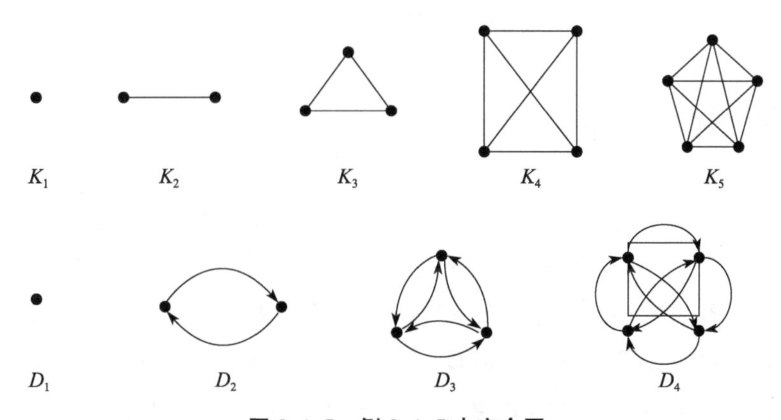


**图 3.1.5　例 3.1.5 中完全图**

由完全图的定义可知，无向完全图 $K_n$ 的边数为

$$|E(K_n)|=\frac{1}{2}n(n-1),$$

而有向完全图的边数为

$$|E(D_n)|=n(n-1)。$$

**定义 3.1.5** 设 $G$ 为 $n$ 阶(无向)简单图,从 $n$ 阶完全图 $K_n$ 中删去 $G$ 的所有边后构成的图称为 $G$ 的**补图**(Complement of Graph),记作 $\overline{G}$。类似地,可定义有向图的补图。

**例 3.1.6** 图 3.1.6 中 $\overline{G}$ 是 $G$ 的补图。

由补图的定义,显然有如下的结论:

(1) $G$ 与 $\overline{G}$ 互为补图,即 $\overline{\overline{G}}=G$;

(2)若 $G$ 为 $n$ 阶图,则 $E(G)\cup E(\overline{G})=E(K_n)$,且 $E(G)\cap E(\overline{G})=\varnothing$。

**定义 3.1.6** 各结点的度数均为 $k$ 的无向简单图称为 ***k*-正则图**(Regular Graph)。

图 3.1.7 所示的图称为**彼得森**(Petersen)**图**,是 3-正则图。

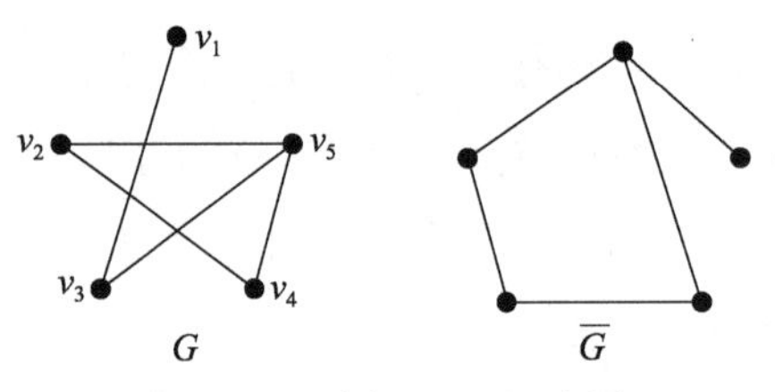


**图 3.1.6 例 3.1.6 示意图**

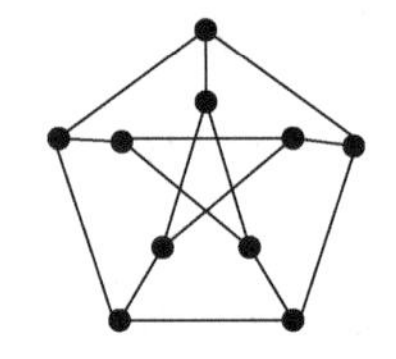

**图 3.1.7 彼德森图**

## 3.1.4 子图与图的同构

**定义 3.1.7** 设 $G=\langle V,E\rangle$,$G'=\langle V',E'\rangle$ 是 2 个图。若 $V'\subseteq V$,且 $E'\subseteq E$,则称 $G'$ 是 $G$ 的**子图**(Subgraph)。$G$ 是 $G'$ 的**母图**(Contained Graph),记作 $G'\subseteq G$。若 $V'\subset V$ 或 $E'\subset E$,则称 $G'$ 是 $G$ 的**真子图**(Proper Subgraph)。

若 $V=V'$ 且 $E'\subseteq E$,则称 $G'$ 是 $G$ 的**生成子图**(Spanning Subgraph)。

若 $V_1\subseteq V$ 且 $V_1\neq\varnothing$,以 $V_1$ 为结点集,以图 $G$ 中 2 个端点均在 $V_1$ 中的边为边集的子图,称为由 $V_1$ 导出的**导出子图**(Induced Subgraph),记作 $G[V_1]$。

设 $E_1\subseteq E$,且 $E_1\neq\varnothing$,以 $E_1$ 为边集,以 $E_1$ 中的边关联的结点为结点集

的图 $G$ 的子图,称为 $E_1$ 导出的**边导出子图**,记作 $G[E_1]$。

**例 3.1.7**　在图 3.1.8 中,$G_1,G_2,G_3$ 均是 $G$ 的真子图,其中 $G_1$ 是 $G$ 的生成子图,$G_2$ 是由 $V_2=\{a,b,c,f\}$ 导出的导出子图 $G[V_2]$,$G_3$ 是由 $E_3=\{e_2,e_3,e_4\}$ 导出的边导出子图 $G[E_3]$。

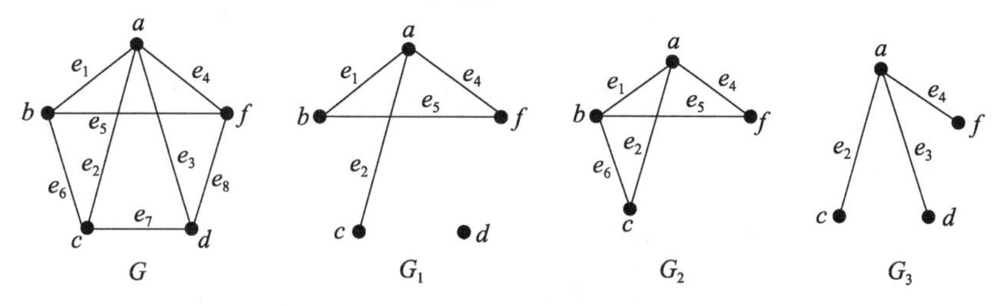


**图 3.1.8　例 3.1.7 母图及子图示例**

由于在画图时,结点的位置和边的几何形状是无关紧要的,因此表面上完全不同的图形可能表示的是同一个图。为了判断不同图形是否表示同一个图形,在此我们给出图的同构的概念。

设有 2 个图 $G=\langle V,E\rangle,G_1=\langle V_1,E_1\rangle$,如果存在双射 $h:V\to V_1$,使得 $(u,v)\in E$ 当且仅当 $(f(u),f(v))\in E_1$(或者 $\langle u,v\rangle\in E$ 当且仅当 $<f(u),f(v)>\in E_1$),且它们的重数相同,则称图 $G$ 与 $G_1$ **同构**(Isomorphism),记作 $G\cong G_1$。

这说明,2 个图的结点之间,如果存在双射,而且这种映射保持了结点间的邻接关系和边的重数(在有向图时还保持方向),则 2 个图是同构的。

**例 3.1.8**　图 3.1.9 中,$G_1\cong G_2$,其中,$f:V_1\to V_2,f(v_i)=u_i(i=1,2,\cdots,6)$,$G_3\cong G_4$,其中,$h:V_3\to V_4,h(v_1)=u_3,h(v_2)=u_4,h(v_3)=u_1,h(v_4)=u_2$。

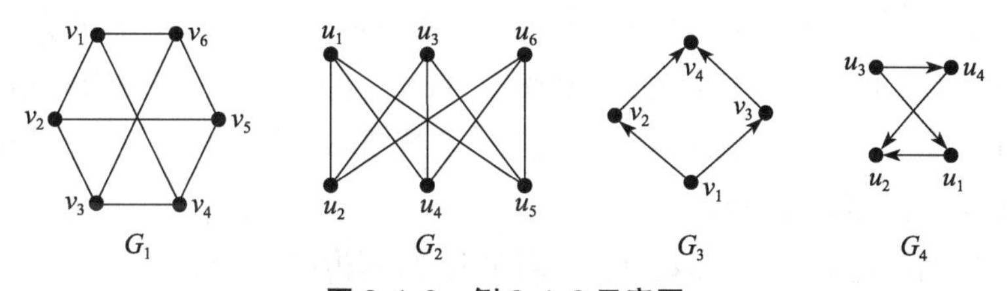


**图 3.1.9　例 3.1.8 示意图**

容易看出,2 个图同构的必要条件是:①结点数相同;②边数相同;③度序列相同。但这不是充分的条件,如图 3.1.10 中图 $H_1,H_2$ 虽然满足以上 3 个条件,但不同构。图 $H_1$ 中的 4 个 3 度结点与 $H_2$ 中的 4 个 3 度结点的相互间的邻接关系显然不相同。

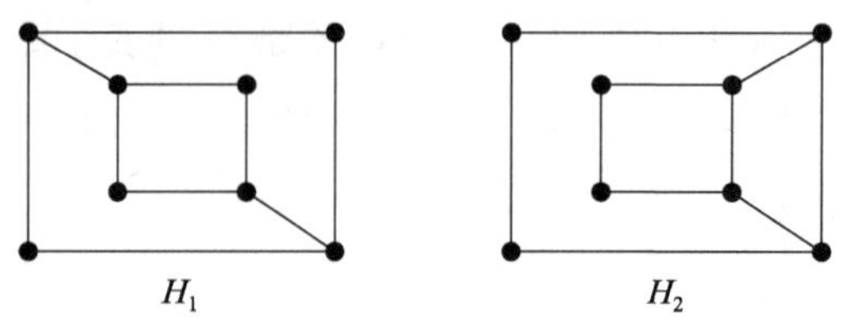


图 3.1.10 不同构示例

# § 3.2 图的连通性

计算机网络中常见的一个问题是:网络中任何两台计算机是否可以通过计算机间的信息传递而使其资源共享?我们可以用图论的方法对这个问题进行研究,其中用结点表示计算机,用边表示通信连线。因此,计算机的信息资源共享问题就变为,图中任何 2 个结点之间是否都有连接通路存在?

## 3.2.1 通路

在图论的研究中,经常要考虑这样的问题,如何从一个图中的给定结点出发,沿着一些边移动到另一个结点。这种由结点和边形成的序列就引出了路的概念。

**定义 3.2.1** 设$G=\langle V,E\rangle$是图,从图中结点 $v_0$ 到 $v_n$ 的一条**通路**或**路径**(Walk)是图的一个点、边的交错序列 $(v_0e_1v_1e_2v_2\cdots v_{n-1}e_nv_n)$,其中 $e_i=(v_{i-1},v_i)$(或 $e_i=\langle v_{i-1},v_i\rangle,i=1,2,\cdots,n$),$v_0$ 和 $v_n$ 分别称为通路的**起点**(Initial Point)和**终点**(Terminal Point),而 $v_1,v_2,\cdots,v_{n-1}$ 称为**内点**(Interior Point),通路中包含的边数 $n$ 称为通路的**长度**(Length)。当起点和终点重合时则称其为**回路**(Circuit)。

若通路的边 $e_1,e_2,\cdots,e_n$ 互不相同,则称其为**链**(Chain);如果一条链满足 $v_0=v_n$,则称其为**闭链**。

如果一条通路中结点 $v_0,v_1,v_2,\cdots,v_n$ 互不相同,则称其为**道路**,简称为**路**(Path)。

如果一条回路的起点和内部结点互不相同,则称其为**圈**(Cycle)。一般地,

称长度为 $k$ 的圈为 **$k$ 圈**，并称长度为奇数的圈为**奇圈**，长度为偶数的圈为**偶圈**。

**例 3.2.1**　在图 3.2.1 中，

(1) $p_1 = v_1e_4v_5e_5v_4e_6v_1e_1v_2$ 是一条通路，也是一条链。

(2) $p_2 = v_4e_7v_2e_2v_2e_3v_3e_8v_4$ 是一回路，也是一条闭链。

(3) $p_3 = v_4e_6v_1e_1v_2e_3v_3$ 是一条路。

(4) $p_4 = v_4e_6v_1e_1v_2e_3v_3e_8v_4$ 是一圈。

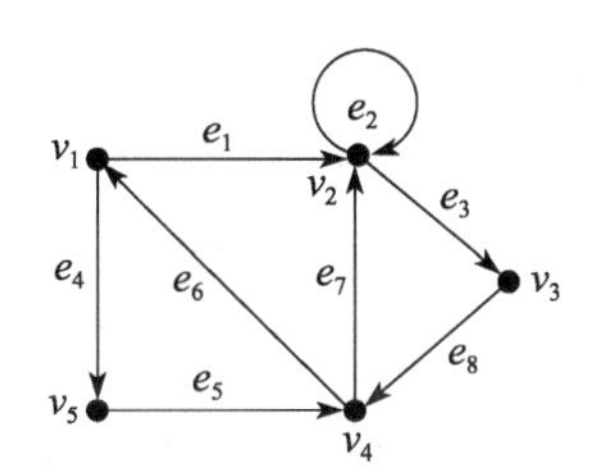


**图 3.2.1　例 3.2.1 示意图**

在不引起混淆的情况下，通路有时也可用边的序列或结点的序列来表示，如上例中的 $p_3$ 和 $p_4$ 可记为 $(v_4v_1v_2v_3)$ 和 $(v_4v_1v_2v_3v_4)$。特别地，单独一个结点也是一个通路，其长度为 0。另外，由平行边 $e_1$ 和 $e_2$ 构成的通路 $ue_1ve_2u$ 及由一个环构成的通路 $ueu$ 均是回路。

**定理 3.2.1**　在一个 $n$ 阶图 $G=\langle V,E\rangle$ 中，如果从结点 $v_i$ 到 $v_j(v_i \neq v_j)$ 存在一条通路，则从 $v_i$ 到 $v_j$ 存在一条长度不大于 $n-1$ 的路。

**证**　假定从 $v_i$ 到 $v_j$ 存在一条通路 $(v_i,\cdots,v_k,\cdots,v_j)$，如果其中有相同的结点 $v_e$，如 $(v_i,\cdots,v_k,\cdots,v_e,\cdots,v_e,\cdots,v_j)$，删去 $V_e$ 到 $V_e$ 的那些边，它仍是从 $v_i$ 到 $v_j$ 的通路，如此反复地进行直到 $(v_i,\cdots,v_k,\cdots,v_j)$ 中没有重复结点为止。此时所得就是一条从 $v_i$ 到 $v_j$ 的路。路的长度比所经结点数少 1，图中共 $n$ 个结点，故路的长度不超过 $n-1$。

**定理 3.2.2**　在一个 $n$ 阶图 $G=\langle V,E\rangle$ 中，如果存在一经过 $v_1$ 的回路，则存在一经过 $v_1$ 的长度不超过 $n$ 的圈。

**定义 3.2.2**　在图 $G=\langle V,E\rangle$ 中，从结点 $v_i$ 到 $v_j$ 的最短通路(一定是路)称为 $v_i$ 与 $v_j$ 间的**短程线**(Geodesic)，而短程线的长度称为 $v_i$ 到 $v_j$ 的**距离**(Distance)，记作 $d(v_i,v_j)$。若从 $v_i$ 到 $v_j$ 不存在通路，则记 $d(v_i,v_j)=\infty$。

**注意**：在有向图中，$d(v_i,v_j)$ 不一定等于 $d(v_j,v_i)$，但一般地有如下性质：

(1) $d(v_i,v_j) \geqslant 0$；

(2) $d(v_i,v_i)=0$；

(3) $d(v_i,v_j)+d(v_j,v_k)\geqslant d(v_i,v_k)$（通常称为**三角不等式**）。

## 3.2.2 图的连通性

图的连通性分为无向图的连通性和有向图的连通性。而且有向图的连通性要比无向图的连通性复杂一些。

**定义 3.2.3** 在一个无向图 $G$ 中，若存在从结点 $v_i$ 到 $v_j$ 的通路（当然也存在从 $v_j$ 到 $v_i$ 的通路），则称 $v_i$ 与 $v_j$ 是**连通的**（Connected）。规定 $v_i$ 到自身是连通的。

在一个有向图 $D$ 中，若存在从结点 $v_i$ 到 $v_j$ 的通路，则称从 $v_i$ 到 $v_j$ 是**可达的**（Accessible）。规定 $v_i$ 到自身是可达的。

**定义 3.2.4** 若无向图 $G$ 中任意 2 个结点都是连通的，则称图 $G$ 是**连通的**（Connected）。规定平凡图是连通的。

易知，无向图 $G$ 中，结点之间的连通关系是等价关系。设 $G$ 为一无向图，$R$ 是 $V(G)$ 中结点之间的连通关系，由 $R$ 可将 $V(G)$ 划分成 $k(k\geqslant 1)$ 个等价类，记作 $V_1,V_2,\cdots,V_k$，由它们导出的导出子图 $G[V_1],G[V_2],\cdots,G[V_k]$ 称为 $G$ 的**连通分支**（Connected Component），其个数应为 $\omega(G)$。

**例如** 图 3.2.2 所示的图 $G_1$ 是连通图，$\omega(G_1)=1$，图 $G_2$ 是一个非连通图，$\omega(G_2)=3$。

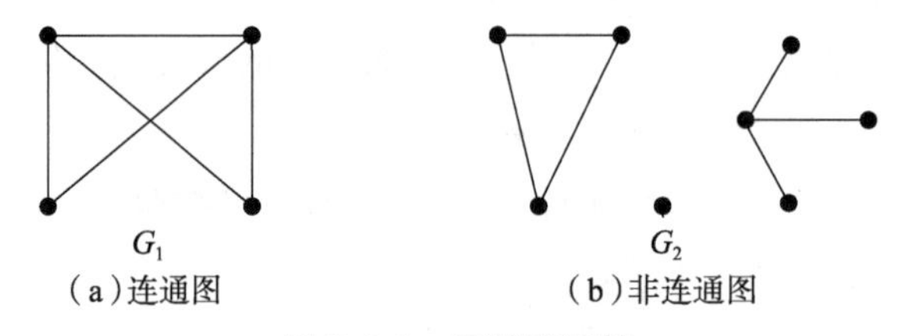


(a)连通图　　(b)非连通图

**图 3.2.2 图的连通性**

**定义 3.2.5** 设 $D$ 是一有向图，若略去 $D$ 中各有向边的方向后所得无向图 $G$ 是连通的，则称 $D$ 是**连通的**（Connected），或称 $D$ 是**弱连通图**（Weakly Connected Graph）。

如果 $D$ 中任意两点 $v_i,v_j$ 之间，$v_i$ 到 $v_j$ 或 $v_j$ 到 $v_i$ 至少有一个可达，则称

图 $D$ 是**单向连通图**(Unilaterally Connected Graph)。

如果 $D$ 中任意 2 个结点都互相可达,则称 $D$ 是**强连通图**(Strongly Connected Graph)。

**例如**　在图 3.2.3 中,$G_1$ 是弱连通的,$G_2$ 是单向连通的,$G_3$ 是强连通的。

**注意:**强连通一定是单向连通图,单向连通一定是弱连通图。但反之不真。

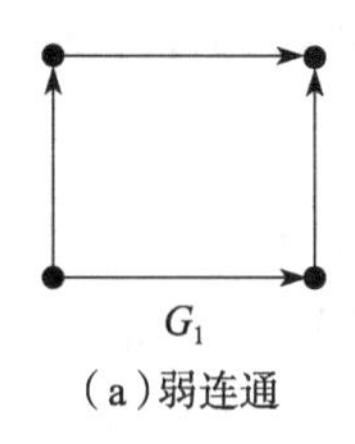

(a)弱连通

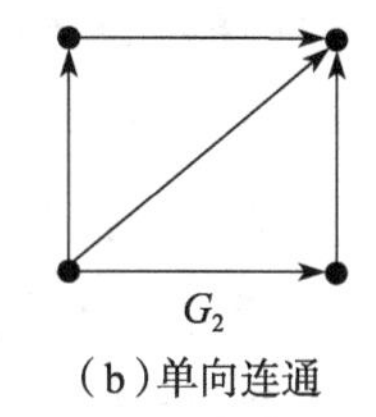

(b)单向连通

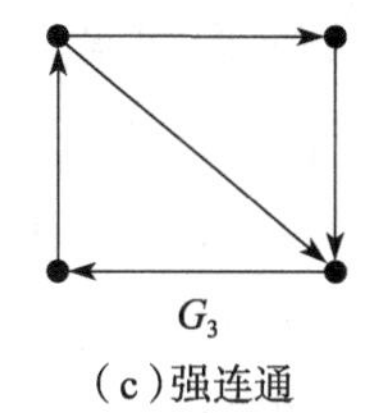

(c)强连通

**图 3.2.3　连通图**

## 3.2.3　割边和割点

**定义 3.2.6**　设 $G=\langle V,E\rangle$ 是一个无向图,$v \in V, e \in E$。

(1)如果从图 $G$ 中删去结点 $V$(及相关联的边)后得到的子图的连通分支数多于原图的连通分支数,即 $\omega(G-v) > \omega(G)$ 则称 $V$ 是图 $G$ 的一个**割点**(Cut Vertex)。

(2)如果 $\omega(G-e) > \omega(G)$,则称 $e$ 为图 $G$ 的一个**割边**(Cut Edge)或**桥**(Bridge)。

显然,从连通图中删去一个割点或割边后得到的子图是不连通的。

**例 3.2.2**　图 3.2.4 中,$v_4, v_6$ 是割点,$e_5, e_6$ 都是割边。而图 3.2.5 中,删除任何一个点或一条边之后得到的子图都是连通的。

关于割边有如下的定理。

**定理 3.2.3**　在图 $G$ 中 $e$ 是割边,当且仅当 $e$ 不在任何圈上(图 3.2.5)。

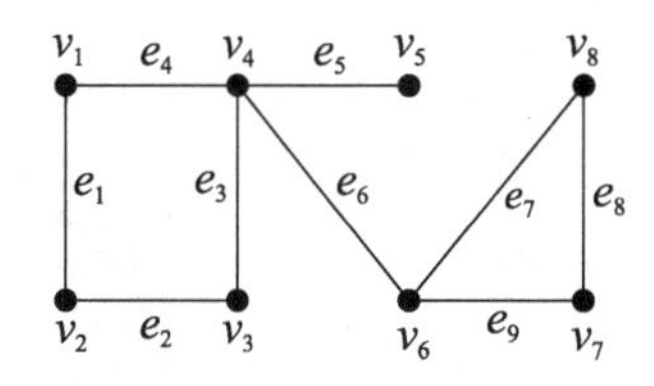

**图 3.2.4　例 3.2.2 示意图**

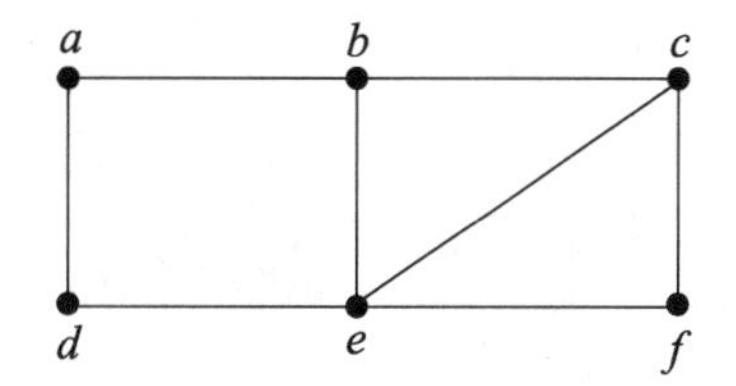

**图 3.2.5　割边示意图**

### 3.2.4 欧拉图

18世纪,普鲁士的哥尼斯堡城中有一条普雷格尔河,河上架设的7座桥连接着两岸及河中的2个小岛[图3.2.6(a)]。

城里的人们喜欢散步,更期望能通过每个桥一次且仅用一次再回到出发地,但谁都没能成功。于是哥尼斯堡的人们将这个问题写信告诉了瑞士著名的数学家欧拉(L. Euler)。欧拉在1736年证明了这样的散步是不可能的。他用点代表岛和两岸的陆地,用线表示桥,得到该问题的数学模型如图3.2.6(b),使“七桥问题”转化为图论问题。因此,后来的图论工作者将上述“七桥问题”作为图论的起点,并将欧拉作为图论的创始人。

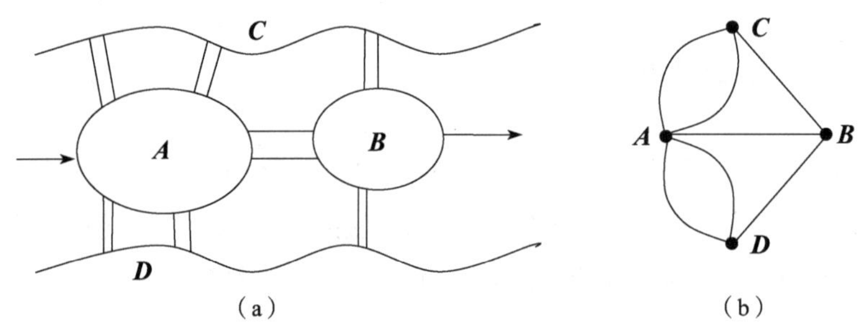


**图3.2.6 七桥问题及数学模型**

**定义3.2.7** 设无向图$G=\langle V,E\rangle$是多重图,经过图$G$的所有边的闭链称为**欧拉回路**(Euler Circuit),存在欧拉回路的图称为**欧拉图**(Euler Graph)。

若图$G$有一条经过图$G$的每条边的链,称其为**欧拉链**(Eulerian Trail),并称该图为**半欧拉图**。

显然,欧拉图除孤立点外是连通的。这里不妨设欧拉图是连通图。

**例3.2.3** 判断图3.2.7中各图哪些是欧拉图?哪些是半欧拉图?

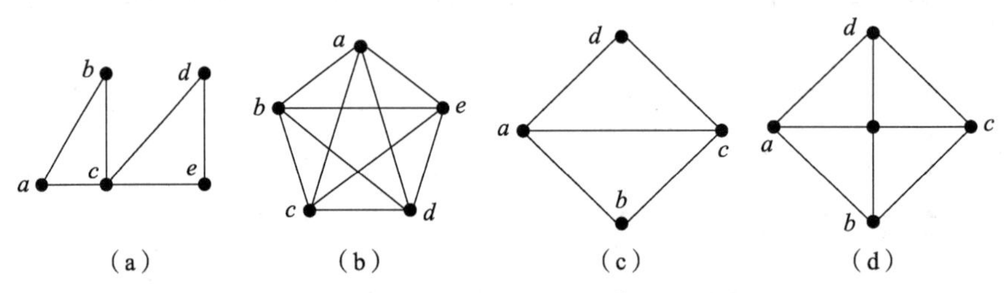


**图3.2.7 例3.2.3示意图**

此例中，图 3.2.7(a)和图 3.2.7(b)是欧拉图，图 3.2.7(c)是半欧拉图，图 3.2.7(d)中不存在欧拉链，更不存在欧拉图。这是因为，图 3.2.7(a)中有欧拉回路 $(abcdeca)$。对于图 3.2.7(b)、图 3.2.7(c)读者可做类似的研究。

从上面的例子，我们发现凡是结点的度均是偶数的图，都是欧拉图，这是否是一般规律呢？回答是肯定的。

**定理 3.2.4**　无向连通图 $G=\langle V,E\rangle$ 是欧拉图，当且仅当图 $G$ 中无奇点。

**推论**　连通图 $G$ 具有一条 $v_i$ 到 $v_j$ 的欧拉链，当且仅当 $v_i$ 和 $v_j$ 是 $G$ 中仅有的 2 个奇点。

**定义 3.2.8**　设 $G$ 是有向连通图，若 $G$ 中具有包含所有边的闭链，则称该闭链为**欧拉有向回路**，并称 $G$ 为**欧拉有向图**。

若连通有向图 $G$ 具有一包含所有边的有向链，则称其为**欧拉有向链**，并称 $G$ 为**半欧拉有向图**。由欧拉有向图的定义，连通的有向欧拉图一定是强连通的。

**定理 3.2.5**　一个连通的有向图 $G$ 是欧拉图(具有欧拉回路)，当且仅当 $G$ 的所有结点的入度等于出度。

**推论**　连通有向图 $G$ 有一条 $v_i$ 到 $v_j$ 的欧拉链，当且仅当

(1)存在 $v_i,v_j\in V(G)$ 使得

$$d^+(v_i)=d^-(v_i)+1, d^+(v_j)+1=d^-(v_j);$$

(2)在 $V(G)-\{v_i,v_j\}$ 中的所有结点的入度等于其出度。

**例 3.2.4**　欧拉图和欧拉链的一个典型的应用是一笔画的判定，即用笔连续移动(笔不离纸，也不重复)将一个图描绘出来，这实质上就是判断图形是否存在欧拉链或欧拉回路的问题，如图 3.2.8 和图 3.2.9 所示。图 3.2.8(a)和图 3.2.9(b)都可一笔画，因为是欧拉图，而图 3.2.9(c)不能一笔画。图 3.2.9(a)、图 3.2.9(b)都可一笔画，因为图 3.2.9(a)是欧拉图，而图 3.2.9(b)是半欧拉图，而图 3.2.9(c)不能一笔画。

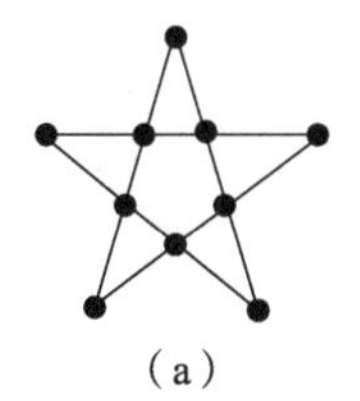
(a)

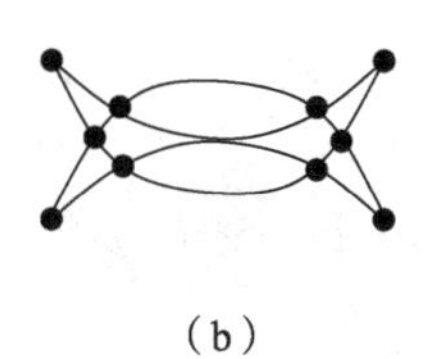
(b)

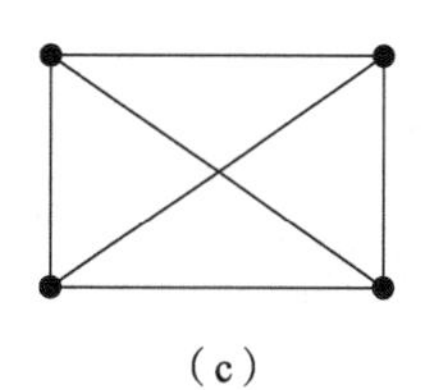
(c)

**图 3.2.8　例 3.2.4 示意图(1)**

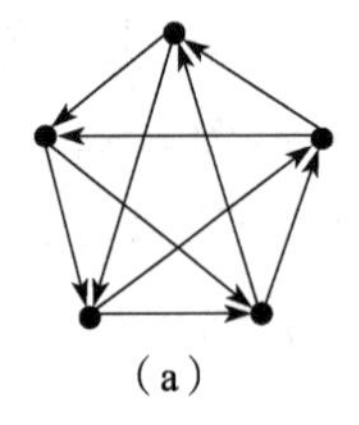
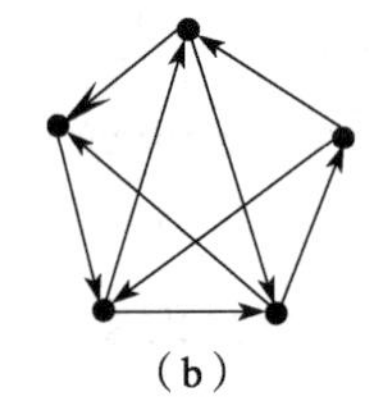
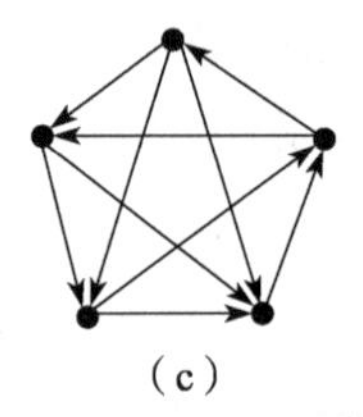

(a)　(b)　(c)

**图 3.2.9　例 3.2.4 示意图(2)**

**例 3.2.5**　图 3.2.10 表示的是一个展览馆的平面图。馆里各相邻房间之间都有门(共 16 扇)。一个参观者来到展览馆门外,他想在参观过程中,把馆里所有的门都不重复地穿行一遍后出来,这个想法能否实现?

首先建立该问题的图论模型。将展览馆的 5 个房间和馆外场地用 6 个结点表示,2 个端点之间的边表示它们所在位置之间有一扇门,则得到如图 3.2.10(b)所示。

于是,判断能否不重复地穿过展览馆的每扇门一次的问题就转化为图 3.2.10(b)是否是欧拉图的问题。由图 3.2.10(b)可以看出,图中有 4 个奇点 $A,B,D,F$,由定理 3.2.4 可知,图 3.2.10(b)不是欧拉图,即参观者的想法不能实现。

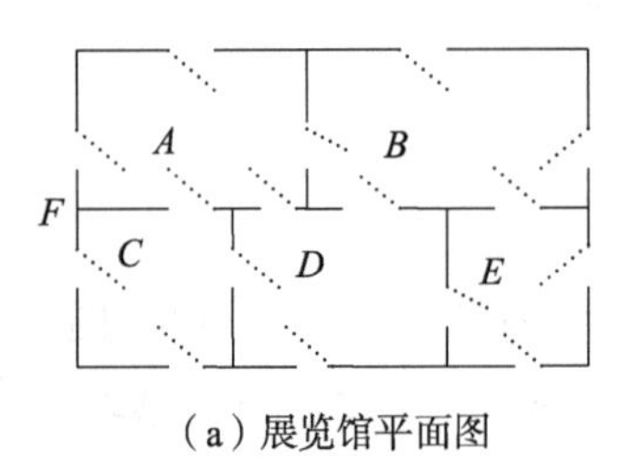


(a) 展览馆平面图

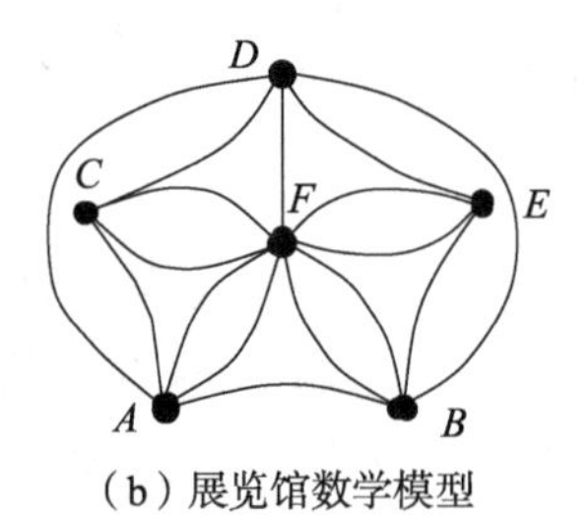


(b) 展览馆数学模型

**图 3.2.10　例 3.2.5 示意图**

**例 3.2.6**　计算机鼓轮设计——**德·布鲁音序列(De Bruijn Sequence)**,旋转鼓轮的表面分成 8 个扇面,如图 3.2.11 所示。

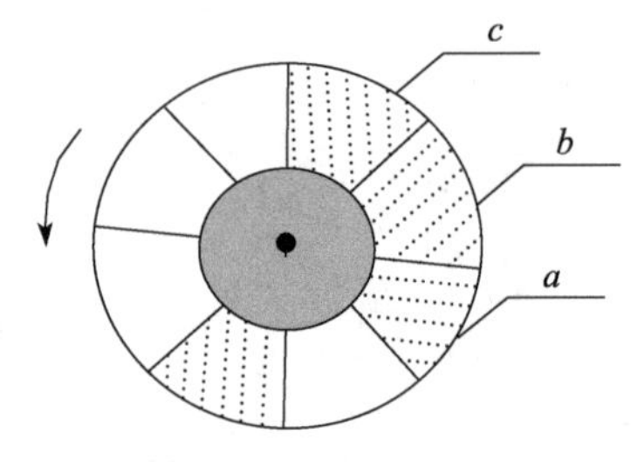


**图 3.2.11　例 3.2.6 示意图**

图 3.2.11 中虚线阴影部区表示用导体材料制成。空白区用绝缘材料制成，触点 $a$，$b$，$c$ 与扇面接触时接触导体输出 1，接触绝缘体输出 0。鼓轮按逆时针方向旋转，触点每转一个扇区就输出一个二进制信号。问鼓轮上的 8 个扇区应如何安排导体或绝缘体，使鼓轮旋转一周，触点输出一组不同的二进制信号？

设每个扇区的接触信号用 $a_i(i=1, 2, 3, 4)$ 表示，取值为 0 或 1。依题意有：3 个扇区的接触信号可以分为 $a_1a_2a_3a_4$ 与 $a_2a_3a_4$ 两组。每转一个扇区，信号 $a_1a_2a_3$ 变成 $a_2a_3a_4$，前者右两位决定了后者左两位。因此，我们把所有二位二进制数作结点，从每一个结点 $a_1a_2$ 到 $a_2a_3$ 引一条有向边表示 $a_1a_2a_3$ 这三位二进制数，作出表示所有可能数码变换的有向图，如图 3.2.12 所示。于是问题转化为在这个有向图上求一条欧拉回路，这个有向图的 4 个结点的度数都是出度、入度各为 2，根据定义，图 3.2.12 中有欧拉回路存在，如 $(e_0e_1e_2e_5e_3e_7e_6e_4)$ 是一欧拉回路，对应于这一回路的布鲁音序列是 00010111，因此材料应按此序列分布。

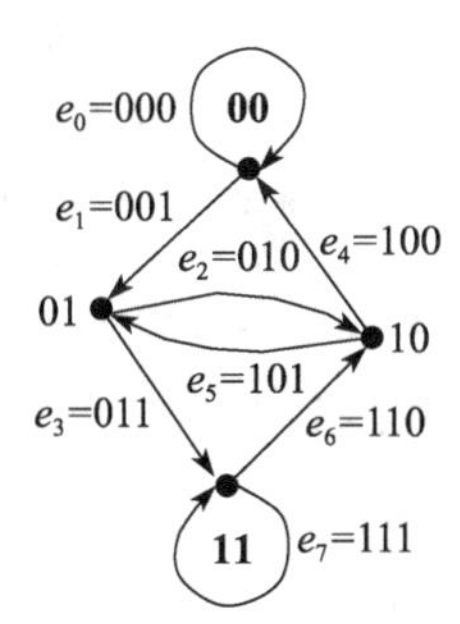


**图 3.2.12　例 3.2.6 数学模型**

用类似的论证，我们可以证明，存在一个 $2^n$ 个二进制的循环序列，其中 $2^n$ 个由 $n$ 位二进制数组成的子序列都互不相同。例如，16 个二进制数的布鲁音序列是 0000101001101111。

## 3.2.5　哈密顿图

爱尔兰数学家哈密顿（William Hamilton）爵士 1859 年提出了一个"周游世界"的游戏。这个游戏把一个正十二面体的二十个顶点看成地球上的二十个城市。棱线看成是连接城市的航路（航空、航海线或陆路交通线），要求游戏者沿棱线走，寻找一条经过所有结点（即城市）一次且仅一次的回路，如图 3.2.13(a)所示。也就是在图 3.2.13(b)中找一条包含所有结点的圈。图 3.2.13(b)中的粗线所构成的圈就是这个问题的回答。

对于任何连通图也有类似的问题。

**定义 3.2.9** 若图 $G$ 具有一条包含 $G$ 的所有结点的圈，则称此圈为**哈密顿圈**(Hamiltonian Cycle)，并称 $G$ 为**哈密顿图**(Hamiltonian Graph)。若图 $G$ 中具有一条包含所有结点的路，则称该路为**哈密顿路**(Hamiltonian Path)，并称 $G$ 为**半哈密顿图**。

由定义可知哈密顿圈与哈密顿路通过图 $G$ 中的每个结点一次且仅一次，如图 3.2.13(b)就是哈密顿图（哈密顿圈用粗线标出）。

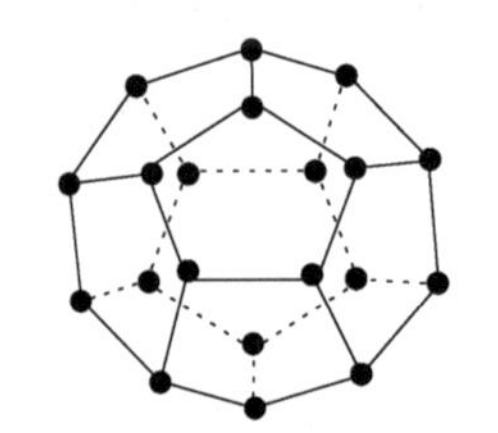

(a)"周游世界"游戏模型

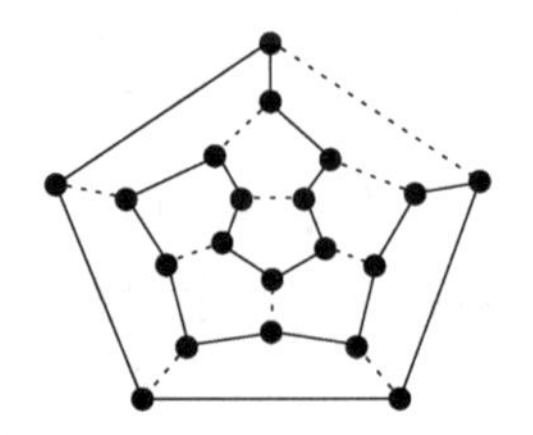

(b)"周游世界"游戏数学模型

**图 3.2.13 "周游世界"游戏示意**

**例 3.2.7** 图 3.2.14 中，图 3.2.14(a)和图 3.2.14(b)中有哈密顿圈，图 3.2.14(c)中有哈密顿路，图 3.2.14(d)中既没有哈密顿圈也没有哈密顿路。

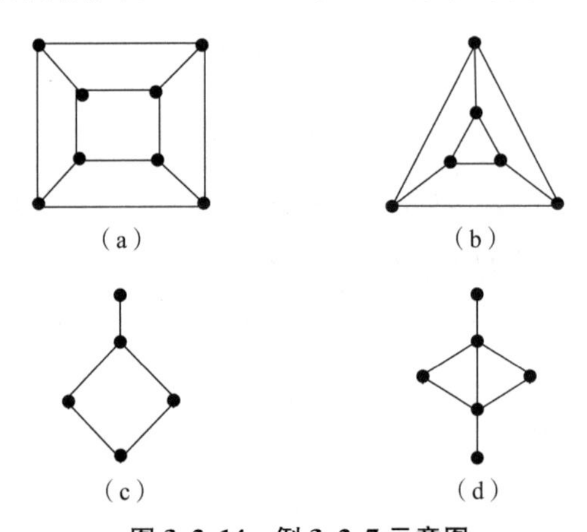


**图 3.2.14 例 3.2.7 示意图**

对于哈密顿图的判定不像欧拉图那样有好的充分必要条件。下面给出哈密顿图的必要条件。

**定理 3.2.6**　若 $G$ 是哈密顿图，则对于结点集 $V(G)$ 的任一非空真子集 $S \subset V(G)$，有

$$\omega(G-S') \leqslant |\ S\ |。$$

哈密顿图的必要条件可用来判定某些图不是哈密顿图。

**例 3.2.8**　图 3.2.15(a)不是哈密顿图。

图 3.2.15(a)中共有 9 个结点，如果取结点集 $S=\{3$ 个白点$\}$，即 $|\ S\ |=3$。而这时 $\omega(G-S)=4$[图 3.2.15(b)]。这说明图 3.2.15(a)不是哈密顿图。但要注意若一个图满足定理的条件也不能保证这个图一定是哈密顿图，如图 3.2.15(c)所示。

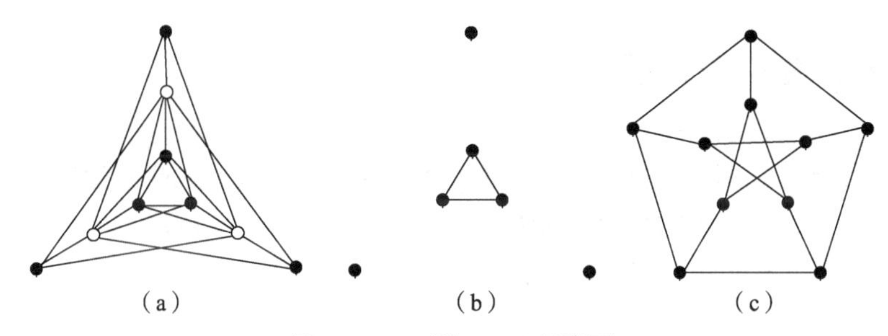


**图 3.2.15　例 3.2.8 示意图**

下面再来介绍几个判别哈密顿图的充分条件。

**定理 3.2.7**　(Dirac,1952)设 $G$ 是具有 $n(\geqslant 3)$ 个结点的无向简单图，若对于任意一个结点 $u$ 都有 $d(u) \geqslant n/2$，则 $G$ 是哈密顿图。

**定理 3.2.8**　(Ore,1960)若 $G$ 是具有 $n(\geqslant 3)$ 个结点的无向简单图，对于 $G$ 中每一对不相邻的结点 $u,v$ 均有 $d(u)+d(v) \geqslant n$，则 $G$ 是一个哈密顿图。

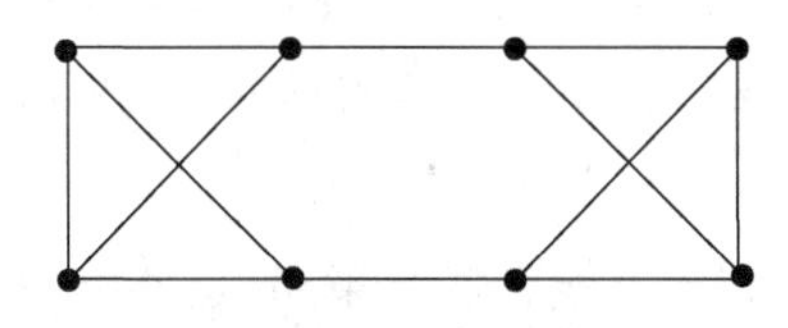

**图 3.2.16　哈密顿图示例**

定理 3.2.7 和定理 3.2.8 都是充分条件，即满足这些条件的图一定是哈密顿图。但不是所有的哈密顿图都满足这些条件。例如，图 3.2.16 是哈密顿图，但它不满足上述定理的条件。

思考：图 3.2.17 中，哪些是欧拉图，哪些是哈密顿图？

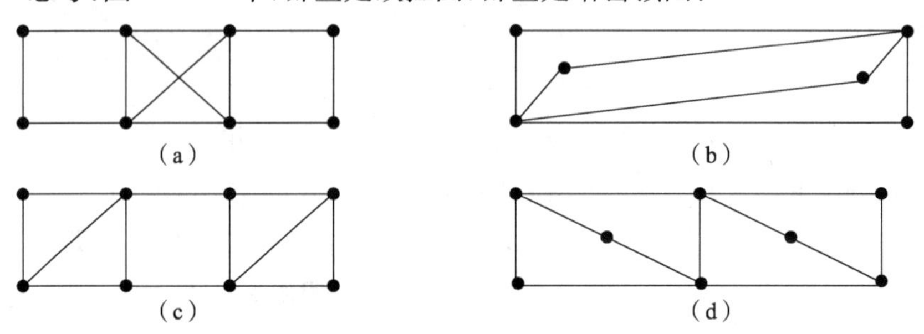


**图 3.2.17　判断欧拉图和哈密顿图**

## 3.2.6　最短路问题

前面研究了图论的基本概念和基本理论，下面将讨论这些理论重要应用：最短路问题、中国邮递员问题、旅行售货员问题，这里先讨论最短路问题。

### 3.2.6.1　最短路问题

**定义 3.2.10**　对于图 $G$ 的每条边 $e$ 都对应给一个实数 $w(e)$，称 $w(e)$ 为边 $e$ 上的**权**(Weight)。

$G$ 连同在它边上的权称为**带权图**(Weighted Graph)(又称**网络**)，带权图常记作 $G=\langle V,E,W\rangle$，其中 $W=\{w(e) \mid e\in E\}$。若 $e$ 的端点是 $u,v$，则常用 $w(u,v)$ 表示边 $e$ 的权。

**定义 3.2.11**　设 $H$ 是带权图 $G=\langle V,E,W\rangle$ 的一个子图，$H$ 的每条边的权的和称为 $H$ 的权。若 $H$ 是一条路 $P$，则称其权为路 $P$ 的**长**。

在带权图中给定了结点 $u$，称为**始点**(Initial Point)及结点 $v$，称为**终点**(Terminal Point)。

若 $u,v$ 连通，则 $u$ 到 $v$ 可能有若干条路，这些路中一定有一条长度最小的路，这样的路称为从 $u$ 到 $v$ 的**最短路**(Shortest Path)。

最短路的长也称 $u$ 到 $v$ 的**距离**(Distance)，记作 $d(u,v)$。

求给定 2 个结点之间最短路的问题称为**最短路问题**(Shortest Path Problem)。要注意的是，这里所说的长具有广泛意义，既可指普通意义的距离，也可以是时间或费用等。

下面介绍求从一个始点 $v_1$ 到各点 $v_k(2\leqslant k\leqslant n)$ 的最短路的算法。

在下面的讨论中，假定边 $(v_i,v_j)$ 的权 $w_{ij}\geqslant 0$，如果结点 $v_i$ 与 $v_j$ 不邻接，则令 $w_{ij}=+\infty$（在实际计算中可用任一足够大的数代替），并对图中每个结点令 $w_{ii}=0$。到目前为止，公认的求最短路的较好的算法是由荷兰计算机科学家迪克斯特拉（E. W. Dijkstra）（1930—2002）于 1959 年提出的标号法。

算法的基本思想是：先给带权图 $G$ 的每一个结点一个**临时标号**（Temporary Label）（简称 $T$ 标号）或**固定标号**（Permanent Label）（简称 $P$ 标号）。$T$ 标号表示从始点到这一点的最短路长的上界；$P$ 标号则是从始点到这一点的最短路长。每一步将某个结点的 $T$ 标号改变为 $P$ 标号。则最多经过 $n-1$ 步算法停止（$n$ 为 $G$ 的结点数）。

最短路的迪克斯特拉算法：

（1）给始点 $v_1$ 标上 $P$ 标号 $p(v_1)=0$，令 $P=\{v_1\}$，$T_0=V-\{v_1\}$，给 $T_0$ 中各结点标上 $T$ 标号 $t_0(v_j)=w_{1j}(j=2,3,\cdots,n)$，令 $r=0$，转（2）；

（2）若 $\min\limits_{v_j\in T_r}\{t_r(v_j)\}=t_r(v_k)$，则令 $P_{r+1}=P_r\cup\{v_k\}$，$T_{r+1}=T_r-\{v_k\}$。若 $T_{r+1}=\varnothing$ 则结束，否则转（3）；

（3）修改 $T_{r+1}$ 中各结点 $v_j$ 的 $T$ 标号：$T_{r+1}(v_j)=\min\{t_r(v_j),t_r(v_k)+w_{kj}\}$，转（2）。

**例 3.2.9**　求出图 3.2.18(a)中结点 $v_1$ 到 $v_7$ 的最短路。

**解：**在图 3.2.18(a)中用方框表示 $P$ 标号，用圆框表示 $T$ 标号，凡图中无标号的点即该点的标号为 $+\infty$（下同）。

（1）$p(v_1)=0$，$P_0=\{v_1\}$，$T_0=\{v_2,v_3,v_4,v_5,v_6,v_7\}$，$T_0$ 中各元素的 $T$ 标号为 $t_0(v_2)=2,\cdots$，如图 3.2.18(b)所示。

（2）$\min\limits_{v_j\in T_0}\{t_0(v_j)\}=t_0(v_4)$，将 $v_4$ 的标号 1 改为 $P$ 标号，且

$P_1=P_0\cup\{v_4\}=\{v_1,v_4\}$，

$T_1=\{v_2,v_3,v_5,v_6,v_7\}$，修改 $T_1$ 各结点的 $T$ 标号为：

$t_1(v_2)=\min\{t_0(v_2),t_0(v_4)+w_{42}\}=\min\{2,1+\infty\}=2$，

$t_1(v_3)=\min\{t_0(v_3),t_0(v_4)+w_{43}\}=\min\{8,1+7\}=8$，

$t_1(v_7)=\min\{t_0(v_7),t_0(v_4)+w_{47}\}=\min\{+\infty,1+9\}=10$，

$t_1(v_5)=\min\{+\infty,1+\infty\}=+\infty$，

$t_1(v_6)=t_1(v_7)=+\infty$。

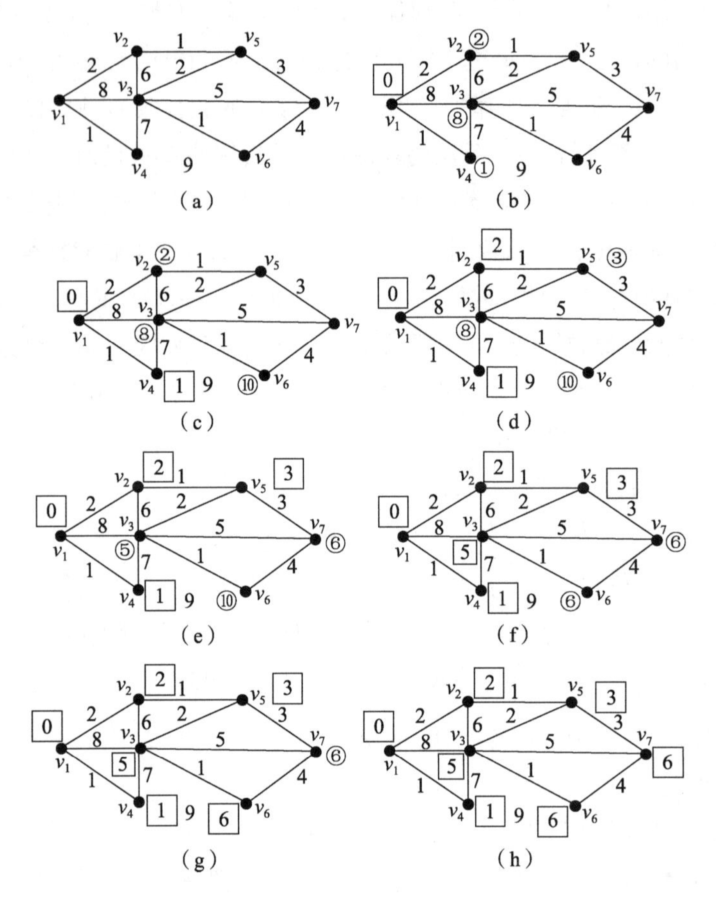


**图 3.2.18　例 3.2.9 示意图**

如图 3.2.18(c)，以此类推可得各结点的 $P$ 标号，标号过程如图 3.2.18(a)～图 3.2.18(h)所示，由图 3.2.18(h)可知 $v_1$ 到 $v_7$ 的距离为 6，$v_1$ 到 $v_7$ 的最短路为 $v_1v_2v_5v_7$。

### 3.2.6.2　中国邮递员问题

1962 年，我国的管梅谷首先提出并研究了如下的问题：邮递员从邮局出发经过他投递的每一条街道，然后返回邮局，邮递员希望找出一条行走距离最短的路线。这个问题被外国人称为**中国邮递员问题**(Chinese Postman Problem)。

我们把邮递员的投递区域看作一个连通的带权无向图 $G$，其中 $G$ 的顶点看作街道的交叉口和端点，街道看作边，权看作街道的长度，解决中国邮递员问题，就是在连通带权无向图中，寻找经过每边至少一次且权和最小的回路。

如果对应的图 $G$ 是欧拉图，那么从对应于邮局的顶点出发的任何一条欧拉回路都是符合上述要求的邮递员的最优投递路线。

如果图 $G$ 只有 2 个奇点 $x$ 和 $y$，则存在一条以 $x$ 和 $y$ 为端点的欧拉链。因此，由这条欧拉链加 $x$ 到 $y$ 最短路即是所求的最优投递路线。

如果连通图 $G$ 不是欧拉图也不是半欧拉图，由于图 $G$ 有偶数个奇点，对于任意 2 个奇点 $x$ 和 $y$，在 $G$ 中必有一条路连结它们。将这条路上的每条边改为二重边得到新图 $H_1$，则 $x$ 和 $y$ 就变为 $H_1$ 的偶点，在这条路上的其他顶点的度数均增加 2，即奇偶数不变，于是 $H_1$ 的奇点个数比 $G$ 的奇点个数少 2。对 $H_1$ 重复上述过程得 $H_2$，再对 $H_2$ 重复上述过程得 $H_3$，……，经若干次后，可将 $G$ 中所有顶点变成偶点，从而得到多重欧拉图 $G'$（在 $G'$ 中，若某 2 点 $u$ 和 $v$ 之间连接的边数多于 2，则可去掉其中的偶数条多重边，最后剩下连接 $u$ 与 $v$ 的边仅有 1 条或 2 条，这样得到的图 $G'$ 仍是欧拉图）。这个欧拉图 $G'$ 的一条欧拉回路就相应于中国邮递员问题的一个可行解，且欧拉回路的长度等于 $G$ 的所有边的长度加上由 $G$ 到 $G'$ 所添加的边的长度之和。但怎样才能使这样的欧拉回路的长度最短呢？如此得到的图 $G'$ 中最短的欧拉回路称为图 $G$ 的最优环游。

**定理 3.2.9**　设 $P$ 是加权连通图 $G$ 中一条包含 $G$ 的所有边至少一次的闭链，则 $P$ 最优（即具有最小长度）的充要条件是：

(1)$P$ 中没有二重以上的边；

(2)在 $G$ 的每个圈 $C$ 中，重复边集 $E$ 的长度之和不超过这个圈的长度的一半，即

$$w(E) \leqslant \frac{1}{2} w(C)。$$

根据上面的讨论及定理 3.2.9，我们可以设计出求非欧拉带权非欧拉连通图 $G$ 的最优环游的算法。此算法称为最优环游的**奇偶点图上作业法**。

(1)把 $G$ 中所有奇点配成对，将每对奇点之间的一条路上的每边改为二重边，得到一个新图 $G_1$，新图 $G_1$ 中没有奇点，即 $G_1$ 为多重欧拉图。

(2)若 $G_1$ 中每一对顶点之间有多于 2 条边连结，则去掉其中的偶数条

边,留下 1 条或 2 条边连这 2 个顶点。直到每一对相邻顶点至多由 2 条边连结,得到图 $G_2$。

(3)检查 $G_2$ 的每一个圈 $C$,若某一个圈 $C$ 上重复边的权和超过此圈权和的一半,则将 $C$ 中的重复边改为不重复,而将单边改为重复边。重复这一过程,直到对 $G_2$ 的所有圈,其重复边的权和不超此圈权和的一半,得到图 $G_3$。

(4)求 $G_3$ 的欧拉回路。

**例 3.2.10** 求图 3.2.19(a)所示图 $G$ 的最优环游。

**解:**图 $G$ 中有 6 个奇点 $v_2, v_4, v_5, v_7, v_9, v_{10}$,把它们配成 3 对:$v_2$ 与 $v_5$,$v_4$ 与 $v_7$,$v_9$ 与 $v_{10}$。在图 $G$ 中,取一条连接 $v_2$ 与 $v_5$ 的路 $v_2v_3v_4v_5$,把边$(v_2, v_3)$,$(v_3, v_4)$,$(v_4, v_5)$作为重复边加入图中;再取 $v_4$ 与 $v_7$ 之间一条路 $v_4v_5v_6v_7$,把边$(v_4, v_5)$,$(v_5, v_6)$,$(v_6, v_7)$作为重复边加入图中,在 $v_9$ 和 $v_{10}$ 之间加一条重复边$(v_9, v_{10})$,如图 3.2.19(b)所示,这个图没有奇点,是一个欧拉图。

在图 3.2.19(b)中,顶点 $v_4$ 与 $v_5$ 之间有 3 条边,去掉其中 2 条,得图 3.2.19(c)所示的图,该图仍是一个欧拉图。

如图 3.2.19(c)中,圈 $v_2v_3v_4v_{11}v_2$ 的总权为 24,而圈上重复边的权和为 14,大于该圈总权的一半,于是去掉边$(v_2, v_3)$和$(v_3, v_4)$上的重复边,而在边$(v_2, v_{11})$和$(v_4, v_{11})$上加入重复边,此时重复边的权和为 10,小于该圈总权的一半。同理,圈 $v_5v_6v_7v_{12}v_5$ 的总权为 25,而重复边权和为 15,于是去掉边$(v_5, v_6)$和$(v_6, v_7)$上的重复边,在边$(v_5, v_{12})$和$(v_7, v_{12})$上加重复边,如图 3.2.19(d)所示。

图 3.2.19(d)中,圈 $v_4v_5v_{12}v_{11}v_4$ 的总权为 15,而重复边的权和为 8,从而调整为如图 3.2.19(e)所示。

图 3.2.19(e)中,圈 $v_1v_2v_{11}v_{12}v_7v_8v_9v_{10}v_1$ 的总权为 36,而重复边的总权为 20,继续调整为如图 3.2.19(f)所示。

检查图 3.2.19(f),可知定理 3.2.9 的(1)和(2)均满足,故为最优方案。

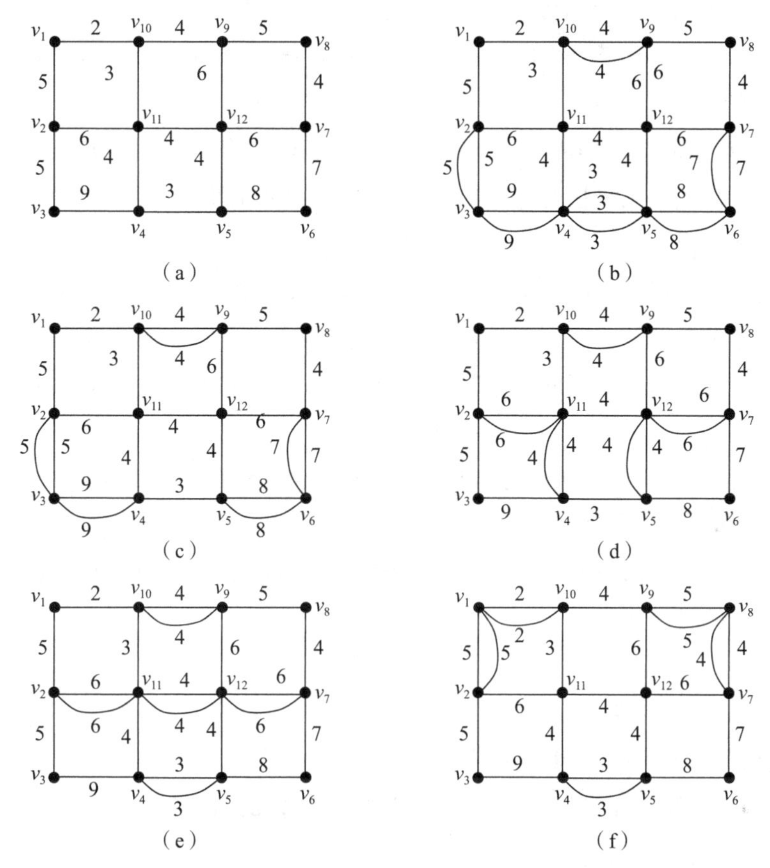


**图 3.2.19　例 3.2.10 示意图**

由例 3.2.10 可知，对于比较大的图，要考查每个圈上重复边权和不大于该圈总权和的一半，确定每个圈的时间复杂性太大。1973 年，Edmonds 和 Johnson 给出了一个更有效的算法。

### 3.2.6.3　旅行售货员问题

旅行售货员问题(Traveling Salesman Problem)是在加权完全无向图中，求经过每个顶点恰好一次的(边)权和最小的哈密顿圈，又称之为**最优哈密顿圈**(Optimum Hamiltonian Cycle)。如果我们将加权图中的结点看作城市，加权边看作距离，旅行售货员问题就成为：找出一条最短路线，使得旅行售货员从某个城市出发，遍历每个城市一次，最后再回到出发的城市。

若选定出发点，对 $n$ 个城市进行排列，因第 2 个顶点有 $n-1$ 种选择，第 3

个顶点有 $n-2$ 种选择，以此类推，共有$(n-1)!$ 条哈密顿圈。考虑到一个哈密顿圈可以用正反 2 个方向来遍历，因而只需检查 $(n-1)!/2$ 个哈密顿圈，从中找出权和最小的一个。我们知道 $(n-1)!/2$ 随着 $n$ 的增加而增长得极快，比如有 20 个顶点，需考虑 $19!/2$(约为 $6.08\times10^{16}$)条不同的哈密顿圈。要检查每条哈密顿圈用最快的计算机也需大约 1 年的时间才能求出该图中长度最短的一条哈密顿圈。

因为旅行售货员问题同时具有理论和实践的重要性，所以已经投入了巨大的努力来设计解决它的有效算法。目前还没有找到一个有效算法！

当有许多需要访问的顶点时，解决旅行售货员问题的实际方法是使用近似算法(Approximation Algorithm)。

下面介绍简便的“最邻近方法”给出旅行售货员问题的近似解。

**最邻近方法**的步骤如下：

(1)由任意选择的结点开始，指出与该结点最靠近(即权最小)的点，形成有一条边的初始路。

(2)设 $x$ 表示最新加到这条路上的结点，从不在路上的所有结点中选一个与 $x$ 最靠近的结点，把连接 $x$ 与这个结点的边加到这条路上。重复这一步，直到图中所有结点包含在路上。

(3)将连接起点与最后加入的结点之间的边加到这条路上，就得到一个哈密顿圈，即得问题的近似解。

**例 3.2.11** 用“最邻近方法”找出图 3.2.20 所示加权完全图中具有充分小权的哈密顿圈。

**解：**$ADCBEFA$ 的权和为 55，$BCADEFB$ 的权和为 53，$CBADEFC$ 的权和为 42，$DABCFED$ 的权和为 42，$EADCBFE$ 的权和为 51，$FCBADEF$ 的权和为 42。

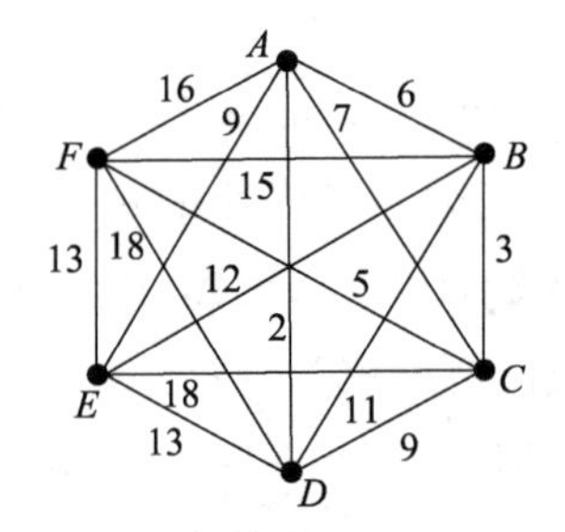


**图 3.2.20 例 3.2.11 示意图**

由例 3.2.10 可知，所选取的哈密顿圈不同，其近似解也不同，而“最邻近插入法”对上述方法可以进行改进，从而产生一个较好的结果。

该方法在每次迭代中都构成一个闭的旅行路线。它是由多个阶段而形成的一个个旅程逐步建立起来的，每一次比上一次多一个顶点，即是说下一个旅程比上一个旅程多一个顶点。求解时，在已建立旅程以外的顶点中，寻找最邻近于旅程中某个顶点的顶点，然后将其插入该旅程中，并使增加的距离尽可能小，当全部顶点收入这个旅程后，就找到了我们所求的最短哈密顿圈的近似解。

**最邻近插入法**的步骤如下(图中有 $n$ 个结点)：

(1)任取图中一点 $v_1$，作闭回路 $v_1v_1$，置 $k=1$。

(2)若 $k=n$，则输出闭回路，结束；否则转(3)。

(3)在已有闭回路 $C_k=v_1v_2\cdots v_kv_1$ 之外的结点 $V-\{v_1,v_2,\cdots,v_k\}$ 中，选取与闭回路 $C_k$ 最邻近的点 $u$。

(4)将 $u$ 插入闭回路 $C_k$ 的不同位置可得 $k$ 条不同的闭回路，从这 $k$ 条闭回路选取一条长度最小的作为新的闭回路。$k=k+1$，转(2)。

**例 3.2.12**　用“最邻近插入法”找出图 3.2.20 所示加权完全图中具有充分小权的哈密顿圈。

**解:**①开始于顶点 $A$，组成闭旅程 $AA$。

②最邻近 $A$ 的顶点为 $D$，建立闭旅程 $ADA$。

③顶点 $B$ 最邻近顶点 $A$，建立闭旅程 $ADBA$。

④由于 $C$ 最邻近 $B$，将 $C$ 插入，分别得到 3 个闭旅程 $ACDBA$、$ADCBA$、$ADBCA$，其长度依次为 33、20、23，选取长度最短的旅程 $ADCBA$。

⑤距旅程 $ADCBA$ 中顶点最邻近顶点为 $F$，将 $F$ 插入，分别得到 4 个闭旅程 $AFDCBA$、$ADFCBA$、$ADCFBA$、$ADCBFA$，其长度依次为 52、34、37、45，选取长度最短的旅程 $ADFCBA$。

⑥把顶点 $E$ 插入旅程 $ADFCBA$ 中，得到 5 个闭旅程 $AEDFCBA$、$ADEFCBA$、$ADFECBA$、$ADFCEBA$、$ADFCBEA$，其长度依次为 54、42、60、61、49。显然，长度最短的旅程 $ADEFCBA$ 即为我们要求的最短哈密顿圈的近似解。

## 3.2.7 例题解析

**例 3.2.13** 设图 $G$ 中有 9 个结点，每个结点的度不是 5 就是 6。试证明：$G$ 中至少有 5 个 6 度结点或至少有 6 个 5 度结点。

**证明:** 由握手定理的推论可知，$G$ 中 5 度结点只能是 0,2,4,6,8 五种情况(此时 6 度结点分别为 9,7,5,3,1 个)。以上五种情况都满足至少 5 个 6 度结点或至少有 6 个 5 度结点。

**例 3.2.14** 若有 $n$ 个人，每个人恰有 3 个朋友，则 $n$ 必为偶数。

**证明:** 用 $n$ 个结点 $v_1,v_2,\cdots,v_n$ 代表 $n$ 个人，两个朋友对应的结点之间连边，则得到一个 3-正则图 $G$，该题可以转化为 3-正则图必有偶数个结点。由于所有结点度数和为 $\sum_{i=1}^{n}\deg(v_i)=3n$，而 $\sum_{i=1}^{n}\deg(v_i)$ 为偶数，所以 $3n$ 为偶数，则 $n$ 为偶数。

**例 3.2.15** 证明：若无向图 $G$ 是不连通的，则 $G$ 的补图 $\overline{G}$ 是连通的。

**证明:** 因为无向图 $G$ 不连通，则可设 $G=\langle V,E\rangle$ 至少有 2 个连通分支，并设其中一个连通分支为 $G_1=\langle V_1,E_1\rangle$，且 $V_1,V_2(=V-V_1)$ 都非空。现在证明任一两点 $u,v\in V$ 在 $\overline{G}$ 中都是连通的。

(1)若 $u,v$ 分属不同结点子集，不妨设 $u\in V_1,v\in V_2$，由假设在 $G$ 中显然结点 $u,v$ 是不连通的，所以，在 $\overline{G}$ 中 $u,v$ 有边连接，即在 $\overline{G}$ 中 $u,v$ 连通。

(2)若 $u,v$ 属于同一结点子集，不妨设 $u,v\in V_1$，取 $w\in V_2$(因 $V_2$ 非空)，则在 $\overline{G}$ 中有路 $uwv$，即在 $\overline{G}$ 中 $u,v$ 连通。

由此可知，无论是(1)或(2)都有 $G$ 的补图 $\overline{G}$ 是连通的。所以，对于任意不连通的图 $G$，其补图都是连通的。

**例 3.2.16** 如果一个简单图 $G$ 与它的补图 $\overline{G}$ 同构，则称 $G$ 是**自补图**(Self-complementary Graph)。证明：若 $n$ 阶无向简单图是自补图，则 $n=0(\mathrm{mod}4)$ 或 $n=1(\mathrm{mod}4)$，即 $n=4k$ 或 $n=4k+1$($k$ 为正整数)。

**证明:** 若 $n$ 阶无向简单图是自补图，则因 $G\cong\overline{G}$，而 $G$ 与 $\overline{G}$ 的边数相同，

设它们的边数为 $m$。又因为 $G$ 与 $\bar{G}$ 的边数之和为 $K_n$ 的边数 $n(n-1)/2$，所以 $n(n-1)/2=2m$，即 $n(n-1)=4m$，因此 $n=4k$ 或 $n=4k+1$（$k$ 为正整数）。

**例 3.2.17**　设 $G$ 为有 $n$ 个结点的简单图，且 $|E|>(n-1)(n-2)/2$，则 $G$ 是连通图。

**证明：**假设 $G=\langle V,E\rangle$ 不连通，不妨设 $G$ 可分为 2 个连通分支 $G_1,G_2$，设 $G_1,G_2$ 分别有 $n_1,n_2$ 个结点，所以有 $n_1+n_2=n$。由于 $n_i\geqslant 1, i=1,2$，则有 $n_i\leqslant n-1, i=1,2$。从而

$$
\begin{aligned}
|E| &\leqslant \frac{n_1(n_1-1)}{2}+\frac{n_2(n_2-1)}{2}\\
&\leqslant \frac{(n-1)(n_1+n_2-2)}{2}\\
&=\frac{(n-1)(n-2)}{2},
\end{aligned}
$$

这与假设矛盾。

所以，$G$ 是连通图。

**例 3.2.18**　对于如图 3.2.21 所示的有向图 $D=\langle V,E\rangle$ 中，请计算下列问题：

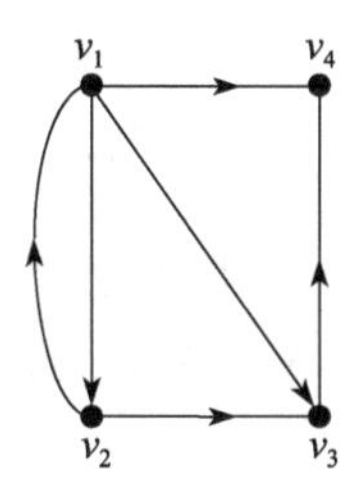


**图 3.2.21　例 3.2.18 示意图**

(1)$D$ 中 $v_1$ 到 $v_4$ 长度为 1 的通路有几条？

(2)长度为 2 的通路有几条？

(3)长度为 3 的通路有几条？

(4)长度为 4 的通路有几条？

**解：**(解法请参考 3.3 节图的矩阵表示相关内容)图的邻接矩阵为

$$
\boldsymbol{A}=\begin{bmatrix}0&1&1&1\\1&0&1&0\\0&0&0&1\\0&0&0&0\end{bmatrix},
$$

由 $a_{14}^{(1)}=1$，可知 $v_1$ 到 $v_4$ 长度为 1 的通路为 1 条。

计算 $\boldsymbol{A}^2$ 得：

$$\boldsymbol{A}^2=\begin{bmatrix}1&0&1&1\\0&1&1&2\\0&0&0&0\\0&0&0&0\end{bmatrix},$$

由 $a_{14}^{(2)}=1$，可知 $v_1$ 到 $v_4$ 长度为 2 的通路为 1 条。

计算 $\boldsymbol{A}^3$ 得：

$$\boldsymbol{A}^3=\begin{bmatrix}0&1&1&2\\1&0&1&1\\0&0&0&0\\0&0&0&0\end{bmatrix},$$

由 $a_{14}^{(3)}=2$，可知 $v_1$ 到 $v_4$ 长度为 3 的通路为 2 条。

计算 $\boldsymbol{A}^4$ 得：

$$\boldsymbol{A}^4=\begin{bmatrix}1&0&1&1\\0&1&1&2\\0&0&0&0\\0&0&0&0\end{bmatrix},$$

由 $a_{14}^{(4)}=1$，可知 $v_1$ 到 $v_4$ 长度为 4 的通路为 1 条。

**例 3.2.19** 问图 3.2.22 中的 2 个图，各需要几笔画出（笔不离纸，每条边均不能重复画）？

**解：**在图 3.2.22(a)中有 8 个奇度结点，则图 3.2.22(a)中存在 4 条边不重合的简单通路，它们含有图中的全部边。因此，图 3.2.22(a)可 4 笔画出，如 $aei$，$kgc$，$badcbfjilkj$，$dhefghl$ 4 条链包含了图 3.2.22(a)图中的全部边。图 3.2.22(b)中有 4 个奇度结点，因此，图 3.2.22(b)图中存在 2 条边不重合的链，它们含有图 3.2.22(b)图中的全部边。如 $eabiadhg$，$fgcjdcbfeh$ 这 2 条边不重合的链包含图 3.2.22(b)中全部边，因此图 3.2.22(b)可以 2 笔画出。

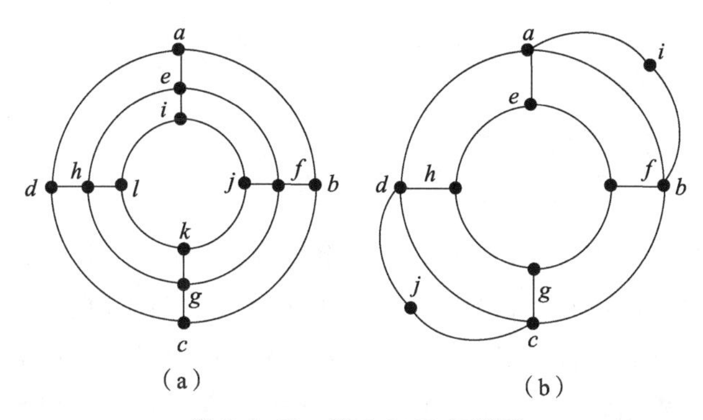


**图 3.2.22　例 3.2.19 示意图**

**例 3.2.20**　11 个学生打算几天都在一张圆桌上共进午餐,并且希望每次午餐时每个学生两旁所坐的人都不相同,问这 11 个人满足这种条件共进午餐最多能有多少天?

**解:**将这 11 个学生分别用结点表示,由于任意 2 个学生都可能是邻座,因此每 2 个结点之间都连一条边,得到无向完全图 $K_{11}$,每次午餐时,学生都按一条哈密顿圈沿桌而坐,若 2 个圈有公共边,则公共边端点上的 2 个学生是相邻的,从而上述问题转化为求 $K_{11}$ 有多少条无公共边的哈密顿圈问题,而 $K_{11}$ 共有 55 条边,又每个哈密顿圈恰有 11 条边,因此,11 个人共进午餐最多能有 5 天。

事实上,先将 11 个结点分别编号为 0,1,2,…,10,并作图如图 3.2.23,在图中先取一条哈密顿圈为 0,1,2,10,3,9,4,8,5,7,6,0,然后将圆周上的结点按逆时针方向转动一个位置,就可由图取得另一条哈密顿圈为 0,2,3,1,4,10,5,9,6,8,7,0,显然这 2 条哈密顿圈是没有公共边的。这样继续下去 $K_{11}$ 中共产生 5 条无公共边的哈密顿圈,故这 11 个人共进午餐最多能有 5 天。

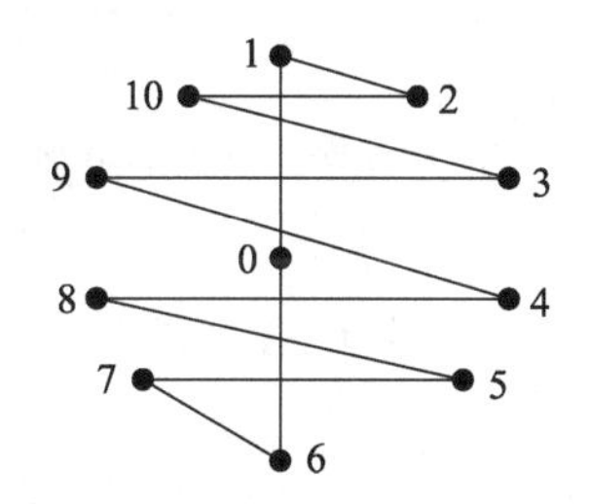


**图 3.2.23　例 3.2.20 示意图**

# §3.3 图的矩阵表示

由图的数学定义可知，一个图可以用集合来描述；从前面的例子可以看出，图也可以用点线图表示，图的这种图形表示直观明了，在较简单的情况下有其优越性。但对于较为复杂的图，这种表示法显示了它的局限性。对于结点较多的图常用矩阵来表示，这样便于用代数知识来研究图的性质，同时也便于计算机处理。在图的矩阵表示法中，要求图是标定的。

## 3.3.1 无向图的关联矩阵

**定义 3.3.1** 设无向图 $G=\langle V,E\rangle$，$V=\{v_1,v_2,\cdots,v_n\}$，$E=\{e_1,e_2,\cdots,e_m\}$，

令

$$m_{ij}=\begin{cases}0,\text{若 } v_i \text{ 与 } e_j \text{ 不关联},\\1,\text{若 } v_i \text{ 是 } e_j \text{ 的端点},\\2,\text{若 } e_j \text{ 是关联 } v_i \text{ 的一个环},\end{cases}$$

则称 $(m_{ij})_{n\times m}$ 为 $G$ 的**关联矩阵**(Incidence Matrix)，记作 $\boldsymbol{M}(G)$。

**例 3.3.1** 图 3.3.1 中为图 $G$ 。

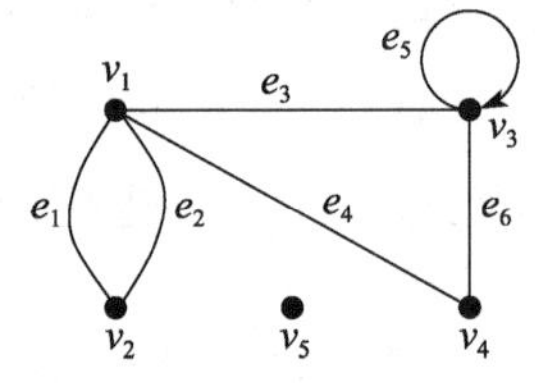


**图 3.3.1 例 3.3.1 示意图**

图 $G$ 的关联矩阵是

$$\boldsymbol{M}(G)=\begin{bmatrix}1&1&1&1&0&0\\1&1&0&0&0&0\\0&0&1&0&2&1\\0&0&0&1&0&1\\0&0&0&0&0&0\end{bmatrix}。$$

从关联矩阵不难看出下列性质：

(1) $\sum_{i=1}^{n} m_{ij}=2(j=1,2,\cdots,m)$，即 $(\boldsymbol{M})(G)$ 每列元素的和为 2，因为每边恰有 2 个端点(若为简单图则每列恰有 2 个 1)。

(2) $\sum_{j=1}^{m} m_{ij}=d(v_i)$(第 $i$ 行元素之和为 $v_i$ 的度)。

(3) $\sum_{j=1}^{m} m_{ij}=0$ 当且仅当 $v_i$ 为孤立点。

(4)若第 $j$ 列与第 $k$ 列相同，则说明 $e_j$ 与 $e_k$ 为平行边。

如果图是简单图，则关联矩阵是 0—1 矩阵。

## 3.3.2　无环有向图的关联矩阵

设 $G=\langle V,E\rangle$ 是无环有向图，$V=\{v_1,v_2,\cdots,v_n\}$，$E=\{e_1,e_2,\cdots,e_m\}$，令

$$m_{ij}=\begin{cases}1, & v_i \text{ 为 } e_j \text{ 的起点}, \\ 0, & v_i \text{ 与 } e_j \text{ 不关联}, \\ -1, & v_i \text{ 为 } e_j \text{ 的终点},\end{cases}$$

则称 $(m_{ij})_{n\times m}$ 为 $G$ 的关联矩阵，记作 $\boldsymbol{M}(G)$。

$$\boldsymbol{M}(G)=\begin{bmatrix}-1 & 1 & 0 & 0 & 0 \\ 1 & 0 & 1 & -1 & 0 \\ 0 & -1 & -1 & 1 & 1 \\ 0 & 0 & 0 & 0 & -1\end{bmatrix}。$$

$\boldsymbol{M}(G)$ 是图 3.3.2 的关联矩阵。由此可看出 $\boldsymbol{M}(G)$ 有如下性质

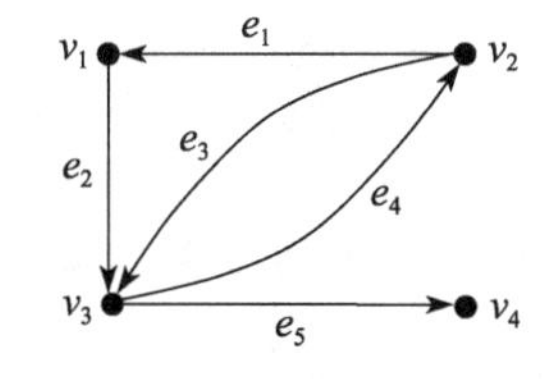


**图 3.3.2　无环有向图示例**

(1) $\sum_{i=1}^{n} m_{ij}=0,j=1,2,\cdots,m$。

(2)每行中 1 的个数是该点的出度，$-1$ 的个数是该点的入度。

其他与无向图关联矩阵相同的性质不再罗列。

### 3.3.3 有向图的邻接矩阵

**定义 3.3.2** 设 $G=\langle V,E\rangle$ 是有向图，$V=\{v_1,v_2,\cdots,v_n\}$，令

$$a_{ij}^{(1)}=\begin{cases}k\text{，从 } v_i \text{ 邻接到 } v_j \text{ 的边有 } k \text{ 条，}\\ 0\text{，没有 } v_i \text{ 到 } v_j \text{ 的边，}\end{cases}$$

则称 $(a_{ij}^{(1)})_{n\times n}$ 为 $G$ 的**邻接矩阵**(Adjacency Matrix)，记作 $\boldsymbol{A}(G)$，简记为 $\boldsymbol{A}$。

矩阵 $\boldsymbol{A}$ 是图 3.3.3 的邻接矩阵。

$$\boldsymbol{A}=\begin{bmatrix}1&0&1&0\\0&0&1&0\\0&1&0&1\\0&0&1&0\end{bmatrix}。$$

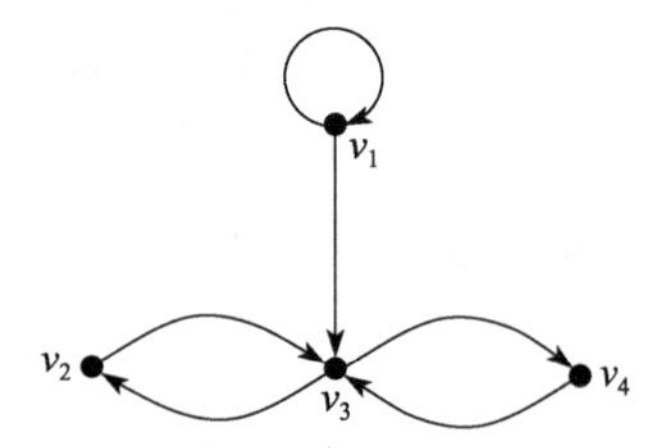


图 3.3.3 有向图示例

不难看出图的邻接矩阵的如下性质：

(1) $\sum_{j=1}^{n}a_{ij}^{(1)}=d^{+}(v_i)$(第 $i$ 行元素的和为 $v_i$ 的出度)，因此，

$$\sum_{i=1}^{n}\sum_{j=1}^{n}a_{ij}^{(1)}=\sum_{i=1}^{n}d^{+}(v_i)=m。$$

(2) $\sum_{i=1}^{n}a_{ij}^{(1)}=d^{-}(v_j)$(第 $j$ 列元素的和为 $v_j$ 的入度)，因此，

$$\sum_{j=1}^{n}\sum_{i=1}^{n}a_{ij}^{(1)}=\sum_{j=1}^{n}d^{-}(v_j)=m。$$

(3)$\boldsymbol{A}$ 中所有元素的和是 $G$ 中长度为 1 的通路的数目，而 $\sum_{i=1}^{n}a_{ii}^{(1)}$ 为 $G$ 中

长度为 1 的回路(环)的数目。

下面考查 $\boldsymbol{A}^l$ 的元素的意义,这里 $\boldsymbol{A}^l=(a_{ij}^{(l)})_{n\times n}(l\geqslant 2)$ 其中

$$a_{ij}^{(l)}=\sum_k a_{ik}^{(l-1)}\cdot a_{kj}^{(1)},$$

则

(4)$a_{ij}^{(l)}$ 为结点 $v_i$ 到 $v_j$ 长度为 $l$ 的通路的数目,$a_{ii}^{(l)}$ 为始于(终于) $v_i$ 长度为 $l$ 的回路的数目。

(5)$\boldsymbol{A}^l$ 中所有元素的和 $\sum_{i=1}^n\sum_{j=1}^n a_{ij}^{(l)}$ 为 $G$ 中长为 $l$ 的通路的总数,而 $\boldsymbol{A}^l$ 对角线上元素之和 $\sum_{i=1}^n a_{ii}^{(l)}$ 为 $G$ 始于(终于)各结点的长为 $l$ 的回路总数。

在图 3.3.3 中计算 $\boldsymbol{A}^2,\boldsymbol{A}^3,\boldsymbol{A}^4$ 得:

$$\boldsymbol{A}^2=\begin{bmatrix}1&1&1&1\\0&1&0&1\\0&0&2&0\\0&1&0&1\end{bmatrix},\boldsymbol{A}^3=\begin{bmatrix}1&1&3&1\\0&0&2&0\\0&2&0&2\\0&0&2&0\end{bmatrix},\boldsymbol{A}^4=\begin{bmatrix}1&3&3&3\\0&2&0&2\\0&0&4&0\\0&2&0&2\end{bmatrix}。$$

由以上各矩阵得,$a_{13}^{(2)}=1,a_{13}^{(3)}=3,a_{13}^{(4)}=3$,即 $G$ 中 $v_1$ 到 $v_3$ 长为 2,3,4 的通路分别为 1 条,3 条,3 条。而 $a_{11}^{(2)}=a_{11}^{(3)}=a_{11}^{(4)}=1$,则 $G$ 中以 $v_1$ 为起点(终点)的长为 2,3,4 的回路各有一条。由于 $\sum_{i=1}^n\sum_{j=1}^n a_{ij}^{(2)}=10$,所以 $G$ 中长度为 2 的通路总数为 10,其中长为 2 的回路总数为 5。

(6)若令 $\boldsymbol{B}_r=\boldsymbol{A}+\boldsymbol{A}^2+\cdots+\boldsymbol{A}^r=(b_{ij}^{(r)})(r\geqslant 1)$,则 $b_{ij}^{(r)}$ 表示从结点 $v_1$ 到 $v_j$ 长度小于或等于 $r$ 的通路总数,而 $b_{ii}^{(r)}$ 表示以 $v_1$ 为起点(终点)长度小于或等于 $r$ 的回路总数。

**例如**　与图 3.3.3 对应的矩阵为

$$\boldsymbol{B}_4=\begin{bmatrix}4&5&8&5\\0&3&3&3\\0&3&6&3\\0&3&3&3\end{bmatrix}。$$

无向图可类似地定义邻接矩阵,对有向图的邻接矩阵得到的结论,可并行地用到无向图上。3.3.4 小节只介绍无向简单图的邻接矩阵。

## 3.3.4 无向简单图的邻接矩阵

**定义 3.3.3** 设 $G=\langle V,E\rangle$ 是无向简单图，$V=\{v_1,v_2,\cdots,v_n\}$，令

$$a_{ij}=\begin{cases}1,(v_i,v_j)\in E,\\0,(v_i,v_j)\notin E,\end{cases}$$

则称 $(a_{ij})_{n\times n}$ 为 $G$ 的**邻接矩阵**(Adjacency Matrix)，记作 $\boldsymbol{A}(G)$，简记为 $\boldsymbol{A}$。

**例如** 图 3.3.4 的邻接矩阵为

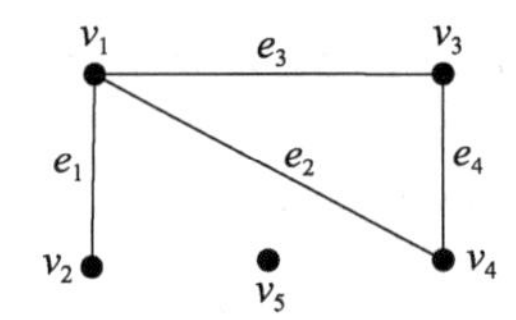


**图 3.3.4 邻接矩阵 A 对应的图**

$$\boldsymbol{A}=\begin{bmatrix}0&1&1&1&0\\1&0&0&0&0\\1&0&0&1&0\\1&0&1&0&0\\0&0&0&0&0\end{bmatrix}。$$

无向图的邻接矩阵与有向图的邻接矩阵的最大不同在于它是对称的。且矩阵的每行(每列)的元素的和等于对应结点的度，其他性质都是类似的，这里不再重复，而由读者自行给出。

## 3.3.5 有向图的可达矩阵

**定义 3.3.4** 设 $G=\langle V,E\rangle$ 是有向图，$V=\{v_1,v_2,\cdots,v_n\}$，令

$$p_{ij}=\begin{cases}1,v_i\text{ 可达 }v_j(i\neq j),\\0,\text{其他},\end{cases}$$

$p_{ii}=1,i=1,2,\cdots,n$，则称$(p_{ij})_{n\times n}$ 为 $G$ 的**可达矩阵**(Accessibility Matrix)，记作 $\boldsymbol{P}(G)$，简记为 $\boldsymbol{P}$。

图 3.3.5 所示有向图 $G$ 的可达矩阵为

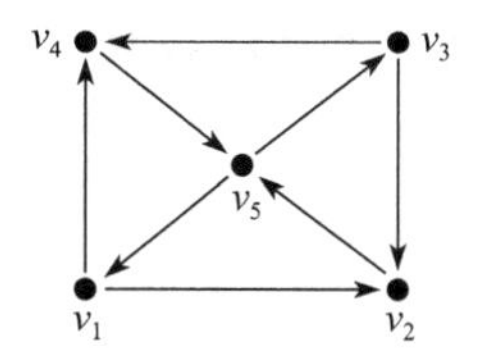


**图 3.3.5　有向图** $G$

$$P=\begin{bmatrix}1&1&1&1\\0&1&1&1\\0&1&1&1\\0&1&1&1\end{bmatrix}。$$

因为

$$\boldsymbol{B}=\boldsymbol{E}+\boldsymbol{A}+\boldsymbol{A}^2+\cdots+\boldsymbol{A}^{n-1}=(b_{ij})_{n\times n},$$

则可达矩阵 $\boldsymbol{P}$ 中的元素可按如下的方式得到：

$$p_{ij}=\begin{cases}1,b_{ij}\neq 0,\\0,\text{其他},\end{cases}$$

即可由邻接矩阵求可达矩阵。

# §3.4　树

## 3.4.1　树的概念和性质

**定义 3.4.1**　连通且不含圈的无向图称为**树**，树中次为 1 的点称为**树叶**，次大于 1 的点称为**支点**。

**定理 3.4.1**　图 $T=(V,E)$，$|V|=n$，$|E|=m$，则下列关于树的说法是等价的：

(1) $T$ 是一个树。

(2) $T$ 无圈，且 $m=n-1$。

(3) $T$ 连通，且 $m=n-1$。

(4) $T$ 无圈，任增加一条边就得到唯一的一个圈。

(5)$T$ 中任意两点,有唯一链相连。

(6)$T$ 连通,但每舍去一边就不连通。

## 3.4.2 图的生成树

**定义 3.4.2** 若图 $G$ 的生成子图是一棵树,则称该树为 $G$ 的**生成树**,或简称图 $G$ 的树。

**例 3.4.1** 如图 3.4.1(b)为图 3.4.1(a)的生成树,边 $e_1,e_2,e_3,e_7,e_8,e_9$ 为树枝,$e_4,e_5,e_6$ 为桥。

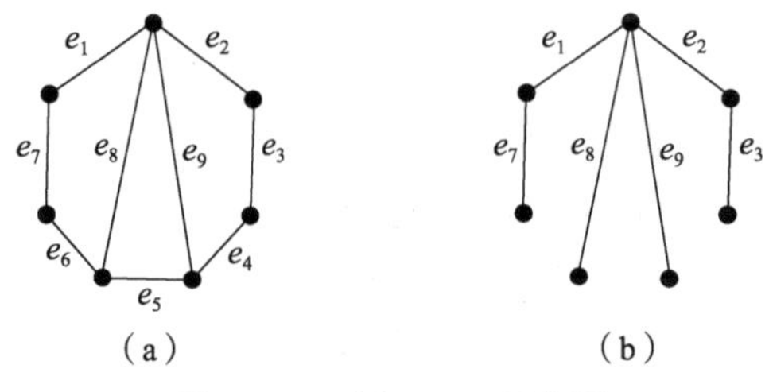


**图 3.4.1 例 3.4.1 示意图**

**定理 3.4.2** 图 $G=(V,E)$ 有生成树的充分必要条件是 $G$ 为是连通图。

下面给出寻找连通图的生成树的 2 种算法:**"避圈法"**与**"破圈法"**。

(1)"避圈法"是指首先将连通图 $G$ 中的所有的顶点都画出来,然后逐个的将图 $G$ 中的边加进去,每加一条边都要保证不含圈,直到加的边数是顶点数减 1 为止,得到的连通图一定是图 $G$ 的生成树。

(2)"破圈法"是指在给定的连通图 $G$ 中,逐个将图 $G$ 中的每一个圈都去掉一条边使其变成路,直到最后只剩下边数是顶点数减 1 条的连通图即为图 $G$ 的生成树。

**例 3.4.2** 一个乡有 9 个自然村,其间道路如图 3.4.2(a)所示,要以 $v_0$ 村为中心建有线广播网络,如要求沿道路架设广播线,应如何架设?

**解**:本问题用上述"破圈法",任取一圈 $\{v_1,v_0,v_2,v_1\}$ 从中去掉边 $(v_1,v_2)$,再选圈 $\{v_1,v_8,v_0,v_1\}$,去掉边 $(v_1,v_8)$,以同样方法进行,直到无圈。图 3.4.2(b)就是一种方案。

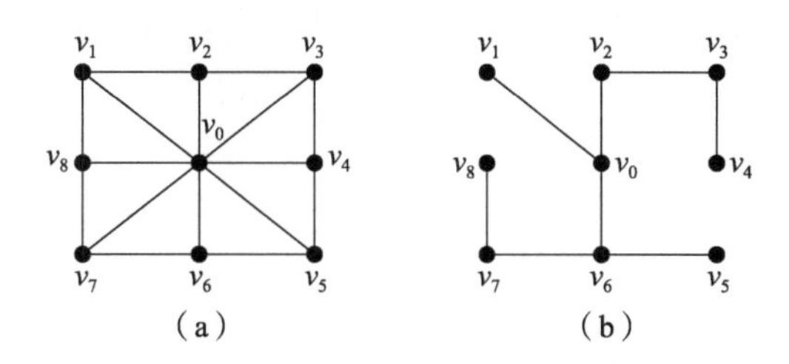


图 3.4.2 例 3.4.2 示意图

## 3.4.3 最小生成树问题

**定义 3.4.3** 连通图 $G=(V,E)$ 每条边上有非负的权 $L(e)$。一棵生成树的所有树枝上的权总和,称为这个生成树的权。具有最小的权的生成树被称为**最小生成树**,简称最小树。

下面介绍寻找最小树的 2 种算法。

**算法 1 (Kruskal)算法**

这个方法类似于生成树的"避圈法",基本步骤如下:

每步从未选的边中选取边 $e$,使它与已选边不构成圈,且 $e$ 是位选边中的最小权边,直到选够 $n-1$ 条边为止。

**例 3.4.3** 仍用 3.4.2 小节例 3.4.2,若已知各条道路长度如图 3.4.1(a)所示,各边上的数字表示距离,问如何拉线才能使用线最短?这就是一个最小生成树问题,用 Kruskal 算法。

先将图 3.4.1(a)中边按大小顺序由小至大排列:

$$(v_0,v_2)=1,\quad (v_2,v_3)=1,\quad (v_3,v_4)=1,\quad (v_1,v_8)=1,$$
$$(v_0,v_1)=2,\quad (v_0,v_6)=2,\quad (v_5,v_6)=2,\quad (v_0,v_3)=3,$$
$$(v_6,v_7)=3,\quad (v_0,v_4)=4,\quad (v_0,v_5)=4,\quad (v_0,v_8)=4,$$
$$(v_1,v_2)=4,\quad (v_0,v_7)=5,\quad (v_7,v_8)=5,\quad (v_4,v_5)=5。$$

然后按照边的排列顺序,取定

$$e_1=(v_0,v_2),\quad e_2=(v_2,v_3),\quad e_3=(v_3,v_4),$$
$$e_4=(v_1,v_8),\quad e_5=(v_0,v_1),\quad e_6=(v_0,v_6),$$
$$e_7=(v_5,v_6),$$

由于下一个未选中的最小权边 $(v_0, v_3)$ 与已选边 $e_1, e_2$ 构成圈，所以排除。选 $e_8 = (v_6, v_7)$。

得到图 3.4.1(b)就是图 $G$ 的一颗最小树，它的权是 13。

**算法 2 “破圈法”**

基本步骤：

(1)从图 $G$ 中任选一棵树 $T_1$。

(2)加上一条弦 $e_1$，$T_1 + e_1$ 中立即生成一个圈。去掉此圈中最大权边，得到新树 $T_2$。以 $T_2$ 代 $T_1$，重复(2)再检查剩余的弦，直到所有的弦都检查完毕为止。

**例 3.4.4** 仍用 3.4.2 小节例 3.4.2，先求出图 $G$ 的一棵生成树如图 3.4.3(a)，加弦 $(v_1, v_2)$，得圈 $\{v_1 v_2 v_0 v_1\}$，去掉最大权边 $(v_1, v_2)$：再加上弦 $(v_2, v_3)$，得圈 $\{v_2 v_3 v_0 v_2\}$，去掉最大权边 $(v_0, v_3)$，…… ，直到全部的弦都已经试过，图 3.4.3(b)即为所求。

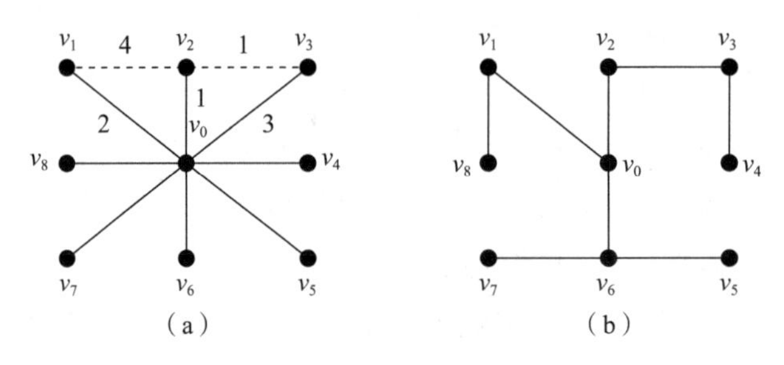


**图 3.4.3 例 3.4.4 示意图**

## 3.4.4 根树及其应用

**定义 3.4.4** 若一个有向图在不考虑边的方向时是一棵树，则这个有向图为**有向树**。

**定义 3.4.5** 有向树 $T$，恰有一个结点入度为 0，其余各点入度均为 1，则称 $T$ 为**根树。**

根树中入度为 0 的点称为**根**；根树中出度为 0 的点称为**分枝点**。由根到某一顶点的道路长度(设每边长度为 1)，成为顶点的**层次**。

**例 3.4.5**　如图 3.4.4 所示的树是根树，其中 $v_1$ 为根，$v_1, v_2, v_3, v_4, v_8$ 为分枝点，其余各点为叶，顶点 $v_2, v_3, v_4$ 的层次为 1，顶点 $v_{11}$ 的层次为 3。

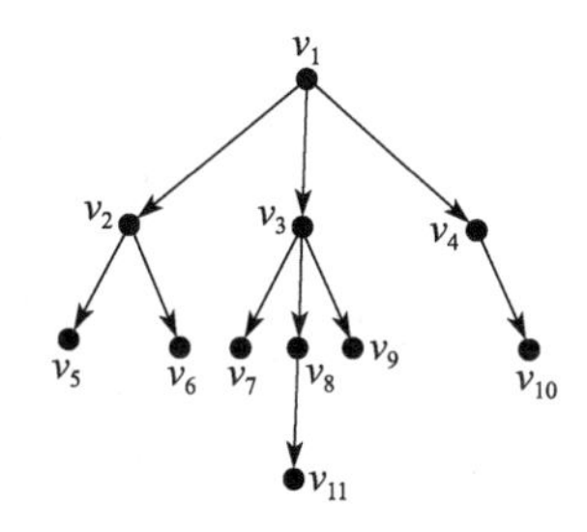


**图 3.4.4　例 3.4.5 示意图**

**定义 3.4.6**　在根树中，若每个顶点的次小于或等于 $m$，称这棵树为 $m$ 叉树。若每个顶点的出度恰好等于 $m$ 或零，则称这棵树为完全 $m$ 叉树。当 $m=2$ 时，称为二叉树及完全二叉树。

在实际问题中常讨论叶子上的距离（层次）为 $l_i(i=1,2,\cdots,s)$，这样二叉树 $T$ 的总权数为

$$m(T)=\sum_{i=1}^{s} p_i l_i。$$

满足总权数最小的二叉树称为最优二叉树。哈夫曼(Huffman)给出了一个求最优二叉树的算法，所以又称**哈夫曼树**，算法基本步骤为：

(1)将 $s$ 个叶子节点按权由大排列，不失一般性，设 $p_1 \leqslant p_2 \leqslant \cdots \leqslant p_s$。

(2)将 2 个具有最小权的叶子合并成一个分枝点，其权为 $p_1+p_2$，将新的分枝点作为一个叶子。令 $s \leftarrow s-1$，若 $s=1$ 停止，否则转(1)。

**例 3.4.6**　（最优检索问题）使用计算机进行图书分类，现在五类图书共 100 万册，其中 A 类有 50 万册，B 类有 20 万册，C 类有 5 万册，D 类有 10 万册，E 类有 15 万册。问如何安排分检过程，可使总的运算（比较）次数最小？

**解：**构造一棵具有 5 个叶子的最优二叉树，其叶子的权分别为 50，20，5，10，15，如图 3.4.5(a)所示，按图 3.4.5(b)进行分类。总权为：

$$m(T)=5\times4+10\times4+15\times3+20\times2+50\times1=195,$$

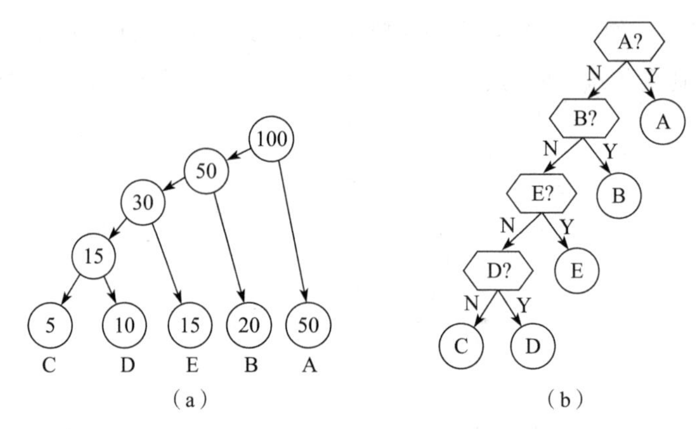


**图 3.4.5　例 3.4.6 示意图**

分检过程是先把 A 类 50 万册从总数中检出来,其次将 B 类 20 万册分检出来,然后再将 E 类 15 万册分检出来,最后再将 D,C 分检。

**例 3.4.7**　某厂购进一批元件。欲进行检验后按质量分为六等。已知一等品的概率为 0.45,二等品的概率为 0.25,三等品的概率为 0.12,四等品的概率为 0.08,五等品的概率为 0.05,等外品的概率为 0.05。假设分等测试一次只能分辨出一种等级,而每次测试的时间皆为 $t$。问如何安排测试过程,使期望的时间达到最短?

**解:**构造一棵具有 6 个叶子的最优二叉树的总权,其叶子的权分别为:0.45,0.25,0.12,0.08,0.05,0.05,如图 3.4.6 所示。经计算得

$$m(T)=(5\times 0.05+5\times 0.05+4\times 0.08+3\times 0.12+2\times 0.25+1\times 0.45)t=2.13t。$$

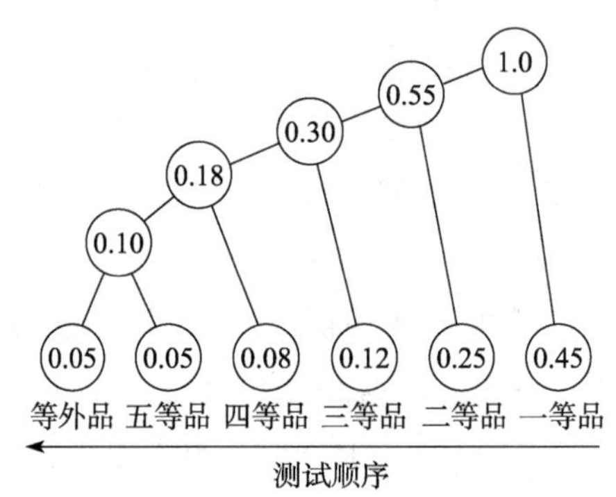


**图 3.4.6　例 3.4.7 示意图**

测试过程是先把一等品从总数中测出来,其次将二等品测出来,然后再将

三等品测出来，接着将四等品测出来，最后再将五、六等品测出来，能使期望的时间达到最短。

## §3.5　练习题

1. 设无向图 $G$ 有 12 条边，已知 $G$ 中度数为 3 的结点有 6 个，其余结点的度数均小于 3，问 $G$ 中至少有多少个结点？为什么？

2. 一个 $n(n\geqslant 2)$ 阶无向简单图 $G$ 中，$n$ 为奇数，已知 $G$ 中有 $r$ 个奇度数结点，问 $G$ 的补图 $\overline{G}$ 中有几个奇度结点？

3. 证明：任何 6 个人中，要么有 3 人彼此相识，要么有 3 人彼此不认识。

4. 画出 $K_4$ 的所有非同构的子图，其中有几个是生成子图？生成子图中有几个是连通图？

5. 如图所示，图 3.5.1 是否同构于图 3.5.2？

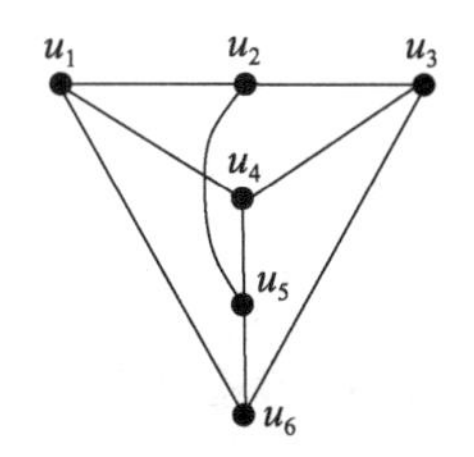


**图 3.5.1　习题 5(1)示意图**

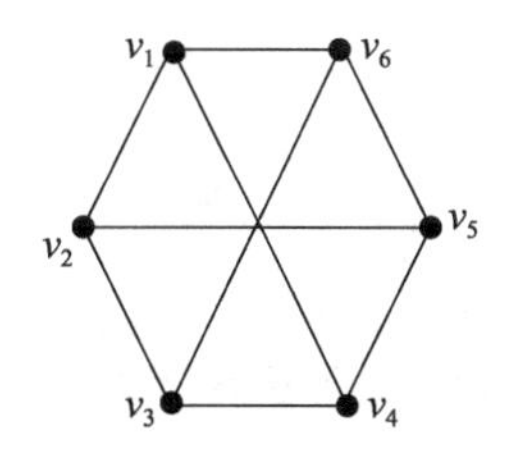


**图 3.5.2　习题 5(2)示意图**

6. 试给出所有不同构的无向 5 阶自补图。

7. 在图 3.5.3 中找出其所有的路和圈。

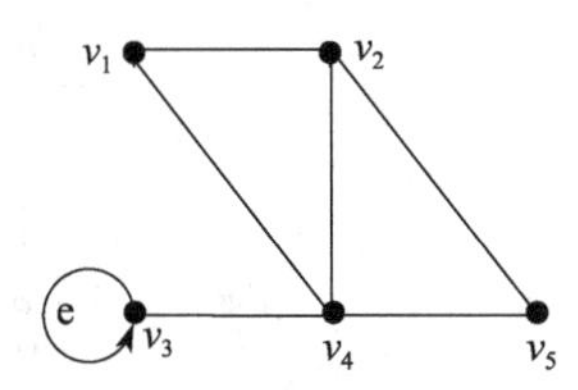


**图 3.5.3　习题 7 示意图**

8. 设 $G$ 是具有 $n$ 个结点的简单无向图，如果 $G$ 中每一对结点的度数之和均大于或等于 $n-1$，那么 $G$ 是连通图。

9. 寻找 3 个 4 阶有向简单图 $D_1,D_2,D_3$，使得 $D_1$ 为强连通图；$D_2$ 为单

向连通图但不是强连通图；而 $D_3$ 是弱连通图但不是单向连通图，当然更不是强连通图。

10.（1）写出图 3.5.4 的关联矩阵和邻接矩阵；

（2）说明如何从关联矩阵中判断一个结点为割点，一条边为割边。

11. 图 3.5.5 是有向图。

（1）求出它的邻接矩阵 $\boldsymbol{A}$。

（2）求出 $\boldsymbol{A}^{(2)},\boldsymbol{A}^{(3)},\boldsymbol{A}^{(4)}$ 说明从 $v_1$ 到 $v_4$ 长度为 1，2，3，4 的路径各有几条？

（3）求出 $\boldsymbol{A}^{\mathrm{T}},\boldsymbol{A}^{\mathrm{T}}\boldsymbol{A},\boldsymbol{A}\boldsymbol{A}^{\mathrm{T}}$，说明 $\boldsymbol{A}^{\mathrm{T}}\boldsymbol{A},\boldsymbol{A}\boldsymbol{A}^{\mathrm{T}}$ 中第(2,3)个元素和第(2,2)个元素的意义。

（4）求出 $\boldsymbol{A}^2,\boldsymbol{A}^3,\boldsymbol{A}^4$ 及可达性矩阵。

（5）求出图 3.5.5 的一个强连通子图。

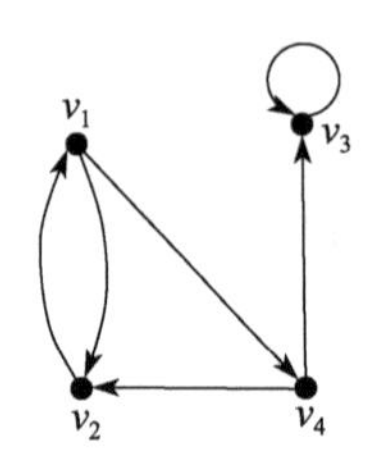

图 3.5.4　习题 10 示意图

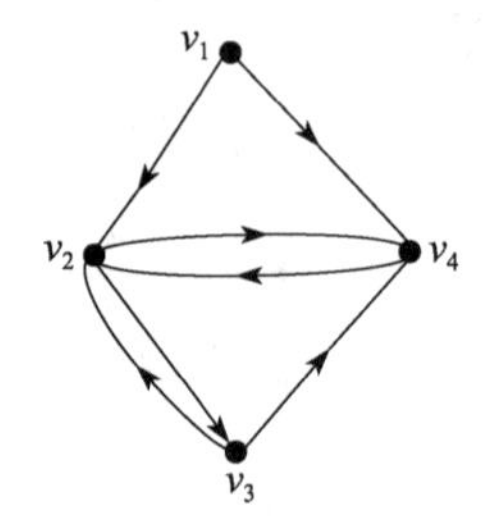

图 3.5.5　习题 11 示意图

12. 若无向图 $G$ 是欧拉图，问 $G$ 中是否有割边？为什么？

13. 试从图 3.5.6 中找出一条欧拉链。

14. 试从图 3.5.7 中找出一条欧拉路。

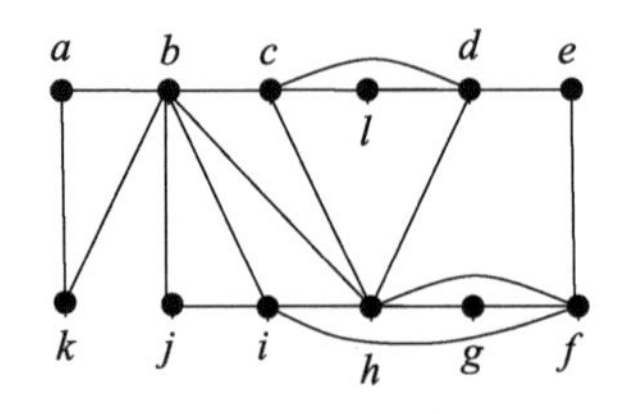

图 3.5.6　习题 13 示意图

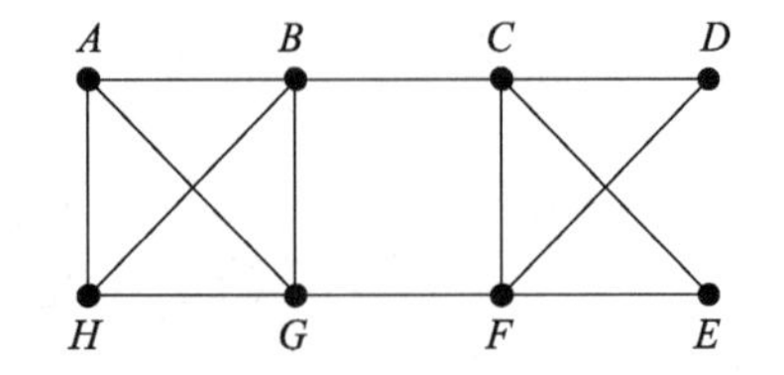

图 3.5.7　习题 14 示意图

15. 在图 3.5.8 中，哪些是哈密顿图？哪些是半哈密顿图？是哈密顿图的，请各在图中画出一条哈密顿回路；是半哈密顿图的，请画出一条哈密顿通路。

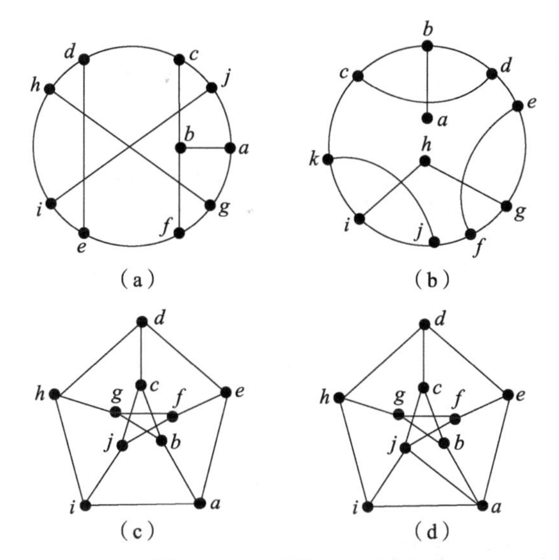


**图 3.5.8　习题 15 示意图**

16.给出满足下列条件之一的图的实例。

(1)图中同时存在欧拉回路和哈密顿回路；

(2)图中存在欧拉回路,但不存在哈密顿回路；

(3)图中不存在欧拉回路,但存在哈密顿回路；

(4)图中不存在欧拉回路,也不存在哈密顿回路。

# 第四章　数理逻辑

## §4.1　命题逻辑

### 4.1.1　命题与联结词

**定义 4.1.1**　所谓命题，是指具有非真必假的陈述句。而疑问句、祈使句和感叹句等因都不能判断其真假，故都不是命题。命题仅有 2 种可能的真值——真和假，且二者只能居其一。真用 1 或 T 表示，假用 0 或 F 表示。由于命题只有 2 种真值，所以称这种逻辑为二值逻辑。命题的真值是具有客观性质的，而不是由人的主观决定的。

**例如**　判断下列语句是否为命题

(1)北京是中国的首都。

(2)雪是黑色的。

(3)请勿吸烟!

(4)明天开会吗?

**解:**(1)(2)是命题，其中:(1)是真命题，(2)是假命题。(3)是祈使句，(4)是疑问句，它们都无真假可言，因此它们都不是命题。

一个语句本身是否能分辨真假与我们是否知道它的真假是两回事。对于一个句子，有时我们可能无法判断它的真假，但它本身确实有真假，那么这个语句是命题，否则就不是命题。

**定义 4.1.2**　如果一陈述句再也不能分解成更为简单的语句，由它构成的命题称为**原子命题**。原子命题是命题逻辑的基本单位。

命题分为 2 类，第一类是原子命题，原子命题用大写英文字母 $P, Q, R, \cdots$

及其带下标的 $P_i, Q_i, R_i, \cdots$ 表示，也称命题标识符。第二类是复合命题，它由原子命题、命题联结词和圆括号组成。

**定义 4.1.3**　设 $P$ 表示一个命题，由命题联结词 $\neg$和命题 $P$ 连接成 $\neg P$，称 $\neg P$ 为 $P$ 的否定式复合命题，$\neg P$ 读作“非 $P$”。称 $\neg$为否定联结词。$\neg P$ 是真，当且仅当 $P$ 为假；$\neg P$ 是假，当且仅当 $P$ 为真。否定联结词“ $\neg$”的定义可由表 4.1.1 表示之。

由于“否定”修改了命题，它是对单个命题进行操作，称它为一元联结词。

**表 4.1.1　否定联结词**

| $P$ | $\neg P$ |
|---|---|
| 0 | 1 |
| 1 | 0 |

**定义 4.1.4**　设 $P$ 和 $Q$ 为 2 个命题，由命题联结词$\wedge$将 $P$ 和 $Q$ 连接成 $P \wedge Q$，称 $P \wedge Q$ 为命题 $P$ 和 $Q$ 的合取式复合命题，$P \wedge Q$ 读作“$P$ 与 $Q$”或“$P$ 且 $Q$”。称$\wedge$为合取联结词。当且仅当 $P$ 和 $Q$ 的真值同为真，命题 $P \wedge Q$ 的真值才为真；否则，$P \wedge Q$ 的真值为假。合取联结词$\wedge$的定义由表 4.1.2 表示之。

**表 4.1.2　合取联结词**

| $P$ | $Q$ | $P \wedge Q$ |
|---|---|---|
| 0 | 0 | 0 |
| 0 | 1 | 0 |
| 1 | 0 | 0 |
| 1 | 1 | 1 |

**定义 4.1.5**　设 $P$ 和 $Q$ 为 2 个命题，由命题联结词 $\vee$ 把 $P$ 和 $Q$ 连接成 $P \vee Q$，称 $P \vee Q$ 为命题 $P$ 和 $Q$ 的析取式复合命题，$P \vee Q$ 读作“$P$ 或 $Q$”。称 $\vee$ 为析取联结词。当且仅当 $P$ 和 $Q$ 的真值同为假，$P \vee Q$ 的真值为假；否则，$P \vee Q$ 的真值为真。析取联结词 $\vee$ 的定义由表 4.1.3 表示之。

**表 4.1.3　析取联结词**

| $P$ | $Q$ | $P \vee Q$ |
|---|---|---|
| 0 | 0 | 0 |
| 0 | 1 | 1 |
| 1 | 0 | 1 |
| 1 | 1 | 1 |

与合取联结词一样，使用析取联结词时，也不要求 2 个命题间一定有任何关系。

**定义 4.1.6**　设 $P$ 和 $Q$ 为 2 个命题，由命题联结词 $\rightarrow$ 把 $P$ 和 $Q$ 连接成 $P \rightarrow Q$，称 $P \rightarrow Q$ 为命题 $P$ 和 $Q$ 的蕴涵式复合命题，简称蕴涵命题。$P \rightarrow Q$ 读作"$P$ 条件 $Q$"或者"若 $P$ 则 $Q$"。称 $\rightarrow$ 为蕴涵联结词。当 $P$ 的真值为真而 $Q$ 的真值为假时，命题 $P \rightarrow Q$ 的真值为假；否则，$P \rightarrow Q$ 的真值为真。蕴涵联结词 $\rightarrow$ 的定义由表 4.1.4 表示之。

**表 4.1.4　蕴涵联结词**

| $P$ | $Q$ | $P \rightarrow Q$ |
|---|---|---|
| 0 | 0 | 1 |
| 0 | 1 | 1 |
| 1 | 0 | 0 |
| 1 | 1 | 1 |

在蕴涵命题 $P \rightarrow Q$ 中，命题 $P$ 称为 $P \rightarrow Q$ 的前件或前提，命题 $Q$ 称为 $P \rightarrow Q$ 的后件或结论。蕴涵命题 $P \rightarrow Q$ 有多种方式陈述："如果 $P$，那么 $Q$"；"$P$ 仅当 $Q$"；"$Q$ 每当 $P$"；"$P$ 是 $Q$ 的充分条件"；"$Q$ 是 $P$ 的必要条件"等。

**定义 4.1.7**　设 $P$、$Q$ 是 2 个命题，由命题联结词 $\leftrightarrow$ 把 $P$ 和 $Q$ 连接成 $P \leftrightarrow Q$，称 $P \leftrightarrow Q$ 为命题 $P$ 和 $Q$ 的等价式复合命题，简称等价命题，$P \leftrightarrow Q$ 读作"$P$ 当且仅当 $Q$"或"$P$ 等价 $Q$"。称 $\leftrightarrow$ 为等价联结词。当 $P$ 和 $Q$ 的真值相同时，$P \leftrightarrow Q$ 的真值为真；否则，$P \leftrightarrow Q$ 的真值为假。等价联结词 $\leftrightarrow$ 的定义由表 4.1.5 表示之。

**表 4.1.5　等价联结词**

| $P$ | $Q$ | $P\leftrightarrow Q$ |
| --- | --- | --- |
| 0 | 0 | 1 |
| 0 | 1 | 0 |
| 1 | 0 | 0 |
| 1 | 1 | 1 |

## 4.1.2　命题变元和合式公式

**定义 4.1.8**　在命题逻辑中，命题又有命题常元和命题变元之分。一个确定的具体的命题，称为命题常元；一个不确定的泛指的任意命题，称为**命题变元**。显然，命题变元不是命题，只有用一个特定的命题取代才能确定它的真值——真或假。这时也说对该命题变元指派真值。

命题常元和命题变元均可用字母 $P$ 等表示。由于在命题逻辑中并不关心具体命题的含义，只关心其真值，命题常元的真值要么为真，要么为假，而对命题变元真值可以指派为真，也可以指派为假。

**定义 4.1.9**　通常把含有命题变元的断言（可以判断真假的句子）称为命题公式。但这没能指出命题公式的结构，因为不是所有由命题变元、联结词和括号所组成的字符串都能成为命题公式。为此，常使用归纳定义命题公式，以便构成的公式有规则可循。由这种定义产生的公式称为**合式公式**。

**定义 4.1.10**　单个命题变元和命题常元称为原子命题公式，简称原子公式。

**定义 4.1.11**　合式公式是由下列规则生成的公式：

(1)单个原子公式是合式公式。

(2)若 $A$ 是一个合式公式，则( $\neg A$) 也是一个合式公式。

(3) 若 $A$,$B$ 是合式公式，则($A \wedge B$)、($A \vee B$)、($A \rightarrow B$) 和($A\leftrightarrow B$) 都是合式公式。

(4)只有有限次使用(1)、(2)和(3)生成的公式才是合式公式。

当合式公式比较复杂时，常常使用很多圆括号，为了减少圆括号的使用量，可作以下约定：

①规定联结词的优先级由高到低的次序为：$\neg$、$\wedge$、$\vee$、$\rightarrow$、$\leftrightarrow$。

②相同的联结词按从左至右次序计算时,圆括号可省略。

③最外层的圆括号可以省略。

为了方便计,合式公式也简称公式。

**定义 4.1.12** 把一个用文字叙述的命题相应地写成由命题标识符、联结词和圆括号表示的合式公式,称为**命题的符号化**。符号化应该注意下列事项:

(1)确定给定句子是否为命题。

(2)句子中连词是否为命题联结词。

(3)要正确地表示原子命题和适当选择命题联结词。

**定义 4.1.13** 设 $A$ 是公式,$P_1,P_2,\cdots,P_n$ 是出现在 $A$ 中的所有原子,指定 $P_1,P_2,\cdots,P_n$ 的一组真值,则这组真值称为 $A$ 的一个解释或**赋值**,记作 $I$。若指定的一组值使 $A$ 的值为真,则称这组值为 $A$ 的成真赋值,若使 $A$ 的值为假,则称这组值为 $A$ 的成假赋值。

**定义 4.1.14** 对于公式中命题变元的每一种可能的真值指派,以及由它们确定出的公式真值所列成的表,称为该公式的**真值表**。

如果 $B$ 是公式 $A$ 中的一部分,且 $B$ 为公式,则称 $B$ 是公式 $A$ 的子公式。

用归纳法不难证明,对于含有 $n$ 个命题变元的公式,有 $2^n$ 个真值指派,即在该公式的真值表中有 $2^n$ 行。为方便构造真值表,特约定如下:

(1)命题变元按字典序排列。

(2)对每组赋值,以二进制数从小到大或从大到小顺序列出。

(3)若公式较复杂,可先列出各子公式的真值(若有括号,则应从里层向外层展开),最后列出所求公式的真值。

## 4.1.3 公式分类与等值公式

### 4.1.3.1 公式分类

**定义 4.1.15** 设 $A$ 为任意公式,则

(1) 对应每一组赋值,公式 $A$ 均相应确定真值为真,称 $A$ 为重言式或永真式。

(2) 对应每一组赋值,公式 $A$ 均相应确定真值为假,称 $A$ 为矛盾式或永假式。

(3) 至少存在一组赋值,公式 $A$ 相应确定真值为真,称 $A$ 为可满足式。

由定义可知,重言式必是可满足式,反之一般不真。

**注意**:重言式的否定是矛盾式,矛盾式的否定是重言式,这样只研究其一就可以了。

2 个重言式的合取式、析取式、条件式和等值式等都仍是重言式。于是,由简单的重言式可构造出复杂的重言式。

由重言式使用公认的规则可以产生许多有用等值式和重言蕴涵式。

判定给定公式是否为永真式、永假式或可满足式的问题,称为给定公式的判定问题。

在命题逻辑中,由于任何一个命题公式的指派数目总是有限的,所以 Ls 的判定问题是可解的。其判定方法有真值表法和公式推演法。

#### 4.1.3.2　等值公式

**定义 4.1.16**　设 $A$ 和 $B$ 是 2 个命题公式,如果 $A$ 和 $B$ 在其任意一组赋值下,其真值都是相同的,则称 $A$ 和 $B$ 是等值的或逻辑相等,记作 $A \Leftrightarrow B$,读作"$A$ 等值 $B$",称 $A \Leftrightarrow B$ 为等值式。

显然,若公式 $A$ 和 $B$ 的真值表是相同的,则 $A$ 和 $B$ 等值。因此,验证 2 个公式是否等值,只需做出它们的真值表即可。

**注意**:$\leftrightarrow$和$\Leftrightarrow$的区别与联系。

区别:$\leftrightarrow$是逻辑联结词,它出现在命题公式中;$\Leftrightarrow$不是逻辑联结词,表示 2 个命题公式的一种关系,不属于这 2 个公式的任何一个公式中的符号。

联系:可用下面定理表明之。

**定理 4.1.1**　$A \Leftrightarrow B$ 当且仅当 $A \leftrightarrow B$ 是永真式。

等值式有下列性质:

(1) 自反性,即对任意公式 $A$,有 $A \Leftrightarrow A$。

(2) 对称性,即对任意公式 $A$ 和 $B$,若 $A \Leftrightarrow B$,则 $B \Leftrightarrow A$。

(3) 传递性,即对任意公式 $A$、$B$ 和 $C$,若 $A \Leftrightarrow B$,$B \Leftrightarrow C$,则 $A \Leftrightarrow C$。

#### 4.1.3.3　基本等值式——命题定律

在判定公式间是否等值,有一些简单而又经常使用的等值式,称为基本等值式或称命题定律。牢固地记住它并能熟练运用,是学好数理逻辑的关键之一。现将这些命题定律列出如下:

(1) 双重否定律:$\neg\neg A \Leftrightarrow A$。

(2) 交换律：$A \wedge B \Leftrightarrow B \wedge A$，$A \vee B \Leftrightarrow B \vee A$，$A \leftrightarrow B \Leftrightarrow B \leftrightarrow A$。

(3) 结合律：$(A \wedge B) \wedge C \Leftrightarrow A \wedge (B \wedge C)$；

$(A \vee B) \vee C \Leftrightarrow A \vee (B \vee C)$；

$(A \leftrightarrow B) \leftrightarrow C \Leftrightarrow A \leftrightarrow (B \leftrightarrow C)$。

(4) 分配律：$A \wedge (B \vee C) \Leftrightarrow (A \wedge B) \vee (A \wedge C)$；

$A \vee (B \wedge C) \Leftrightarrow (A \vee B) \wedge (A \vee C)$。

(5) 德·摩根律：$\neg(A \wedge B) \Leftrightarrow \neg A \vee \neg B$；$\neg(A \vee B) \Leftrightarrow \neg A \wedge \neg B$。

(6) 等幂律：$A \wedge A \Leftrightarrow A$；$A \vee A \Leftrightarrow A$。

(7) 同一律：$A \wedge 1 \Leftrightarrow A$；$A \vee 0 \Leftrightarrow A$。

(8) 零律：$A \wedge 0 \Leftrightarrow 0$；$A \vee 1 \Leftrightarrow 1$。

(9) 吸收律：$A \wedge (A \vee B) \Leftrightarrow A$；$A \vee (A \wedge B) \Leftrightarrow A$。

(10) 互补律：$A \wedge \neg A \Leftrightarrow 0$(矛盾律)；

$A \vee \neg A \Leftrightarrow 1$(排中律)。

(11) 蕴涵等值式：$A \rightarrow B \Leftrightarrow \neg A \vee B$；$A \rightarrow B \Leftrightarrow \neg B \rightarrow \neg A$。

(12) 等价等值式：$A \Leftrightarrow B \Leftrightarrow (A \rightarrow B) \wedge (B \rightarrow A) \Leftrightarrow (A \wedge B) \vee (\neg A \wedge \neg B)$；

$A \leftrightarrow B \Leftrightarrow \neg A \leftrightarrow \neg B$。

(13) 输出律：$(A \wedge B) \rightarrow C \Leftrightarrow A \rightarrow (B \rightarrow C)$。

(14) 归谬律：$(A \rightarrow B) \wedge (A \rightarrow \neg B) \Leftrightarrow \neg A$。

上面这些定律，它们的正确性利用真值表是不难给出证明的。

#### 4.1.3.4 代入规则和替换规则

在定义合式公式时，已看到了逻辑联结词能够从已知公式形成新的公式，从这个意义上可把逻辑联结词看成运算。除逻辑联结词外，还要介绍“代入”和“替换”，它们也有从已知公式得到新的公式的作用，因此有人也将它们看成运算，这不无道理，而且在今后的讨论中，它的作用也是不容忽视的。

**定理 4.1.2** 在一个永真式 $A$ 中，任何一个原子命题变元 $R$ 出现的每一处，用另一个公式代入，所得公式 $B$ 仍是永真式。本定理称为代入规则。

**定理 4.1.3** 设 $A1$ 是合式公式 $A$ 的子公式，若 $A1 \Leftrightarrow B1$，并且将 $A$ 中的 $A1$ 用 $B1$ 替换得到公式 $B$，则 $A \Leftrightarrow B$。称该定理为替换规则。

满足定理 4.1.3 条件的替换，称为等值替换。

代入和替换有两点区别：

①代入是对原子命题变元而言的，而替换可对命题公式实行。

②代入必须是处处代入，替换则可部分替换，亦可全部替换。

**例如**　已知命题公式为 $\neg(P \wedge Q) \vee R$，根据德·摩根律，可用 $\neg P \vee \neg Q$ 替换公式中的 $\neg(P \wedge Q)$，使其变成 $(\neg P \vee \neg Q) \vee R$，则有

$$\neg(P \wedge Q) \vee R \Leftrightarrow (\neg P \vee \neg Q) \vee R。$$

## 4.1.4　对偶式与重言蕴涵式

### 4.1.4.1　对偶式

在 4.1.3 小节介绍的命题定律中，多数是成对出现的，这些成对出现的定律就是对偶性质的反映，即对偶式。利用对偶式的命题定律，可以扩大等值式的个数，也可减少证明的次数。

**定义 4.1.17**　在给定的仅使用联结词 $\neg$、$\wedge$ 和 $\vee$ 的命题公式 $A$ 中，若把 $\wedge$ 和 $\vee$ 互换，0 和 1 互换而得到一个命题公式 $A^*$，则称 $A^*$ 为 $A$ 的对偶式。

显然，$A$ 也是 $A^*$ 的对偶式。可见，$A$ 与 $A^*$ 互为对偶式。

**定理 4.1.4(对偶定理)**　设 $A$ 和 $A^*$ 互为对偶式，$P_1,P_2,\cdots,P_n$ 是出现在 $A$ 和 $A^*$ 中的原子命题变元，则

(1) $\neg A(P_1,P_2,\cdots,P_n) \Leftrightarrow A^*(\neg P_1,\neg P_2,\cdots,\neg P_n)$。

(2) $A(\neg P_1,\neg P_2,\cdots,\neg P_n) \Leftrightarrow \neg A^*(P_1,P_2,\cdots,P_n)$。

(1)表明，公式 A 的否定等价于其命题变元否定的对偶式。

(2)表明，命题变元否定的公式等价于对偶式之否定。例如，

$\neg(P \wedge Q) \Leftrightarrow (\neg P \vee \neg Q)$，$(\neg P \wedge \neg Q) \Leftrightarrow \neg(P \vee Q)$。

**定理 4.1.5**　设 $A$ 和 $B$ 为 2 个命题公式，若 $A \Leftrightarrow B$，则 $A^* \Leftrightarrow B^*$。

有了基本等值式、代入规则、替换规则和对偶定理，便可以得到更多的永真式，证明更多的等值式，使化简命题公式更为方便。

### 4.1.4.2　重言蕴涵式

**定义 4.1.18**　设 $A$ 和 $B$ 是 2 个命题公式，若 $A \to B$ 是永真式，则称 $A$ 推出 $B$，记作 $A \Rightarrow B$，称 $A \Rightarrow B$ 为重言蕴涵式。

**注意**：符号 $\to$ 和 $\Rightarrow$ 的区别与联系类似于 $\leftrightarrow$ 和 $\Leftrightarrow$ 的关系。①区别：$\to$ 是逻辑

联结词,是公式中的符号;而$\Rightarrow$不是联结词,表示2个公式之间的关系,不是公式中符号。②联系:$A\Rightarrow B$成立,其充要条件是$A\rightarrow B$是永真式。

重言蕴涵式有下列性质:

(1) 自反性,即对任意公式$A$,有$A\Rightarrow A$。

(2) 传递性,即对任意公式$A$、$B$和$C$,若$A\Rightarrow B$,$B\Rightarrow C$,则$A\Rightarrow C$。

(3) 对任意公式$A$、$B$和$C$,若$A\Rightarrow B$,$A\Rightarrow C$,则$A\Rightarrow(B\wedge C)$。

(4) 对任意公式$A$、$B$和$C$,若$A\Rightarrow C$,$B\Rightarrow C$,则$A\vee B\Rightarrow C$。

这些性质的正确性,请读者自己验证。

下面给出等值式与重言蕴涵式之间的关系。

**定理 4.1.6** 设$A$和$B$是2个命题公式,$A\Leftrightarrow B$的充要条件是$A\Rightarrow B$且$B\Rightarrow A$。

#### 4.1.4.3 重言蕴涵式证明方法

除真值表外,还有2种证明方法:

(1)前件真导后件真方法。设公式的前件为真,若能推导出后件也为真,则蕴涵式是永真式。因为欲证$A\Rightarrow B$,即证$A\rightarrow B$是永真式。对于$A\rightarrow B$,除在$A$取真和$B$取假时,$A\rightarrow B$为假外,余下$A\rightarrow B$皆为真。所以,若$A\rightarrow B$的前件$A$为真,由此可推出$B$亦为真,则$A\rightarrow B$是永真式,即$A\Rightarrow B$。

(2)后件假导前件假方法。设蕴涵式后件为假,若能推导出前件也为假,则蕴涵式是永真式。因为若$A\rightarrow B$的后件$B$取假,由此可推出$A$取假,即推证了:$\neg B\Rightarrow\neg A$。又因为$A\rightarrow B\Rightarrow\neg B\rightarrow\neg A$,故$A\Rightarrow B$成立。

### 4.1.5 联结词的扩充与功能完全组

#### 4.1.5.1 联结词的扩充

**定义 4.1.19** 设$P$和$Q$是任意2个原子命题。

(1) 由与非联结词$\uparrow$和$P$,$Q$连接成$P\uparrow Q$,称它为$P$和$Q$的与非式复合命题,读作"$P$与非$Q$"。$P\uparrow Q$的真值由命题$P$和$Q$的真值确定:当且仅当$P$和$Q$均为真时,$P\uparrow Q$为假,否则$P\uparrow Q$为真。

(2) 由或非联结词$\downarrow$和$P$,$Q$连接成$P\downarrow Q$,称它为$P$和$Q$的或非式复合

命题，读作“$P$ 或非 $Q$”。$P \downarrow Q$ 的真值由 $P$ 和 $Q$ 的真值确定：当且仅当 $P$ 和 $Q$ 均为假时，$P \downarrow Q$ 为真，否则 $P \downarrow Q$ 为假。

上面 2 个联结词构成的复合命题，其真值表如表 4.1.6 所示：

**表 4.1.6　$P \uparrow Q$ 和 $P \downarrow Q$ 真值表**

| $P$ | $Q$ | $P \uparrow Q$ | $P \downarrow Q$ |
| --- | --- | --- | --- |
| 0 | 0 | 1 | 1 |
| 0 | 1 | 1 | 0 |
| 1 | 0 | 1 | 0 |
| 1 | 1 | 0 | 0 |

由表 4.1.6 可知，①$P \uparrow Q \Leftrightarrow \neg(P \wedge Q)$。

②$P \downarrow Q \Leftrightarrow \neg(P \vee Q)$。

与非、或非在计算机科学中是经常使用的 2 个联结词，令 $P$、$Q$ 是原子命题变元。

与非的性质：

(a)$P \uparrow Q \Leftrightarrow Q \uparrow P$；

(b)$P \uparrow P \Leftrightarrow \neg P$；

(c)$(P \uparrow Q) \uparrow (P \uparrow Q) \Leftrightarrow P \wedge Q$；

(d)$(P \uparrow P) \uparrow (Q \uparrow Q) \Leftrightarrow P \vee Q$。

或非的性质：

(a)$P \downarrow Q \Leftrightarrow Q \downarrow P$；

(b)$P \downarrow P \Leftrightarrow \neg P$；

(c)$(P \downarrow Q) \downarrow (P \downarrow Q) \Leftrightarrow P \vee Q$；

(d)$(P \downarrow P) \downarrow (Q \downarrow Q) \Leftrightarrow P \wedge Q$。

从上述的性质可知，联结词 $\neg$、$\wedge$ 和 $\vee$ 可分别用联结词 $\uparrow$ 或者 $\downarrow$ 取代，读者可以自行验证，$\uparrow$ 和 $\downarrow$ 都不满足结合律。

以上所有性质，用真值表或命题定律都是不难证明的。

#### 4.1.5.2　全功能联结词集

已知有 8 个联结词了，能不能减少联结词的个数呢？若能减少，表明有些联结词的逻辑功能可由其他联结词替代。事实上，也确实如此，因为有下列等值式：

$P \uparrow Q \Leftrightarrow \neg(P \wedge Q)$；

$P \downarrow Q \Leftrightarrow \neg(P \vee Q)$。

可见，扩充的2个联结词$\uparrow$，$\downarrow$能由原有的联结词$\neg$，$\wedge$，$\vee$分别替代之。

又由命题定律：

$P \leftrightarrow Q \Leftrightarrow (\neg P \vee Q) \wedge (\neg Q \vee P)$；

$P \rightarrow Q \Leftrightarrow \neg P \vee Q$。

可知，联结词$\rightarrow$和$\leftrightarrow$也能由联结词$\{\neg, \wedge, \vee\}$取代。那么，究竟最少要用几个联结词？就是说，用最少的几个联结词就能等值表示所有的命题公式。或者说，用最少的几个联结词就能替代所有联结词的功能。这便是所要定义的全功能联结词集。

**定义 4.1.20** 如果$G$满足下列2个条件：① 由$G$中联结词构成的公式能等值表示任意命题公式；②$G$中的任一联结词不能用其余下联结词等值表示，称$G$为全功能联结词集。

可以证明：$\{\neg, \vee\}$，$\{\neg, \wedge\}$，$\{\neg, \rightarrow\}$，$\{\uparrow\}$，$\{\downarrow\}$都是全功能联结词集；而$\{\neg, \leftrightarrow\}$，$\{\neg\}$，$\{\wedge\}$，$\{\vee\}$，$\{\wedge, \vee\}$都不是全功能联结词集，但为了表示方便，仍经常使用联结词组$\{\neg, \wedge, \vee\}$。

## 4.1.6 公式标准型——范式

### 4.1.6.1 简单合取式与简单析取式

**定义 4.1.21** 在一个公式中，仅由命题变元及其否定构成的合取式，称该公式为简单合取式，其中每个命题变元或其否定，称为合取项。

**定义 4.1.22** 在一个公式中，仅由命题变元及其否定构成的析取式，称该公式为简单析取式，其中每个命题变元或其否定，称为析取项。

**例如** 公式$P$，$\neg Q$，$P \wedge Q$和$\neg P \wedge Q \wedge P$等都是简单合取式，其中$P$，$Q$和$\neg P$为相应的简单合取式的合取项；而$\neg(P \wedge Q)$不是简单合取式，又因公式$P$，$\neg Q$，$P \vee Q$，$\neg P \vee Q \vee P$等都是简单析取式，而$P$，$Q$和$\neg P$为相应简单析取式的析取项。

**注意：**一个命题变元或其否定既可以是简单合取式，也可是简单析取式，如 P，¬Q 等。

**定理 4.1.7**　简单合取式为永假式的充要条件是：它同时含有某个命题变元及其否定。

**定理 4.1.8**　简单析取式为永真式的充要条件是：它同时含有某个命题变元及其否定。

### 4.1.6.2　析取范式与合取范式

**定义 4.1.23**　一个命题公式 $A$ 称为析取范式，当且仅当 $A$ 可表为简单合取式的析取。

**定义 4.1.24**　一个命题公式 A 称为合取范式，当且仅当 A 可表为简单析取式的合取。

**定理 4.1.9**　对于任何一命题公式，都存在与其等值的析取范式和合取范式。

**1. 求范式算法**

使用命题定律，消去公式中除 ∧、∨ 和 ¬ 以外公式中出现的所有联结词。

（*）使用 $\neg(\neg P)\Leftrightarrow P$ 和德·摩根律，将公式中出现的联结词 ¬ 都移到命题变元之前。

（* *）利用结合律、分配律等将公式化成析取范式或合取范式。

到（*）为止，就求出了原公式的合取范式；再利用交换律和等幂律可得（* *），可见（*）、（* *）都是原式的合取范式，这说明与某个命题公式等值的合取范式是不唯一的。

**2. 求析取范式**

由于求析取范式和求合取范式的前两个步骤是一样的，再在式（ * ）中利用 ∧ 对 ∨ 的分配律可得析取范式，即有

$$
\begin{aligned}
&((P \vee Q) \rightarrow R) \rightarrow P \\
&\Leftrightarrow ((P \vee Q) \wedge \neg R) \vee P \\
&\Leftrightarrow (P \wedge \neg R) \vee (Q \wedge \neg R) \vee P \qquad (\#) \\
&\Leftrightarrow P \vee (Q \wedge \neg R), \qquad (\#\#)
\end{aligned}
$$

同样，(#) 为原公式的析取范式，利用交换律和吸收律 $P \vee (P \wedge \neg R) \Leftrightarrow P$，得到的(##) 式也是原公式的析取范式。由此可见，与原命题公式等值的析取范式也不唯一。

由于与某一命题公式等值的析取范式和合取范式不唯一，因此析取范式和合取范式不能作为同一类等值的命题公式的标准形式。所以，引入主析取范式和主合取范式的概念。

#### 4.1.6.3 范式的应用

利用析取范式和合取范式可对公式进行判定。

**定理 4.1.10** 公式 $A$ 为永假式的充要条件是 $A$ 的析取范式中每个简单合取式至少包含一个命题变元及其否定。

**定理 4.1.11** 公式 A 为永真式的充要条件是 A 的合取范式中每个简单析取式至少包含一个命题变元及其否定。

### 4.1.7 公式的主析取范式和主合取范式

范式基本解决了公式的判定问题。但由于范式的不唯一性，对识别公式间是否等值带来一定困难，而公式的主范式解决了这个问题。下面将分别讨论主析取范式和主合取范式。

#### 4.1.7.1 主析取范式

**1. 极小项的概念和性质**

**定义 4.1.25** 在含有 $n$ 个命题变元的简单合取式中，若每个命题变元与其否定不同时存在，而二者之一出现一次且仅出现一次，则称该简单合取式为极小项。

**例如** 2个命题变元 $P$ 和 $Q$，其构成的极小项有 $P \wedge Q$，$P \wedge \neg Q$，$\neg P \wedge Q$ 和 $\neg P \wedge \neg Q$；而3个命题变元 $P$，$Q$ 和 $R$，其构成的极小项有 $P \wedge Q \wedge R$，$P \wedge Q \wedge \neg R$，$P \wedge \neg Q \wedge R$，$P \wedge \neg Q \wedge \neg R$，$\neg P \wedge Q \wedge R$，$\neg P \wedge Q \wedge \neg R$，$\neg P \wedge \neg Q \wedge R$，$\neg P \wedge \neg Q \wedge \neg R$。以此类推，$n$ 个命题变元共形成 $2^n$ 个极小项。

如果将命题变元按字典序排列，并且把命题变元与 1 对应，命题变元的否定与 0 对应，则可对 $2^n$ 个极小项依二进制数编码，记为 $m_i$，其下标 $i$ 是由二进制数转化的十进制数。用这种编码所求得 $2^n$ 个极小项的真值表，可明显地反映出极小项的性质。

表4.1.7给出了2个命题变元 $P$ 和 $Q$ 的极小项真值表。请读者自己给出3个命题变元 $P$,$Q$ 和 $R$ 的极小项真值表。

**表 4.1.7　2 个命题变元的极小项真值表**

| $m_i$ | | $m_0$(或 $m_{00}$) | $m_1$(或 $m_{01}$) | $m_2$(或 $m_{10}$) | $m_3$(或 $m_{11}$) |
|---|---|---|---|---|---|
| $P$ | $Q$ | $\neg P \wedge \neg Q$ | $\neg P \wedge Q$ | $P \wedge \neg Q$ | $P \wedge Q$ |
| 0 | 0 | 1 | 0 | 0 | 0 |
| 0 | 1 | 0 | 1 | 0 | 0 |
| 1 | 0 | 0 | 0 | 1 | 0 |
| 1 | 1 | 0 | 0 | 0 | 1 |

从表4.1.7可看出,极小项有如下性质:

(1)没有2个极小项是等值的,即是说各极小项的真值表都是不同的。

(2)任意2个不同的极小项的合取式是永假的:$m_i \wedge m_j \Leftrightarrow F, i \neq j$。

(3)所有极小项之析取为永真式:$m_i \Leftrightarrow T$。

(4)每个极小项只有一个解释为真,且其真值1位于主对角线上。

**2. 主析取范式定义与存在定理**

**定义 4.1.26**　在给定公式的析取范式中,若其简单合取式都是极小项,则称该范式为主析取范式。

**定理 4.1.12**　任意含 $n$ 个命题变元的非永假命题公式 $A$ 都存在与其等值的主析取范式。

**3. 主析取范式的求法**

主析取范式求法有2种:真值表法和公式化归法。

公式化归法如下:

(1)把给定公式化成析取范式。

(2)删除析取范式中所有为永假的简单合取式。

(3)用等幂律化简简单合取式中同一命题变元的重复出现为一次出现,如 $P \wedge P \Leftrightarrow P$。

(4)用同一律补进简单合取式中未出现的所有命题变元,如 $Q$,则 $P \Leftrightarrow P \wedge (\neg Q \vee Q)$,并用分配律展开之,将相同的简单合取式的多次出现化为一次出现,这样得到了给定公式的主析取范式。

**4. 主析取范式的唯一性**

**定理 4.1.13** 任意含 $n$ 个命题变元的非永假命题公式，其主析取范式是唯一的。

### 4.1.7.2 主合取范式

**1. 极大项的概念和性质**

**定义 4.1.27** 在 $n$ 个命题变元的简单析取式中，若每个命题变元与其否定不同时存在，而二者之一必出现一次且仅出现一次，则称该简单析取式为极大项。

**例如** 由 2 个命题变元 $P$ 和 $Q$ 构成的极大项有 $P \vee Q$，$P \vee \neg Q$，$\neg P \vee Q$，$\neg P \vee \neg Q$；3 个命题变元 $P$，$Q$ 和 $R$，构成 $P \vee Q \vee R$，$P \vee Q \vee \neg R$，$P \vee \neg Q \vee R$，$P \vee \neg Q \vee \neg R$，$\neg P \vee Q \vee R$，$\neg P \vee Q \vee \neg R$，$\neg P \vee \neg Q \vee R$，$\neg P \vee \neg Q \vee \neg R$ 8 个极大项。同样，$n$ 个命题变元共有 $2^n$ 个极大项。

如果将 $n$ 个命题变元排序，并且把命题变元与 0 对应，命题变元的否定与 1 对应，则可对 $2^n$ 个极大项按二进制数编码，记为 $M_i$，其下标 $i$ 是由二进制数化成的十进制数。用这种编码所求的 $2^n$ 个极大项的真值表，能直接反映出极大项的性质。

表 4.1.8 给出了 2 个命题变元 $P$ 和 $Q$ 构成的所有极大项的真值表。

**表 4.1.8 2 个命题变元构成的极大项真值表**

| $M_i$ | | $M_0$（或 $M_{00}$） | $M_1$（或 $M_{01}$） | $M_2$（或 $M_{10}$） | $M_3$（或 $M_{00}$） |
|---|---|---|---|---|---|
| $P$ | $Q$ | $P \vee Q$ | $P \vee \neg Q$ | $\neg P \vee Q$ | $\neg P \vee \neg Q$ |
| 0 | 0 | 0 | 1 | 1 | 1 |
| 0 | 1 | 1 | 0 | 1 | 1 |
| 1 | 0 | 1 | 1 | 0 | 1 |
| 1 | 1 | 1 | 1 | 1 | 0 |

类似可给出 3 个命题变元 $P$，$Q$ 和 $R$ 的所有极大项的真值表，留给读者来完成。

从表 4.1.8 可看出极大项的性质：

（1）没有 2 个极大项是等值的。

(2)任何 2 个不同极大项之析取是永真的，即 $M_i \vee M_j \Leftrightarrow T, i \neq j$。

(3) 所有极大项之合取为永假，即 $M_i \Leftrightarrow F$。

(4)每个极大项只有一个解释为假，且其真值 0 位于主对角线上。

**2. 主合取范式的定义与其存在定理**

**定义 4.1.28**　在给定公式的合取范式中，若其所有简单析取式都是极大项，称该范式为主合取范式。

**定理 4.1.14**　任意含有 $n$ 个命题变元的非永真命题公式 $A$，都存在与其等值的主合取范式。

**定理 4.1.15**　任意含 $n$ 个命题变元的非永真命题公式 $A$，其主合取范式是唯一的。

**3. 主析取范式与主合取范式之间的关系**

由于主范式是由极小项或极大项构成，从极小项和极大项的定义，可知两者有下列关系：

$$\neg m_i \Leftrightarrow M_i, \qquad \neg M_i \Leftrightarrow m_i,$$

因此，主析取范式和主合取范式有着“互补”关系，即是由给定公式的主析取范式可以求出其主合取范式。

设命题公式 $A$ 中含有 $n$ 个命题变元，且 $A$ 的主析取范式中含有 $k$ 个小项 $m_{i_1}, m_{i_2}, \cdots, m_{i_k}$，则 $\neg A$ 的主析取范式中必含有 $2^n - k$ 个极小项，不妨设为 $m_{j_1}, m_{j_2}, \cdots, m_{j_{2^n-k}}$，即

$$\neg A \Leftrightarrow m_{j_1} \vee m_{j_2} \vee \cdots \vee m_{j_{2^n-k}}。$$

于是

$$\begin{aligned} A &\Leftrightarrow \neg\neg A \Leftrightarrow \neg(m_{j_1} \vee m_{j_2} \vee \cdots \vee m_{j_{2^n-k}}) \\ &\Leftrightarrow \neg m_{j_1} \wedge \neg m_{j_2} \wedge \cdots \wedge \neg m_{j_{2^n-k}} \\ &\Leftrightarrow M_{j_1} \wedge M_{j_2} \wedge \cdots \wedge M_{j_{2^n-k}}, \end{aligned}$$

由此可知，从 $A$ 的主析取范式求其主合取范式的步骤为：

① 求出 $A$ 的主析取范式中没有包含的极小项，即求出 $\neg A$ 的主析取范式。

② 求出与 ① 中极小项的下标相同的极大项。

③ 做 ② 中极大项之合取，即为 $A$ 的主合取范式。

**例如**　$(P \to Q) \wedge Q \Leftrightarrow m_1 \vee m_3$，则$(P \to Q) \wedge Q \Leftrightarrow M_0 \wedge M_2$。

只要熟练地掌握求主析取范式的方法,就可以既求主析取范式,又求主合取范式了。

**4. 主范式的应用**

利用主范式可以判定命题公式的类型或者证明等值式成立。

(1)判定命题公式的类型。根据主范式的定义和定理,也可以判定含 $n$ 个命题变元的公式的类型,其关键是先求出给定公式的主范式 $A$;其次按下列条件判定之:

① 若 $A \Leftrightarrow 1$,或 $A$ 可化为与其等值的含 $2^n$ 个极小项的主析取范式,则 $A$ 为永真式。

② 若 $A \Leftrightarrow 0$,或 $A$ 可化为与其等值的含 $2^n$ 个极大项的主合取范式,则 $A$ 为永假式。

③ 若 $A$ 不与 1 或者 0 等值,且又不含 $2^n$ 个极小项或者极大项,则 $A$ 为可满足的。

(2)判断两命题公式是否等值。由于任一公式的主范式是唯一的,所以将给定的公式求出其主范式,若主范式相同,则给定两公式是等值的。

## 4.1.8 命题逻辑的推理理论

推理也称论证,它是指由已知命题得到新的命题的思维过程,其中已知命题称为推理的前提或假设,推得的新命题称为推理的结论。

在逻辑学中,把从前提(又叫公理或假设)出发,依据公认的推理规则,推导出一个结论,这一过程称为有效推理或形式证明。所得结论叫作有效结论,这里最关心的不是结论的真实性而是推理的有效性。前提的实际真值不作为确定推理有效性的依据。但是,如果前提全是真,则有效结论也应该真而绝非假。

在数理逻辑中,集中注意的是研究和提供用来从前提导出结论的推理规则和论证原理,与这些规则有关的理论称为推理理论。

**注意:**必须把推理的有效性和结论的真实性区别开。有效的推理不一定产生真实的结论,产生真实结论的推理过程未必一定是有效的。另一方面,有效的推理中可能包含假的前提;而无效的推理却可能包含真的前提。

可见，推理的有效性是一回事，前提与结论的真实与否是另一回事。所谓推理有效，指它的结论是它的前提的合乎逻辑的结果，也即如果它的前提都为真，那么所得结论也必然为真，而并不是要求前提或结论一定为真或为假。如果推理是有效的话，那么不可能它的前提都为真时而它的结论为假。

#### 4.1.8.1　推理的基本概念和推理形式

在数理逻辑中，前提 $H$ 是一个或者 $n$ 个命题公式 $H_1, H_2, \cdots, H_n$；结论是一个命题公式 $C$。由前提到结论的推理形式可表为 $H_1, H_2, \cdots, H_n \Rightarrow C$，其中符号 $\Rightarrow$ 表示推出。可见，推理形式是命题公式的一个有限序列，它的最后一个公式是结论，余下的为前提或假设。

**定义 4.1.29**　如果命题公式 $(H_1 \wedge H_2 \wedge \cdots \wedge H_n) \to C$ 是永真式，则称从前提 $H_1, H_2, \cdots, H_n$ 推出结论 $C$ 的推理正确，称 $C$ 是 $H_1, H_2, \cdots, H_n$ 的有效结论，亦即推理形式 $H_1, H_2, \cdots, H_n \Rightarrow C$ 是有效的，也记为 $(H_1 \wedge H_2 \wedge \cdots \wedge H_n) \Rightarrow C$。

#### 4.1.8.2　推理规则

在数理逻辑中，从前提推导出结论，要依据事先提供的公认的推理规则，它们是：

①P 规则（也称前提引入规则）：在推导过程中，前提可视需要引入使用。

②T 规则（也称结论引入规则）：在推导过程中，前面已导出的有效结论都可作为后续推导的前提引入。

此外，在从前提推出的结论为条件式时，还需要下面规则：

③CP 规则：若推出有效结论为蕴涵式 $R \to C$ 时，只需将其前件 $R$ 加入到前提中作为附加前提且再去推出后件 $C$ 即可。

CP 规则的正确性可由下面定理得到保证：

**定理 4.1.16**　若 $H_1, H_2, \cdots, H_n, R \Rightarrow C$，则 $H_1, H_2, \cdots, H_n \Rightarrow R \to C$。

**证明：**

$$(H_1 \wedge H_2 \wedge \cdots \wedge H_n \wedge R) \to C \qquad (*)$$

$$\Leftrightarrow \neg(H_1 \wedge H_2 \wedge \cdots \wedge H_n \wedge R) \vee C$$

$$\Leftrightarrow \neg(H_1 \wedge H_2 \wedge \cdots \wedge H_n) \vee \neg R \vee C$$

$$\Leftrightarrow \neg(H_1 \wedge H_2 \wedge \cdots \wedge H_n) \vee (R \to C)$$

$$\Leftrightarrow (H_1 \wedge H_2 \wedge \cdots \wedge H_n) \to (R \to C)。 \qquad (**)$$

可知,式(*)和式(**)是等值式,如果能证明式(*)是永真式,则式(**)也为永真式。

#### 4.1.8.3 推理定律

在推理过程中,除使用推理规则后,还需要使用许多条推理定律,这些定律可由以前讲过的命题定律、重言蕴涵式得到。下面只给出了由重言蕴涵式得出的推理定律,它们是:

(1) 化简规则:$P, Q \Rightarrow P$。

(2) 附加规则:$P \Rightarrow P \vee Q$。

(3) 假言推理规则:$P, (P \rightarrow Q) \Rightarrow Q$。

(4) 拒取式规则:$\neg Q, (P \rightarrow Q) \Rightarrow \neg P$。

(5) 析取三段论规则:$\neg P, (P \vee Q) \Rightarrow Q$。

(6) 假言三段论规则:$(P \rightarrow Q), (Q \rightarrow R) \Rightarrow P \rightarrow R$。

(7) 构造性二难规则:$(P \rightarrow Q), (R \rightarrow S), (P \vee R) \Rightarrow Q \vee S$。

(8) 合取引入规则:$P, Q \Rightarrow P \wedge Q$。

(9) 等价三段论:$P \leftrightarrow Q, Q \leftrightarrow S \Rightarrow P \leftrightarrow S$。

此外,每个命题定律也可应得出 2 个推理定律,这些请读者补全。

由于推理定律是确定有效结论的不可缺少的重要根据,因此要牢记并熟练运用它们。

#### 4.1.8.4 判断有效结论的常用方法

判断有效结论的常用方法有真值表法、演绎法和反证法。下面分别讨论之。

**1. 真值表法**

根据给定前提 $H_1, H_2, \cdots, H_n$ 和结论 $C$,构造条件式 $(H_1 \wedge H_2 \wedge \cdots \wedge H_n) \rightarrow C$ 的真值表,若它为永真式,则结论 $C$ 是有效的。

为了简便,根据条件式 $D$:$(H_1 \wedge H_2 \wedge \cdots \wedge H_n) \rightarrow C$ 的真值定义,只需列出待证命题公式 $D$ 的前件和后件的真值表,就可判断结论 $C$ 的有效性。方法有二:① 在真值表中,先找出前提 $H_1, H_2, \cdots, H_n$ 的真值均为真的行,若相应行中结论 $C$ 的真值也都为真,则 $D$ 为真,即 $C$ 为有效结论。② 在真值表中,先找出结论 $C$ 的真值为假的所有行,若这些行中,前提 $H_1, H_2, \cdots, H_n$ 的真值都至少有一个为假，则 $D$ 为真，即 $C$ 为有效结论。

**2. 演绎法**

列出待证推理形式中前提和结论的真值表，原则上可以解决推理的有效性问题。但当出现在公式中的命题变元数目很大时，真值表法又显得不实用，而使用演绎法却能比较好地解决这个问题。

**定义 4.1.30**　从前提 $H$ 推出结论 $C$ 的一个演绎是构造命题公式的一个有限序列：$A_1, A_2, \cdots, A_n$。其中，$A_1$ 是前提 $H$ 中的某个前提 $H_i$；$A_i(i \geqslant 2)$ 或者是 $H$ 中某个前提 $H_i$，或者是某些 $A_j(j < i)$ 的有效结论，并且 $A_n$ 就是 $C$，则称公式 $C$ 为该演绎的有效结论，或者称从 $H$ 演绎出 $C$。

通过下面例子来说明演绎具体是如何进行。

演绎法的具体操作可用 3 列若干行构成的一张表来表示。第 1 列是圆括号序列，圆括号中数字是对推导行按增序列统一编号；第 2 列是推导行即命题公式序列，表明是前提或从部分前提推出的中间逻辑结论或最终所求的有效结论；第 3 列是注释行序列，表示所引用推理规则和该推导行是由哪些公式和运用怎样推理定律得来的。

**3. 反证法**

把结论的否定作为附加前提，与给定前提一起推证，若能引出矛盾，则说明结论是有效的。

**定义 4.1.31**　设 $H_1, H_2, \cdots, H_n$ 为公式，如果有 $H_1 \wedge H_2 \wedge \cdots \wedge H_n$ 是可满足式，则称公式 $H_1, H_2, \cdots, H_n$ 是相容的；如果 $H_1 \wedge H_2 \wedge \cdots \wedge H_n$ 是永假式，则称为 $H_1, H_2, \cdots, H_n$ 是不相容的。由于 $H_1 \wedge H_2 \wedge \cdots \wedge H_n \rightarrow C \Leftrightarrow \neg(H_1 \wedge H_2 \wedge \cdots \wedge H_n) \vee C \Leftrightarrow \neg(H_1 \wedge H_2 \wedge \cdots \wedge H_n \wedge \neg C)$，因而，若$(H_1 \wedge H_2 \wedge \cdots \wedge H_n \wedge \neg C)$是永假式，即 $H_1, H_2, \cdots, H_n, \neg C$ 是不相容的，则有 $H_1 \wedge H_2 \wedge \cdots \wedge H_n \rightarrow C$ 是永真式，也就是说，公式 $C$ 是 $H_1, H_2, \cdots, H_n$ 的有效结论。

### 4.1.9　例题解析

**例 4.1.1**　将下列陈述句翻译成命题公式

(1)将语句“他是学生。”翻译成命题公式。

［解析］ 依据命题必须具备的2个条件，可设$P$：他是学生。则该语句翻译成命题公式为：$P$。

(2)将语句“今天没有人来。”翻译成命题公式。

［解析］ 依据命题必须具备的2个条件以及否定联结词“ $\neg$”的定义，可设$P$：今天有人来，则语句“今天没有人来。”翻译成命题公式为 $\neg P$。

(3)将语句“如果所有人今天都去参加活动，则明天的会议取消。”翻译成命题公式。

［解析］ 在该语句中出现表示逻辑关系的连词“如果……，则……”，这样我们就很容易联想到条件联结词“$\rightarrow$”在语句中表示“如果……，则……”，但要注意的是，似乎$P \rightarrow Q$是“因果关系”，但是不一定总有因果关系，只要$P$，$Q$是命题，那么$P \rightarrow Q$就是命题(即有真值)，不管$P$，$Q$是否有无因果关系。因此，设$P$：所有人今天都去参加活动，$Q$：明天的会议取消，于是该语句可翻译成命题公式为：$P \rightarrow Q$。

(4)将语句“我去旅游，仅当我有时间。”翻译成命题公式。

［解析］ $P \rightarrow Q$表示的基本逻辑关系是，$Q$是$P$的必要条件，$P$是$Q$的充分条件，因此复合命题“只要$P$，就$Q$”“$P$仅当$Q$”“只有$Q$才$P$”等都可以符号化为$P \rightarrow Q$的形式。因此可设$P$：我去旅游，$Q$：我有时间，则语句“我去旅游，仅当我有时间。”翻译成命题公式为：$P \rightarrow Q$。

(5)将语句“小王去旅游，小李也去旅游。”翻译成命题公式。

［解析］ 合取联结词“$\wedge$”在语句中相当于“并且”“不但……而且……”“既……又……”。但要注意“$\wedge$”与“并且”等是有区别的，“并且”等要考虑语义，而“合取”只考虑命题之间的关系以及复合命题的取值情况，不考虑语义。因此，可设$P$：小王去旅游，$Q$：小李去旅游，则语句“小王去旅游，小李也去旅游。”翻译成命题公式为：$P \wedge Q$。

**例 4.1.2** 命题公式$P \rightarrow (Q \vee P)$的真值是________。

［解析］ 依次利用蕴涵等价式、结合律和零律，可将该命题公式化为：

$$P \rightarrow (Q \vee P) \Leftrightarrow \neg P \vee Q \vee P \Leftrightarrow \neg P \vee P \vee Q \Leftrightarrow 1 \vee Q \Leftrightarrow 1,$$

因此，该公式的真值是1。

**例 4.1.3** 命题公式$P \rightarrow (Q \vee P) \vee R$的真值是________。

［解析］ 该命题公式的真值为1。

依据蕴涵等价式、结合律和零律，可将该命题公式化为：

$$P \rightarrow (Q \vee P) \vee R \Leftrightarrow \neg P \vee (Q \vee P) \vee R \Leftrightarrow$$
$$\neg P \vee P \vee Q \vee R \Leftrightarrow 1 \vee Q \vee R \Leftrightarrow 1。$$

**例 4.1.4**　判断下列命题公式类型

(1)判断说明题(判断下列各题正误,并说明理由)

$\neg P \wedge (P \rightarrow \neg Q) \vee P$ 为永真式。

[解析]　正确。

因为联结词运算的优先次序为：$\neg, \wedge, \vee, \rightarrow, \leftrightarrow$,再利用等价公式中的蕴涵等价式、吸收律和否定律,对给定公式进行等值推导如下：

$\neg P \wedge (P \rightarrow \neg Q) \vee P \Leftrightarrow \neg P \wedge (\neg P \vee \neg Q) \vee P \Leftrightarrow \neg P \vee P \Leftrightarrow 1$,因此,该公式是永真式。

以上是利用等值演算法判断公式的类型,也可利用表 4.1.9 所示的真值表法。

**表 4.1.9　例 4.1.4(1)真值表**

| $P$ | $Q$ | $\neg P$ | $\neg Q$ | $P \rightarrow \neg Q$ | $\neg P \wedge (P \rightarrow \neg Q)$ | $\neg P \wedge (P \rightarrow \neg Q) \vee P$ |
|---|---|---|---|---|---|---|
| 1 | 1 | 0 | 0 | 0 | 0 | 1 |
| 1 | 0 | 0 | 1 | 1 | 0 | 1 |
| 0 | 1 | 1 | 0 | 1 | 1 | 1 |
| 0 | 0 | 1 | 1 | 1 | 1 | 1 |

由真值表可见该公式在任意真值指派下的真值都是 1,因此该公式是永真式。

(2)下列公式(　　)为重言式。

A. $\neg P \wedge \neg Q \leftrightarrow P \vee Q$

B. $(Q \rightarrow (P \vee Q)) \leftrightarrow (\neg Q \wedge (P \vee Q))$

C. $(P \rightarrow (\neg Q \rightarrow P)) \leftrightarrow (\neg P \rightarrow (P \rightarrow Q))$

D. $(\neg P \vee (P \wedge Q)) \leftrightarrow Q$

[解析]　C。

选 A,错误。

因为利用蕴涵等价式,可将 $\neg P \wedge \neg Q$ 化为 $\neg(P \vee Q)$,即 $\neg P \wedge \neg Q \Leftrightarrow \neg(P \vee Q)$,依据等价联结词的定义可知 $\neg(P \vee Q) \leftrightarrow P \vee Q$ 为矛盾式。

选 B,错误。

因为利用蕴涵等价式、分配律和结合律，可将$(Q\rightarrow(P\vee Q))$化为

$(Q\rightarrow(P\vee Q))\Leftrightarrow(\neg Q\vee(P\vee Q))\Leftrightarrow((\neg Q\vee Q)\vee P)\Leftrightarrow(1\vee P)\Leftrightarrow 1$，

而用分配律和否定律得

$(\neg Q\wedge(P\vee Q))\Leftrightarrow((\neg Q\wedge P)\vee(\neg Q\wedge Q))\Leftrightarrow((\neg Q\wedge P)\vee 0)\Leftrightarrow(\neg Q\wedge P)$，

依据等价联结词的定义可知$1\leftrightarrow(\neg Q\wedge P)$为可满足式。

选C，正确。

因为利用蕴涵等价式可将$(P\rightarrow(\neg Q\rightarrow P))\leftrightarrow(\neg P\rightarrow(P\rightarrow Q))$化为$(\neg P\vee(Q\vee P))\leftrightarrow(P\vee(\neg P\vee Q))$，再利用结合律得$(\neg P\vee(Q\vee P))\leftrightarrow(\neg P\vee(Q\vee P))$。再依据等价联结词的定义可知该式为重言式。

选D，错误。

因为利用分配律可将$(\neg P\vee(P\wedge Q))$化为

$(\neg P\vee(P\wedge Q))\Leftrightarrow((\neg P\vee P)\wedge(\neg P\vee Q))\Leftrightarrow(1\wedge(\neg P\vee Q))\Leftrightarrow(\neg P\vee Q)$，

依据等价联结词的定义可知$(\neg P\vee Q)\leftrightarrow Q$为可满足式。

**例 4.1.5** 命题公式$(P\vee Q)\rightarrow Q$为(　　)。

A. 矛盾式　　　　B. 可满足式

C. 重言式　　　　D. 合取范式

**[解析]** B。

因为利用蕴涵等价式可将$(P\vee Q)\rightarrow Q$化为$\neg(P\vee Q)\vee Q$，利用德·摩根律得$(\neg P\wedge\neg Q)\vee Q$，利用分配律得$(\neg P\vee Q)\wedge(\neg Q\vee Q)$，利用否定律得$(\neg P\vee Q)\wedge 1$，再利用同一律得$\neg P\vee Q$，因此该命题公式为可满足式。

**例 4.1.6** 判断命题公式$\neg(Q\rightarrow P)\wedge P$的类型(重言式、矛盾式或可满足式)，说明理由。

**[解析]**

$$\begin{aligned}\neg(Q\rightarrow P)\wedge P&\Leftrightarrow\neg(\neg Q\vee P)\wedge P\Leftrightarrow(Q\wedge\neg P)\wedge P\\&\Leftrightarrow Q\wedge\neg P\wedge P\Leftrightarrow Q\wedge(\neg P\wedge P)\\&\Leftrightarrow Q\wedge 0\Leftrightarrow 0。\end{aligned}$$

所以，$\neg(Q\rightarrow P)\wedge P$是矛盾式。

**例 4.1.7** 证明：命题公式$((P\rightarrow Q)\wedge(Q\rightarrow P))\rightarrow((P\wedge\neg Q)\vee(\neg P\wedge Q))$是永真式。

**证明：**$((P\rightarrow Q)\wedge(Q\rightarrow P))\rightarrow((P\wedge\neg Q)\vee(\neg P\wedge Q))$

$\Leftrightarrow((\neg P\vee Q)\wedge(\neg Q\vee P))\rightarrow((\neg P\vee\neg Q)\wedge(P\vee Q))$

$\Leftrightarrow((P\vee Q)\wedge(\neg Q\vee\neg P))\rightarrow((\neg P\vee\neg Q)\wedge(P\vee Q))\Leftrightarrow 1$。

**例 4.1.8** 判断成立的等价公式。

(1)下列等价公式成立的为( )。

A. $\neg P \wedge \neg Q \Leftrightarrow P \vee Q$

B. $P \rightarrow (\neg Q \rightarrow P) \Leftrightarrow P \rightarrow (P \rightarrow Q)$

C. $Q \rightarrow (P \vee Q) \Leftrightarrow \neg Q \wedge (P \vee Q)$

D. $\neg P \vee (P \wedge Q) \Leftrightarrow Q$

**[解析]** B。

选 A,错误。

因为依据德·摩根律,$\neg P \wedge \neg Q \Leftrightarrow (P \vee Q)$,所以 $\neg P \wedge \neg Q$ 与 $P \vee Q$ 不等价。

选 B,正确。

因为依次利用蕴涵等价式、分配律和蕴涵等价式可得:

$$P \rightarrow (\neg Q \rightarrow P) \Leftrightarrow P \rightarrow (Q \vee P) \Leftrightarrow \neg P \vee (Q \vee P)$$
$$\Leftrightarrow P \vee (\neg P \vee Q) \Leftrightarrow P \vee (P \rightarrow Q) \Leftrightarrow \neg P \rightarrow (P \rightarrow Q)。$$

选 C,错误。

因为依次利用蕴涵等价式、结合律、否定律和零律可得,

$$Q \rightarrow (P \vee Q) \Leftrightarrow \neg Q \vee (P \vee Q) \Leftrightarrow 1,$$

而

$$\neg Q \wedge (P \vee Q) \Leftrightarrow (\neg Q \wedge P) \vee (\neg Q \wedge Q) \Leftrightarrow (\neg Q \wedge P) \vee 0 \Leftrightarrow (\neg Q \vee P),$$

其真值不等于 1。

选 D,错误。

因为依次利用分配律、否定律和同一律可得,

$$\neg P \vee (P \wedge Q) \Leftrightarrow (\neg P \vee P) \wedge (\neg P \vee Q) \Leftrightarrow 1 \wedge (\neg P \vee Q) \Leftrightarrow (\neg P \vee Q),$$

显然与 $Q$ 不等价。

(2)下列公式成立的为( )。

A. $\neg P \wedge \neg Q \Leftrightarrow P \vee Q$  B. $P \rightarrow \neg Q \Leftrightarrow \neg P \rightarrow Q$

C. $Q \rightarrow P \Rightarrow P$  D. $\neg P \wedge (P \vee Q) \Rightarrow Q$

**[解析]** D。

选 A,错误。

因为依据德·摩根律,$\neg P \wedge \neg Q \Leftrightarrow \neg (P \vee Q)$,显然与 $P \vee Q$ 不等价。

选 B,错误。

因为利用蕴涵等价式可得，$P\rightarrow \neg Q\Leftrightarrow \neg P\vee \neg Q$。同理，$\neg P\rightarrow Q\Leftrightarrow P\vee Q$，显然 $\neg P\vee \neg Q$ 与 $P\vee Q$ 不等价。

选 C，错误。

因为 $Q\rightarrow P\Rightarrow P$ 是一个蕴涵式，依据蕴涵的定义，该蕴涵式成立只需证明 $(Q\rightarrow P)\rightarrow P$ 为重言式即可。依次利用蕴涵等价式、分配律、否定律和同一律，

$$(Q\rightarrow P)\rightarrow P\Leftrightarrow(\neg Q\vee P)\rightarrow P\Leftrightarrow \neg(\neg Q\vee P)\vee P\Leftrightarrow (Q\wedge \neg P)\vee P$$

$$\Leftrightarrow(Q\vee P)\wedge(\neg P\vee P)\Leftrightarrow(Q\wedge P)\wedge 1\Leftrightarrow(Q\vee P),$$

显然结果不是重言式，因此 $Q\rightarrow P\Rightarrow P$ 不成立。

选 D，正确。

也可以利用直接证法来证明该蕴涵式，思路是：证明 $\neg P\wedge(P\vee Q)$ 为真时，$Q$ 一定为真。

假定 $\neg P\wedge(P\vee Q)$ 为 T，则 $\neg P$ 为 T，且 $P\vee Q$ 为 T，由 $P$ 为 F，$P\vee Q$ 为 T，知 $Q$ 为 T。则 $\neg P\wedge(P\vee Q)\Rightarrow Q$ 成立。

**例 4.1.9** 下列命题公式等值的是（　　）。

A. $\neg P\wedge \neg Q, P\vee Q$

B. $A\rightarrow(A\rightarrow B), \neg A\rightarrow(A\rightarrow B)$

C. $Q\rightarrow(P\vee Q), \neg Q\vee P\vee Q$

D. $\neg A\vee(A\wedge B), B$

**[解析]** C。

因为利用蕴涵等价式可得

$$Q\rightarrow(P\vee Q)\Leftrightarrow \neg Q\vee(P\vee Q)\Leftrightarrow \neg Q\vee P\vee Q。$$

**例 4.1.10** 化简命题公式 $((P\rightarrow \neg P)\rightarrow Q)\rightarrow((\neg P\rightarrow P)\rightarrow R)$。

**[解析]** $\neg P\vee R$。

因为 $((P\rightarrow \neg P)\rightarrow Q)\rightarrow((\neg P\rightarrow P)\rightarrow R)$

$$\Leftrightarrow((\neg P\vee \neg P)\rightarrow Q)\rightarrow((P\vee P)\rightarrow R)$$

$$\Leftrightarrow(\neg P\rightarrow Q)\rightarrow(P\rightarrow R)$$

$$\Leftrightarrow(P\vee Q)\rightarrow(\neg P\vee R)$$

$$\Leftrightarrow \neg(P\vee Q)\vee(\neg P\vee R)$$

$$\Leftrightarrow(\neg P\wedge \neg Q)\vee(\neg P\vee R)$$

$\Leftrightarrow((\neg P \wedge \neg Q) \vee \neg P) \vee R$

$\Leftrightarrow \neg P \vee R$。

**例 4.1.11**　证明：命题公式$(P \to (Q \vee \neg R)) \wedge \neg P \wedge Q$与$\neg(P \vee \neg Q)$等值。

**证明：**$(P \to (Q \vee \neg R)) \wedge \neg P \wedge Q \Leftrightarrow (\neg P \vee (Q \vee \neg R)) \wedge \neg P \wedge Q$

$\Leftrightarrow(\neg P \wedge \neg P \wedge Q) \vee (Q \wedge \neg P \wedge Q) \vee (\neg R \wedge \neg P \wedge Q)$

$\Leftrightarrow(\neg P \wedge Q) \vee (\neg P \wedge Q) \vee (\neg P \wedge Q \wedge \neg R)$

$\Leftrightarrow \neg P \wedge Q$

$\Leftrightarrow \neg(P \vee \neg Q)$。

**例 4.1.12**　求范式和主范式。

(1)求 $P \to Q \vee R$ 的析取范式、合取范式、主析取范式、主合取范式。

**[解析]**　依据求析取(合取)范式的步骤可得，

$P \to (R \vee Q) \Leftrightarrow \neg P \vee (R \vee Q)$

$\Leftrightarrow \neg P \vee Q \vee R$（析取范式、合取范式、主合取范式）

$\Leftrightarrow M_{100}$，

因此，该公式的主析取范式对应的小项为：$m_{000}$，$m_{001}$，$m_{010}$，$m_{100}$，$m_{101}$，$m_{110}$，$m_{111}$。

故该公式的主析取范式为：$(\neg P \wedge \neg Q \wedge \neg R) \vee (\neg P \wedge \neg Q \wedge R) \vee (\neg P \wedge Q \wedge \neg R) \vee (\neg P \wedge Q \wedge R) \vee (P \wedge \neg Q \wedge R) \vee (P \wedge Q \wedge \neg R) \vee (P \wedge Q \wedge R)$。

此外，也可利用表 4.1.10 所示的真值表法求该命题公式的主析取范式和主合取范式。

**表 4.1.10　例 4.1.12(1)真值表**

| $P$ | $Q$ | $R$ | $P \to Q \vee R$ | 小项 | 大项 |
|---|---|---|---|---|---|
| 0 | 0 | 0 | 1 | $\neg P \wedge \neg Q \wedge \neg R$ | |
| 0 | 0 | 1 | 1 | $\neg P \wedge \neg Q \wedge R$ | |
| 0 | 1 | 0 | 1 | $\neg P \wedge Q \wedge \neg R$ | |
| 0 | 1 | 1 | 1 | $\neg P \wedge Q \wedge R$ | |
| 1 | 0 | 0 | 0 | | $\neg P \vee Q \vee R$ |

续表

| $P$ | $Q$ | $R$ | $P\to Q\vee R$ | 小项 | 大项 |
|---|---|---|---|---|---|
| 1 | 0 | 1 | 1 | $P\wedge\neg Q\wedge R$ | |
| 1 | 1 | 0 | 1 | $P\wedge Q\wedge\neg R$ | |
| 1 | 1 | 1 | 1 | $P\wedge Q\wedge R$ | |

表中所有小项的析取就是公式的主析取范式，所有大项的合取就是公式的主合取范式，从真值表中可以看出所得结果与用上述等值演算法所得结果相同。

(2)命题公式$(P\vee Q)\to R$ 的析取范式是(　　)。

A. $\neg(P\vee Q)\vee R$

B. $(P\wedge Q)\vee R$

C. $(P\vee Q)\vee R$

D. $(\neg P\wedge\neg Q)\vee R$

**[解析]** D。

依据求析取范式的步骤可得，

$$(P\vee Q)\to R\Leftrightarrow\neg(P\vee Q)\vee R\Leftrightarrow(\neg P\wedge\neg Q)\vee R,$$

这就是命题公式$(P\vee Q)\to R$ 的析取范式，虽然命题公式的析取范式不唯一，但这个结论与选项 D 相同，故选择 D。

(3)试求出$(P\vee Q)\to R$ 的析取范式、合取范式、主合取范式。

**[解析]** 
$$\begin{aligned}(P\vee Q)\to R&\Leftrightarrow\neg(P\vee Q)\vee R\\&\Leftrightarrow(\neg P\wedge\neg Q)\vee R(\text{析取范式})\\&\Leftrightarrow(\neg P\vee R)\wedge(\neg Q\vee R)(\text{合取范式})\\&\Leftrightarrow((\neg P\vee R)\vee(Q\wedge\neg Q))\wedge((\neg Q\vee R)\vee\\&\quad(P\wedge\neg P))\\&\Leftrightarrow(\neg P\vee R\vee Q)\wedge(\neg P\vee R\vee\neg Q)\wedge\\&\quad(\neg Q\vee R\vee P)\wedge(\neg Q\vee R\vee\neg P)\\&\Leftrightarrow(\neg P\vee Q\vee R)\wedge(\neg P\vee\neg Q\vee R)\wedge\\&\quad(P\vee\neg Q\vee R)(\text{主合取范式})。\end{aligned}$$

**例 4.1.13**　求$(P\vee Q)\to(R\vee Q)$的合取范式。

**[解析]** $(P\vee Q)\to(R\vee Q)$

$\Leftrightarrow \neg(P \vee Q) \vee (R \vee Q)$

$\Leftrightarrow (\neg P \wedge \neg Q) \vee (R \vee Q)$

$\Leftrightarrow (\neg P \vee R \vee Q) \wedge (\neg Q \vee \mathrm{R} \vee Q)$

$\Leftrightarrow (\neg P \vee R \vee Q) \wedge \mathrm{R}$(合取范式)。

**例 4.1.14**　求$(P \vee Q) \to R$的析取范式与合取范式。

［解析］　$(P \vee Q) \to R \Leftrightarrow \neg(P \vee Q) \vee R$

$\Leftrightarrow (\neg P \wedge \neg Q) \vee R$(析取范式)

$\Leftrightarrow (\neg P \vee R) \wedge (\neg Q \vee \mathrm{R})$(合取范式)。

**例 4.1.15**　命题公式$(P \vee Q)$的合取范式是(　　)。

A. $(P \wedge Q)$

B. $(P \wedge Q) \vee (P \vee Q)$

C. $(P \vee Q)$

D. $\neg(\neg P \wedge \neg Q)$

［解析］　C。

因为，选项 A，B 与命题公式$(P \vee Q)$不等价，选项 D 中的“ ¬”没有移到各命题变元之前，选项 C 是命题公式$(P \vee Q)$只由一个析取项组成的合取范式。故选项 C 正确。

**例 4.1.16**　试证明$(P \wedge Q) \to R$，$\neg R \vee S$，$\neg S \Rightarrow \neg P \vee \neg Q$。

［解析］　判断有效结论的直接证法和间接证法，它的理论根据是 14 个等价公式，14 个蕴涵式，3 个规则(P 规则、T 规则和 CP 规则)。在这些公式中，我们并不需要全部记住，记住最基本的即可，在这些公式中，下列这些式子是最基本的和最常用的，其他公式有的可以根据它推导出来。利用直接证明法和间接证明法来证明，一个关键问题就是在多个前提条件下，不知道按什么顺序来引入前提？一般的来说是根据析取三段论(或假言推理)即一个前提中含有 $A$，再引入一个含有 $A$ 的前提，就可以去掉 $A$ 了。这样我们可以先从远离结论的前提入手，逐步推导出结论。

分析：结论是$\neg P \vee \neg Q$，先从远离结论的前提$\neg S$(或者$\neg R \vee S$)出发引入第一个前提$\neg S$，然后根据析取三段论再引入一个含有 $S$ 的前提$\neg R \vee S$(或者$\neg S$)，这样就可以去掉 $S$ 了，只剩下 $R$ 了，再引入一个含有 $R$ 的前提$(P \wedge Q) \to R$，就又可以去掉 $R$ 了，只剩下含有 $P$、$Q$ 了，这正是结论所需要的。

**证明(直接证法):**

| | |
|---|---|
| ① $\neg S$ | P |
| ② $\neg R \vee S$ | P |
| ③ $\neg R$ | T①②I |
| ④$(P \wedge Q) \rightarrow R$ | P |
| ⑤ $\neg R \rightarrow \neg(P \wedge Q)$ | T④I |
| ⑥ $\neg(P \wedge Q)$ | T③⑤I |
| ⑦ $\neg P \vee \neg Q$ | T⑥E |

## §4.2 谓词逻辑

在命题逻辑中,把命题分解到原子命题为止,认为原子命题是不能再分解的,仅仅研究以原子命题为基本单位的复合命题之间的逻辑关系和推理。这样,有些推理用命题逻辑就难以确切地表示出来。例如,著名的"苏格拉底三段论"推理:

所有的人都是要死的,

苏格拉底是人,

所以苏格拉底是要死的。

根据常识,认为这个推理是正确的。但是,若用命题逻辑来表示,设$P$、$Q$和$R$分别表示这3个原子命题,则有

$$P, Q \Rightarrow R$$

然而,$(P \wedge Q) \rightarrow R$ 并不是永真式,故上述推理形式又是错误的。问题出在哪里呢?问题就在于这类推理中,各命题之间的逻辑关系不是体现在原子命题之间,而是体现在构成原子命题的内部成分之间,即体现在命题结构的更深层次上。对此,命题逻辑是无能为力的。

所以,在研究某些推理时,有必要对原子命题作进一步分析,分析出其中的个体词,谓词和量词,研究它们的形式结构的逻辑关系、正确的推理形式和规则,这些正是谓词逻辑(简称 Lp)的基本内容。

## 4.2.1　个体、谓词和量词

在谓词逻辑中，命题是具有真假意义的陈述句。从语法上分析，一个陈述句由主语和谓语两部分组成。

在谓词逻辑中，为揭示命题内部结构及其不同命题的内部结构关系，就按照这两部分对命题进行分析，并且把主语称为个体或客体，把谓语称为谓词。

### 4.2.1.1　个体、谓词和命题的谓词形式

**定义 4.2.1**　在原子命题中，所描述的对象称为个体；用以描述个体的性质或个体间关系的部分，称为谓词。

个体，是指可以独立存在的事物，它可以是具体的，也可以是抽象的，如张明、计算机、精神等。表示特定的个体，称为个体常元，以 $a,b,c,\cdots$ 或带下标的 $a_i,b_i,c_i,\cdots$ 表示；表示不确定的个体，称为个体变元，以 $x,y,z,\cdots$ 或 $x_i$，$y_i,z_i,\cdots$ 表示。

谓词，当与一个个体相联系时，它刻画了个体性质；当与 2 个或 2 个以上个体相联系时，它刻画了个体之间的关系。表示特定谓词，称为谓词常元，表示不确定的谓词，称为谓词变元，都用大写英文字母，如 $P,Q,R,\cdots$ 或其带上、下标来表示。在本书中，不对谓词变元作更多地讨论。对于给定的命题，当用表示其个体的小写字母和表示其谓词的大写字母来表示时，规定把小写字母写在大写字母右侧的圆括号内。

**定义 4.2.2**　一个原子命题用一个谓词（如 $P$）和 $n$ 个有次序的个体常元（如 $a_1,a_2,\cdots,a_n$）表示成 $P(a_1,a_2,\cdots,a_n)$，称它为该原子命题的谓词形式或命题的谓词形式。

应注意的是，命题的谓词形式中的个体出现的次序影响命题的真值，不是随意变动，否则真值会有变化。如上述例子中，$P(b,a,c)$ 是假。

### 4.2.1.2　原子谓词公式

原子命题的谓词形式还可以进一步加以抽象，如在谓词右侧的圆括号内的 $n$ 个个体常元被替换成个体变元，如 $x_1,x_2,\cdots,x_n$，这样便得了一种关于命

题结构的新表达形式，称之为 $n$ 元原子谓词。

**定义 4.2.3** 由一个谓词（如 $P$）和 $n$ 个体变元（如 $x_1,x_2,\cdots,x_n$）组成的 $P(x_1,x_2,\cdots,x_n)$，称它为 $n$ 元原子谓词或 $n$ 元命题函数，简称 $n$ 元谓词。而个体变元的论述范围，称为个体域或论域。

当 $n=1$ 时，称一元谓词；当 $n=2$ 时，称为二元谓词，……。特别地，当 $n=0$，称为零元谓词。零元谓词是命题，这样命题与谓词就得到了统一。

$n$ 元谓词不是命题，只有其中的个体变元用特定个体或个体常元替代时，才能成为一个命题。但个体变元在哪些个体域取特定的值，对命题的真值极有影响。例如，令 $S(x)$：$x$ 是大学生。若 $x$ 的个体域为某大学的计算机系中的全体同学，则 $S(x)$ 是真的；若 $x$ 的个体域是某中学的全体学生，则 $S(x)$ 是假的；若 $x$ 的个体域是某剧场中的观众，且观众中有大学生也有非大学生的其他观众，则 $S(x)$ 是真值是不确定的。

通常，把一个 $n$ 元谓词中的每个个体的个体域综合在一起，称为 $n$ 元谓词的全总个体域。定义了全总个体域，为深入研究命题提供了方便。当一个命题没有指明个体域时，一般都将全总个体域作为其个体域。而这时又常常要采用一个谓词如 $P(x)$ 来限制个体变元 $x$ 的取值范围，并把 $P(x)$ 称为特性谓词。

#### 4.2.1.3 量词

利用 $n$ 元谓词和它的个体域概念，有时还是不能用符号来很准确地表达某些命题，如 $S(x)$ 表示 $x$ 是大学生，而 $x$ 的个体域为某单位的职工，那么 $S(x)$ 可表示某单位职工都是大学生，也可表示某单位有一些职工是大学生，为了避免理解上的歧义，在 Lp 中，需要引入用以刻画“所有的”“存在一些”等表示不同数量的词，即量词，其定义如下：

**定义 4.2.4** （1）符号 $\forall$ 称为全称量词符，用来表达“对所有的”“每一个”“对任何一个”“一切”等词语；$\forall x$ 称为全称量词，称 $x$ 为指导变元。

（2）符号 $\exists$ 称为存在量词符，用来表达“存在一些”“至少有一个”“对于一些”“某个”等词语；$\exists x$ 称为存在量词，$x$ 称为指导变元。

全称量词、存在量词、存在唯一量词统称量词。量词记号是由逻辑学家 Fray 引入的，有了量词之后，用逻辑符号表示命题的能力大大加强了。

## 4.2.2　谓词公式与翻译

### 4.2.2.1　谓词公式

为了方便处理数学和计算机科学的逻辑问题及谓词表示的直觉清晰性，将引进项的概念。

**定义 4.2.5**　项由下列规则形成：

①个体常元和个体变元是项；

②若 $f$ 是 $n$ 元函数，且 $t_1,t_2,\cdots,t_n$ 是项，则 $f(t_1,t_2,\cdots,t_n)$ 是项；
所有项都由①和②生成。

有了项的定义，函数的概念就可用来表示个体常元和个体变元。例如，令 $f(x,y)$ 表示 $x+y$，谓词 $N(x)$ 表示 $x$ 是自然数，那么 $f(2,3)$ 表示个体自然数5，而 $N(f(2,3))$ 表示5是自然数。这里函数是就广义而言的，如 $P(x)$：$x$ 是教授，$f(x)$：$x$ 的父亲，$c$：张强，那么 $P(f(c))$ 便是表示“张强的父亲是教授”这一命题。

函数的使用给谓词表示带来很大方便。例如，用谓词表示命题：对任意整数 $x$，$x^2-1=(x+1)(x-1)$ 是恒等式。令 $I(x)$：$x$ 是整数，$f(x)=x^2-1$，$g(x)=(x+1)(x-1)$，$E(x,y)$：$x=y$，则该命题可表示成：$(\forall x)(I(x)\rightarrow E(f(x),g(x)))$。

**定义 4.2.6**　若 $P(x_1,x_2,\cdots,x_n)$ 是 $n$ 元谓词，$t_1,t_2,\cdots,t_n$ 是项，则称 $P(t_1,t_2,\cdots,t_n)$ 为 Lp 中原子谓词公式，简称原子公式。

下面，由原子公式出发，给出 Lp 中的合式谓词公式的归纳定义。

**定义 4.2.7**　合式谓词公式当且仅当由下列规则形成的符号串

①原子公式是合式谓词公式；

②若 $A$ 是合式谓词公式，则 $(\neg A)$ 是合式谓词公式；

③ 若 $A,B$ 是合式谓词公式，则 $(A\wedge B)$，$(A\vee B)$，$(A\rightarrow B)$ 和 $(A\leftrightarrow B)$ 都是合式谓词公式；

④ 若 $A$ 是合式谓词公式，$x$ 是个体变元，则 $(\forall x)A$、$(\exists x)A$ 都是合式谓词公式；

⑤仅有有限项次使用①、②、③和④形成的才是合式谓词公式。

#### 4.2.2.2 谓词逻辑的翻译

把一个文字叙述的命题，用谓词公式表示出来，称为谓词逻辑的翻译或符号化；反之亦然。一般说来，符号化的步骤如下：

①正确理解给定命题。必要时把命题改叙，使其中每个原子命题、原子命题之间的关系能明显表达出来。

②把每个原子命题分解成个体、谓词和量词；在全总论域讨论时，要给出特性谓词。

③找出恰当量词。应注意全称量词 $(\forall x)$ 后跟条件式，存在量词 $(\exists x)$ 后 跟合取式。

④用恰当的联结词把给定命题表示出来。

**例如** 将命题"没有最大的自然数"符号化。

解：命题中"没有最大的"显然是对所有的自然数而言，所以可理解为"对所有 的 $x$，如果 $x$ 是自然数，则一定还有比 $x$ 大的自然数"，再具体点，即"对所有的 $x$ 如果 $x$ 是自然数，则一定存在 $y$，$y$ 也是自然数，并且 $y$ 比 $x$ 大"。令 $N(x)$：$x$ 是自然数，$G(x,y)$：$x$ 大于 $y$，则原命题表示为：

$$(\forall x)(N(x) \rightarrow (\exists y)(N(y) \vee G(y,x)))。$$

由于人们对命题的文字叙述含意理解的不同，强调的重点不同，会影响到命题符号化的形式不同。

### 4.2.3 约束变元与自由变元

**定义 4.2.8** 给定一个谓词公 式 $A$，其中有一部分公式形如 $(\forall x)B(x)$ 或 $(\exists x)B(x)$，则称它为 $A$ 的 $x$ 约束部分，称 $B(x)$ 为相应量词的作用域或辖域。在辖域中，$x$ 的所有出现称为约束出现，$x$ 称为约束变元；$B$ 中不是约束出现的其他个体变元的出现称为自由出现，这些个体变元称自由变元。对于给定的谓词公式，能够准确地判定它的辖域、约束变元和自由变元是很重要的。

通常，一个量词的辖域是某公式 $A$ 的一部分，称为 $A$ 的子公式。因此，确定一个量词的辖域即是找出位于该量词之后的相邻接的子公式，具体地讲：

① 若量词后有括号，则括号内的子公式就是该量词的辖域；

② 若量词后无括号，则与量词邻接的子公式为该量词的辖域。

判定给定公式 $A$ 中个体变元是约束变元还是自由变元，关键是要看它在 $A$ 中是约束出现，还是自由出现。

今后常用元语言符号 $A(x)$ 表示 $x$ 是其中的一个个体变元自由出现的任意公式，如 $A(x)$ 可为 $P(x) \to Q(x)$，$P(x) \vee (\exists y)Q(x,y)$ 等。一旦在 $A(x)$ 前加上量词 $(\forall x)$ 或 $(\exists x)$，即得公式 $(\forall x)A(x)$ 或 $(\exists x)A(x)$。这时，$x$ 即是约束出现了。类似地，用 $A(x,y)$ 表示 $x$ 和 $y$ 是自由出现的公式。

**定义 4.2.9**　设 $A$ 为任意一个公式，若 $A$ 中无自由出现的个体变元，则称 $A$ 为封闭的合式公式，简称闭式。

由闭式定义可知，闭式中所有个体变元均为约束出现。例如，$(\forall x)(P(x) \to Q(x))$ 和 $(\exists x)(\forall y)(P(x) \vee Q(x,y))$ 是闭式，而 $(\forall x)(P(x) \to Q(x,y))$ 和 $(\exists y)(\forall z)L(x,y,z)$ 不是闭式。

从下面讨论可以看出，在一公式中，有的个体变元既可以是约束出现，又可以是自由出现，这就容易产生混淆。为了避免混淆，采用下面 2 个规则：

①约束变元改名规则，将量词辖域中某个约束出现的个体变元及相应指导变元，改成本辖域中未曾出现过的个体变元，其余不变。

②自由变元代入规则，对某自由出现的个体变元可用个体常元或用与原子公式中所有个体变元不同的个体变元去代入，且处处代入。

改名规则与代入规则的共同点都是不能改变约束关系，而不同点是：

①施行的对象不同。改名是对约束变元施行，代入是对自由变元施行。

②施行的范围不同。改名可以只对公式中一个量词及其辖域内施行，即只对公式的一个子公式施行；而代入必须对整个公式同一个自由变元的所有自由出现同时施行，即必须对整个公式施行。

③施行后的结果不同。改名后，公式含义不变，因为约束变元只改名为另一个个体变元，约束关系不改变。约束变元不能改名为个体常元；代入，不仅可用另一个个体变元进行代入，并且也可用个体常元去代入，从而使公式由具有普遍意义变为仅对该个体常元有意义，即公式的含义改变了。

**例如**　在 $(\exists x)P(x) \wedge Q(x,y)$ 中，利用改名规则，将约束出现的 $x$ 改为 $z$，得公式为

$(\exists z)P(z) \land Q(x,y)$ ①

利用改名规则，将自由出现的 $x$ 改为 $t$，得公式为

$(\exists x)P(x) \land Q(t,y)$ ②

在①②中，不存在既是约束出现，又是自由出现的个体变元。

## 4.2.4 公式解释与类型

### 4.2.4.1 公式解释

一般情况下，Lp 中的公式含有：个体常元、个体变元（约束变元或自由变元）、函数变元、谓词变元等，对各种变元用指定的特殊常元去代替，就构成了一个公式的解释。当然在给定的解释下，可以对多个公式进行解释。下面给出解释的一般定义。

**定义 4.2.10** 一个解释 $I$ 由下面 4 个部分组成：

① 非空个体域 $DI$。

②$DI$ 中部分特定元素 $a,b,\cdots$。

③$DI$ 上的特定一些函数 $f,g,\cdots$。

④$DI$ 上特定谓词：$P,Q,\cdots$。

在一个具体解释中，个体常元、函数符号、谓词符号的数量一般是有限的，并且其解释一旦确定下来就不再改变，只是个体变元的值在个体域 $DI$ 内变化，量词符 $\forall$ 或 $\exists$ 仅作用于 $DI$ 中的元素。

**例如** 我们给出如下一个公式：$\forall x((C(x) \land L(x,m(x)) \land L(x,f(x)) \rightarrow G(x))$，这仅仅是一个符号串，没有什么意义。如果想再多说一些话，那就是：这个符号串符合一阶逻辑中关于公式的规定，因此，它是一阶逻辑的一个公式，仅此而已。但是，如果我们对这个符号串中符号做出下面的解释，它就变成了一个实实在在的命题。

$D$：全人类的集合，$C(x)$：$x$ 是中国人，$L(x,y)$：$x$ 爱 $y$，$G(x)$：$x$ 是好孩子，$m(x)$：$x$ 的母亲，$f(x)$：$x$ 的父亲，那么上述的符号串在这个解释下就是如下一个命题：对于每一个人，如果他是中国人并且他爱他的父母，则他就是一个好孩子。其中，$C(x)$，$G(x)$，$L(x,y)$ 都是谓词，因为对 $D$ 中每一个 $x$、$y$，它们都有真值。$m(x)$，$f(x)$ 不是谓词，因为对每一个 $x$，$m(x)$ 仅仅是一句没

有真假意义的话“$x$ 的母亲”。因此，$m(x)$、$f(x)$ 是 $D$ 到 $D$ 的一个函数，亦即是一个项。

可以看出，闭式在给定的解释中都变成了命题（推理公式(6)—(9)），其实闭式在任何解释下都可变成命题。

#### 4.2.4.2　公式类型

**定义 4.2.11**　①若一公式在任何解释下都是真的，称该公式为逻辑有效的或永真式。

②若一公式在任何解释下都是假的，称该公式为矛盾式或永假式。

③若一公式至少存在一个解释使其为真，称该公式为可满足式。

从定义可知，逻辑有效式为可满足式，反之未必成立。

与命题公式中分类一样，谓词公式也分为 3 种类型，即逻辑有效式（或重言式）、矛盾式（或永假式）和可满足式。

### 4.2.5　等值式与重言蕴涵式

#### 4.2.5.1　等值式

**定义 4.2.12**　设 $A$、$B$ 为任意两个公式，若 $A \leftrightarrow B$ 为逻辑有效的，则称 $A$ 与 $B$ 是等值的，记为 $A \Leftrightarrow B$，称 $A \Leftrightarrow B$ 为等值式。

由于重言式（永真式）都是逻辑有效的，可见 4.1.3 节中的命题定律（基本等值式）都是 Lp 等值式。此外，还有一置换规则：

设 $j(A)$ 是含有 $A$ 出现的公式，$j(B)$ 是用公式 $B$ 替换若干个公式 $A$ 的结果。若 $A \Leftrightarrow B$，则 $j(A) \Leftrightarrow j(B)$。显然，若 $j(A)$ 为重言式，则 $j(B)$ 也是重言式。

下面给出涉及量词的一些等值式，它们的证明从略。

**1. 量词否定等值式**

(a)　$\neg(\forall x)A(x) \Leftrightarrow (\exists x)\ \neg A(x)$；

(b)　$\neg(\exists x)A(x) \Leftrightarrow (\forall x)\ \neg A(x)$。

这 2 个等值式，可用量词的定义给予说明。由于“并非对一切 $x$，$A$ 为真”等值于“存在一些 $x$，$\neg A$ 为真”，故(a)成立。由于“并非存在一些 $x$，使 $A$ 为真”等值于“对一切 $x$，$\neg A$ 为真”，所以(b)成立。这 2 个等值式的意义是：否定联结词可通过量词深入到辖域中。对比这2个式子，容易看出，将$(\forall x)$与$(\exists x)$两者互换，可从一个式子得到另一个式子，这表明$(\forall x)$与$(\exists x)$具有对偶性。另外，由于这2个公式成立也表明了2个量词是不独立的，可以互相表示，所以只有一个量词就够了。

对于多重量词前置"$\neg$"，可反复应用上面结果，逐次右移$\neg$。例如，

$\neg(\forall x)(\forall y)(\forall z)P(x,y,z)\Leftrightarrow(\exists x)(\exists y)(\exists z)\neg P(x,y,z)$。

**2. 量词辖域缩小或扩大等值式**

设$B$是不含$x$自由出现，$A(x)$为有$x$自由出现的任意公式，则有：

(a) $(\forall x)(A(x)\wedge B)\Leftrightarrow(\forall x)A(x)\wedge B$；

(b) $(\forall x)(A(x)\vee B)\Leftrightarrow(\forall x)A(x)\vee B$；

(c) $(\forall x)(A(x)\rightarrow B)\Leftrightarrow(\exists x)A(x)\rightarrow B$；

(d) $(\forall x)(B\rightarrow A(x))\Leftrightarrow B\rightarrow(\forall x)A(x)$；

(e) $(\exists x)(A(x)\wedge B)\Leftrightarrow(\exists x)A(x)\wedge B$；

(f) $(\exists x)(A(x)\vee B)\Leftrightarrow(\exists x)A(x)\vee B$；

(g) $(\exists x)(A(x)\rightarrow B)\Leftrightarrow(\forall x)A(x)\rightarrow B$；

(h) $(\exists x)(B\rightarrow A(x))\Leftrightarrow B\rightarrow(\exists x)A(x)$。

**3. 量词分配律等值式**

(a) $(\forall x)(A(x)\wedge B(x))\Leftrightarrow(\forall x)A(x)\wedge(\forall x)B(x)$；

(b) $(\exists x)(A(x)\vee B(x))\Leftrightarrow(\exists x)A(x)\vee(\exists x)B(x)$。

其中，$A(x)$，$B(x)$为有$x$自由出现的任何公式。

**4. 多重量词等值式**

(a) $(\forall x)(\forall y)A(x,y)\Leftrightarrow(\forall y)(\forall x)A(x,y)$；

(b) $(\exists x)(\exists y)A(x,y)\Leftrightarrow(\exists y)(\exists x)A(x,y)$。

其中，$A(x,y)$为含有$x$自由出现的任意公式。

### 4.2.5.2 重言蕴涵式

在命题逻辑中，任何一个等值式或重言蕴涵式，其中的同一命题变元，用同一公式取代时，其结果也是永真式。推广到谓词公式中。用谓词逻辑中的公式，代替命题演算中的变元，这时所得到的公式也为等值式或重言蕴含式。

**例如** $(\forall x)P(x)\Rightarrow(\forall x)P(x)\vee(\exists y)Q(y)$ 附加

$((\forall x)P(x)\rightarrow Q(x,y))\wedge(\forall x)P(x)\Rightarrow Q(x,y)$ 假言推理

下面将给出谓词逻辑 Lp 中的一些蕴涵式,其证明省略。

在以下公式中,$A(x)$ 和 $B(x)$ 为含有 $x$ 自由出现的任意公式。

(a) $(\forall x)A(x) \vee (\forall x)B(x) \Rightarrow (\forall x)(A(x) \vee B(x))$;

(b) $(\exists x)(A(x) \wedge B(x)) \Rightarrow (\exists x)A(x) \wedge (\exists x)B(x)$;

(c) $(\forall x)(A(x) \rightarrow B(x)) \Rightarrow (\forall x)A(x) \rightarrow (\forall x)B(x)$;

(d) $(\forall x)(A(x) \rightarrow B(x)) \Rightarrow (\exists x)A(x) \rightarrow (\exists x)B(x)$。

**注意:**上面 4 个公式不是等值式,如在(a)中,设 $A(x)$ 表示"$x$ 是偶数",$B(x)$ 表示"$x$ 是奇数",$x$ 的个体域为整数集合,则$(\forall x)(A(x) \vee B(x))$ 的含义是"对于任意整数 $x$,$x$ 或者是偶数或者是奇数",这是一个真命题。而$(\forall x)A(x) \vee (\forall x)B(x)$ 的含义是"或者所有整数都是偶数,或者所有整数都是奇数",这显然是假命题。因此,$(\forall x)A(x) \vee (\forall x)B(x)$ 与$(\forall x)(A(x) \vee B(x))$ 不等值。

## 4.2.6 谓词公式范式

### 4.2.6.1 前束范式

**定义 4.2.13** 一个合式公式称为前束范式,如果它有如下形式:

$$(Q_1x_1)(Q_2x_2)\cdots(Q_kx_k)B,$$

其中,$Q_i(1 \leqslant i \leqslant k)$ 为 $\forall$ 或 $\exists$,$B$ 为不含有量词的公式。称 $Q_1x_1Q_2x_2\cdots Q_kx_k$ 为公式的首标。

特别地,若公式中无量词,则此公式也看作是前束范式。

可见,前束范式的特点是,所有量词均非否定地出现在公式最前面,且它的辖域一直延伸到公式之末。

**例如** $(\forall x)(\exists y)(\forall z)(P(x,y) \rightarrow Q(y,z))$,$R(x,y)$ 等都是前束范式,而$(\forall x)P(x) \vee (\exists y)Q(y)$,$(\forall x)(P(x) \rightarrow (\exists y)Q(x,y))$ 不是前束范式。

**定理 4.2.1(前束范式存在定理)** Lp 中任意公式 $A$ 都有与之等值的前束范式。

### 4.2.6.2 斯科伦范式

前束范式的优点是全部量词集中在公式前面,其缺点是各量词的排列无一定规则，这样当把一个公式化归为前束范式时，其表达形式会显现多种情形，不便应用。1920 年，斯科伦(Skolem)提出对前束范式首标中量词出现的次序给出规定：每个存在量词均在全称量词之前。按此规定得到的范式形式，称为斯科伦范式。显然，任一公式均可化为斯科伦范式。它的优点是：全公式按顺序可分为 3 个部分，公式的所有存在量词、所有全称量词和辖域，这给 Lp 的研究提供了一定的方便。

## 4.2.7 谓词逻辑的推理理论

谓词逻辑是命题逻辑的进一步深化和发展，因此命题逻辑的推理理论在谓词逻辑中几乎可以完全照搬，只不过这时涉及的公式是谓词逻辑的公式罢了。在谓词逻辑中，某些前提和结论可能受到量词的约束，为确立前提和结论之间的内部联系，有必要消去量词和添加量词，因此正确理解和运用有关量词规则是谓词逻辑推理理论中十分重要的关键所在。

下面在介绍有关量词规则之前做一些必要准备。作为定义 4.2.13 的一种特例，将给出 $A(x)$ 对 $y$ 是自由的这个概念。其目的是，允许用 $y$ 代入 $x$ 后得到 $A(y)$，它不改变原来公式 $A(x)$ 的约束关系。

**定义 4.2.14** 在谓词公式 $A(x)$ 中，若 $x$ 不自由出现在量词 $(\forall y)$ 或 $(\exists y)$ 的辖域，则称 $A(x)$ 对于 $y$ 是自由的。

由定义可知，若 $y$ 在 $A(x)$ 中不是约束出现，则 $A(x)$ 对于 $y$ 一定是自由的。

### 4.2.7.1 有关量词消去和产生规则

**1. 量词消去规则**

(1)全称量词消去规则(简称 UI 或 US 规则)

有 2 种形式：$(\forall x)A(x) \Rightarrow A(c)$，其中，$c$ 为任意个体常元，

$(\forall x)A(x) \Rightarrow A(y)$，

$A(x)$ 对 $y$ 是自由的。

(2)存在量词消去规则(简称 EI 或 ES 规则)

有 2 种形式：$(\exists x)A(x) \Rightarrow A(c)$，其中，$c$ 为特定个体常元，

$(\exists x)A(x) \Rightarrow A(y)$，

成立充分条件是：①$c$ 或 $y$ 不得在前提中或者居先推导公式中出现或自由出

现;② 若 $A(x)$ 中有其他自由变元时,不能应用本规则。

值得注意的是,$A(y)$ 只是新引入的暂时假设,它不是对 $y$ 的一切值都是成立的。$y$ 是一个暂时的、表面上的自由变元。

**2. 量词产生规则**

(1)存在量词产生规则(简称 EG 规则)

有 2 种形式:$A(c)\Rightarrow(\exists y)A(y)$,其中,$c$ 为特定个体常元,

$$A(x)\Rightarrow(\exists y)A(y),$$

成立充分条件:① 取代 $c$ 的个体变元 $y$ 不在 $A(c)$ 中出现;②$A(x)$ 对 $y$ 是自由的;③ 若 $A(x)$ 是推导行中的公式,且 $x$ 是由使用 EI 引入的,那么不能用 $A(x)$ 中除 $x$ 外的个体变元作约束变元,或者说,$y$ 不得为 $A(x)$ 中的个体变元。

(2)全称量词产生规则(简称 UG 规则)

$$A(x)\Rightarrow(\forall y)A(y),$$

成立条件:①前提 $A(x)$ 对于 $x$ 的任意取值都成立;②$A(x)$ 对 $y$ 是自由的;③对于由于使用 EI 规则所得到的公式中原约束变元及与其在同一个原子公式的自由变元,都不能使用本规则而成为指导变元,否则将产生错误推理。

#### 4.2.7.2　Lp 中推理实例

Lp 的推理方法是 Ls 推理方法的扩展,因此在 Lp 中利用的推理规则也是 T 规则、P 规则和 CP 规则,还有已知的等值式,重言蕴涵式及有关量词的消去和产生规则。使用的推理方法是直接构造法和反证法。

### 4.2.8　习题解析

**例 4.2.1**　将语句“有人去上课。”翻译成谓词公式。

**[解析]**　设 $P(x)$:$x$ 是人,$Q(x)$:$x$ 去上课。则语句“有人去上课。”翻译成谓词公式为 $(\exists x)(P(x)\wedge Q(x))$。

**易错点**:有学生会误表示为$(\exists x)(P(x)\rightarrow Q(x))$。

**提示**:用存在量词“$\exists$”来表明个体的取值量,对各个不同的个体应用描述个体特性的特性谓词 $P(x)$来加以约束限制时,特性谓词作为合取项加入。

**例 4.2.2**　将语句“所有的人都学习努力。”翻译成谓词公式。

**[解析]**　设 $P(x)$:$x$ 是人,$Q(x)$:$x$ 学习努力。则语句“所有的人都学习

努力。”翻译成谓词公式为

$$(\forall x)(P(x)\rightarrow Q(x))。$$

**易错点**:有学生会误表示为$(\forall x)(P(x)\land Q(x))$。

**提示**:用全称量词“∀”来表明个体的取值量,对各个不同的个体应用描述个体特性的特性谓词$P(x)$来加以约束限制时,特性谓词作为条件式的前件加入。

**例 4.2.3** 设谓词公式

$$\exists x(P(x,y)\rightarrow \forall zQ(y,x,z))\land \forall yR(y,z)\leftrightarrow F(y)。$$

(1)试写出量词的辖域;(2)指出该公式的自由变元和约束变元。

**[解析]** (1)量词∃的辖域为$(P(x,y)\rightarrow \forall zQ(y,x,z))$,

第1个量词∀的辖域为$Q(y,x,z)$,

第2个量词∀的辖域为$R(y,z)$。

(2) $(P(x,y)\rightarrow \forall zQ(y,x,z))$与$F(y)$中的$y$,以及$R(y,z)$中的$z$为自由变元。

$(P(x,y)\rightarrow \forall zQ(y,x,z))$中的$x$,$Q(y,x,z)$中的$z$,以及$R(y,z)$中的$y$为约束变元。

**易错点**:求辖域容易出错,要注意式中括号的配对。

**提示**:紧跟量词后面的个体变元为该量词的指导变元,在该量词的辖域中与指导变元相同的变元为约束变元,与指导变元不同的或不在任何量词的辖域中的变元为自由变元。

**例 4.2.4** 下面的推理是否正确,试予以说明。

(1)$(\forall x)F(x)\rightarrow G(x)$　　前提引入

(2)$F(y)\rightarrow G(y)$　　US(1)

**[解析]** 错误。

第2步应为:$F(y)\land G(x)$

因为$F(x)$中的$x$是约束变元,而$G(x)$中的$x$是自由变元,换名时,约束变元与自由变元不能混淆。

**易错点**:约束变元与自由变元容易混淆。

**提示**:详细过程应为:

(1)$(\forall x)F(x)\land G(x)$　　前提引入

(2)$(\forall u)F(u)\land G(x)$　　T(1)换名规则

(3) $(\forall u)(F(u) \wedge G(x))$　　T(2)

(4) $F(y) \wedge G(x)$　　US(3)

**例 4.2.5**　设个体域 $D=\{a,b\}$，则谓词公式 $(\forall x)A(x) \wedge (\exists x)B(x)$ 消去量词后的等值式为________________。

**答案**　$(A(a) \wedge A(b)) \wedge (B(a) \vee B(b))$。

**[解析]** $(\forall x)A(x) \Leftrightarrow A(a) \wedge A(b)$，$(\exists x)B(x) \Leftrightarrow B(a) \vee B(b)$，所以

$(\forall x)A(x) \wedge (\exists x)B(x) \Leftrightarrow (A(a) \wedge A(b)) \wedge (B(a) \vee B(b))$。

**易错点**：容易用错合取、析取符号。

**提示**：当个体域为有限集合 $\{a_1,a_2,\cdots,a_n\}$ 时，消去量词的规则为：

$(\forall x)P(x) \Leftrightarrow P(a_1) \wedge P(a_2) \wedge \cdots \wedge P(a_n)$，

$(\exists x)P(x) \Leftrightarrow P(a_1) \vee P(a_2) \vee \cdots \vee P(a_n)$。

**例 4.2.6**　试证明 $(\exists x)(P(x) \wedge R(x)) \Rightarrow (\exists x)P(x) \wedge (\exists x)R(x)$。

**证明**：

(1) $(\exists x)(P(x) \wedge R(x))$　　P

(2) $P(a) \wedge R(a)$　　ES(1)

(3) $P(a)$　　T(2)I(化简规则)

(4) $(\exists x)P(x)$　　EG(3)

(5) $R(a)$　　T(2)I(化简规则)

(6) $(\exists x)R(x)$　　EG(5)

(7) $(\exists x)P(x) \wedge (\exists x)R(x)$　　T(4)(6)I

**易错点**：推理规则不易理解和掌握。

**提示**：式(1)引入前提后，根据存在指定规则提到式(2)，根据化简规则得到式(3)、式(5)，再根据存在推广规则分别得到式(4)、式(6)，最后根据合取引入规则要证明的结果式(7)。

**例 4.2.7**　$(\forall x)(P(x) \to Q(x) \vee R(x,y))$ 中的自由变元为________。

**[解析]**　在量词 $\forall$ 的辖域 $P(x) \to Q(x) \vee R(x,y)$ 中，变元 $y$ 不受该量词的指导变元 $x$ 的约束，所以 $y$ 是自由变元。

**例 4.2.8**　设谓词公式 $(\exists x)(A(x,y) \to (\forall z)B(y,x,z))$，试

(1)写出量词的辖域；

(2)指出该公式的自由变元和约束变元。

(1)量词 $\exists$ 的辖域为 $A(x,y) \to (\forall z)B(y,x,z)$，量词 $\forall$ 的辖域为

$B(y,x,z)$。

(2) $A(x,y)\rightarrow(\forall z)B(y,x,z)$ 中的 $y$ 为自由变元。

$A(x,y)\rightarrow(\forall z)B(y,x,z)$ 中的 $x$ 和 $B(y,x,z)$ 中的 $z$ 为约束变元。

［解析］ (1)紧接于量词∃之后最小的子公式为 $A(x,y)\rightarrow(\forall z)B(y,x,z)$，它即为量词∃的辖域。紧接于量词∀之后最小的子公式为 $B(y,x,z)$，它即为量词∀的辖域。

(2)在量词∃的辖域 $A(x,y)\rightarrow(\forall z)B(y,x,z)$ 中，变元 $y$ 不受该量词的指导变元 $x$ 的约束，所以 $y$ 是自由变元。

在量词∃的辖域 $A(x,y)\rightarrow(\forall z)B(y,x,z)$ 中，变元 $x$ 是指导变元的约束出现，因而是约束变元。在量词∀的辖域 $B(y,x,z)$ 中，变元 $z$ 是指导变元的约束出现，因而是约束变元。

**例 4.2.9** 将下列表达式中的变元换名，使得约束变元不是自由的，自由变元不是约束的：

$$(\forall x)P(x,y)\vee Q(z)\vee(\exists y)(R(x,y)\vee(\forall z)S(z))。$$

**解：**$(\forall x)P(x,y)\vee Q(z)\vee(\exists y)(R(x,y)\vee(\forall z)S(z))$

$\Leftrightarrow(\forall u)P(u,y)\vee Q(z)\vee(\exists v)(R(x,v)\vee(\forall w)S(w))$

(或$\Leftrightarrow(\forall x)P(x,v)\vee Q(w)\vee(\exists y)(R(u,y)\vee(\forall z)S(z)))$

［解析］ $P(x,y)$中的 $x$、$R(x,y)\vee(\forall z)S(z)$中的 $y$、$S(z)$中的 $z$ 为约束变元，而 $R(x,y)\vee(\forall z)S(z)$中的 $x$、$P(x,y)$中的 $y$、$Q(z)$中的 $z$ 为自由变元。

变元换名可对公式中的约束变元 $x$、$y$、$z$ 分别换名为 $u$、$v$、$w$（或对公式中的自由变元 $x$、$y$、$z$ 分别换名为 $u$、$v$、$w$）。

**例 4.2.10** 设个体域 $D=\{1,2\}$，则谓词公式 $\exists xA(x)$ 消去量词后的等值式为________。

**答案** $A(1)\vee A(2)$。

［解析］ 当个体域为有限集合$\{a_1,a_2,\cdots,a_n\}$时，消去存在量词∃的规则为：

$$(\exists x)P(x)\Leftrightarrow P(a_1)\vee P(a_2)\vee\cdots\vee P(a_n)$$

**例 4.2.11** 设个体域 $D=\{a,b,c\}$，则谓词公式$(\forall x)A(x)$消去量词后的等值式为________。

**答案** $A(a)\wedge A(b)\wedge A(c)$。

**例 4.2.12**　设个体域 $D=\{1,2,3\}$，$P(x)$为"$x$ 小于 2"，则谓词公式$(\forall x)P(x)$的真值为____________。

**[解析]**　$(\forall x)P(x)\Leftrightarrow P(1)\wedge P(2)\wedge P(3)\Leftrightarrow 1\wedge 0\wedge 0\Leftrightarrow 0$。

**例 4.2.13**　设个体域 $D=\{1,2\}$，$A(x)$为"$x$ 大于 1"，则谓词公式$(\exists x)A(x)$的真值为________。

**[解析]**　$(\exists x)A(x)\Leftrightarrow A(1)\vee A(2)\Leftrightarrow 0\vee 1\Leftrightarrow 1$。

**例 4.2.14**　试证明$(\forall x)A(x)\vee(\forall x)B(x)\Rightarrow(\forall x)(A(x)\vee B(x))$。

**证明一：**

| | |
|---|---|
| (1)$(\forall x)A(x)\vee(\forall x)B(x)$ | P |
| (2)$(\forall x)A(x)\vee(\forall y)B(y)$ | T(1)(换名规则) |
| (3)$(\forall x)(\forall y)(A(x)\vee B(y))$ | T(2)(量词辖域扩张) |
| (4)$(\forall y)(A(a)\vee B(y))$ | US(3) |
| (5)$A(a)\vee B(a)$ | US(4) |
| (6)$(\forall x)(A(x)\vee B(x))$ | UG(5) |

**[解析]**　不能从式(1)直接得出 $A(a)\vee(\forall x)B(x)$或$(\forall x)A(x)\vee B(a)$，因为没有相关规则。

**证明二(反证法)：**

| | |
|---|---|
| (1) $\neg((\forall x)(A(x)\vee B(x)))$ | P(附加前提) |
| (2)$(\exists x)(\neg A(x)\wedge\neg B(x))$ | T(1) |
| (3) $\neg A(a)\wedge\neg B(a)$ | ES(2) |
| (4) $\neg A(a)$ | T(3) |
| (5)$(\exists x)\neg A(x)$ | EG(4) |
| (6) $\neg(\forall x)A(x)$ | T(5) |
| (7)$(\forall x)A(x)\vee(\forall x)B(x)$ | P |
| (8)$(\forall x)B(x)$ | T(6)(7)(析取三段论) |
| (9) $\neg B(a)$ | T(3) |
| (10)$(\exists x)\neg B(x)$ | EG(9) |
| (11) $\neg(\forall x)B(x)$ | T(10) |
| (12)$(\forall x)B(x)\wedge\neg(\forall x)B(x)$ | T(8)(11)(合取引入) |
| (13)$(\forall x)(A(x)\vee B(x))$ | 反证法 |

## §4.3 练习题

1. 设个体域是自然数,将下列各式翻译成自然语言:

(1) $(\exists x)(\forall y)(xy=1)$;

(2) $(\forall x)(\exists y)(xy=1)$;

(3) $(\forall x)(\exists y)(xy=0)$;

(4) $(\exists x)(\forall y)(xy=0)$;

(5) $(\forall x)(\exists y)(xy=x)$;

(6) $(\exists x)(\forall y)(xy=x)$;

(7) $(\forall x)(\forall y)(\exists z)(x-y=z)$。

2. 设 $A(x,y,z):x+y=z$,$M(x,y,z):xy=z$,$L(x,y):x<y$,$G(x,y):x>y$,个体域为自然数。将下列命题符号化:

(1)没有小于 0 的自然数;

(2)$x<z$ 是 $x<y$ 且 $y<z$ 的必要条件;

(3) 若 $x<y$,则存在某些 $z$,使 $z<0$,$xz>yz$;

(4) 存在 $x$,对任意 $y$ 使得 $xy=y$;

(5) 对任意 $x$,存在 $y$ 使 $x+y=x$。

3. 令谓词 $P(x,y)$ 表示"$x$ 给 $y$ 发过电子邮件",$Q(x,y)$ 表示"$x$ 给 $y$ 打过电话",其中 $x$ 和 $y$ 的个体域都是实验班所有同学。用 $P(x,y)$、$Q(x,y)$、量词和逻辑联结词符号化下列语句。

(1)周叶从未给李强发过电子邮件。

(2)方芳从未给万华发过电子邮件,或打过电话。

(3)实验班每个同学都给余涛发过电子邮件。

(4)实验班没有人给吕键打过电话。

(5)实验班每个人或给肖琴打过电话或给他发过电子邮件。

(6)实验班有个学生给班上其他人都发过电子邮件。

(7)实验班有个学生给班上其他人或打过电话,或发过电子邮件。

(8)实验班有两个学生互发过电子邮件。

(9)实验班有个学生给自己发过电子邮件。

(10)实验班至少有两个学生,一个给另一个发过电子邮件,而另一个给这个打过电话。

4. 指出下列各合式公式中的指导变元,量词的辖域,个体变项的自由出现和约束出现。

(1) $(\forall x)(F(x))\rightarrow(\exists y)H(x,y)$;

(2) $(\exists x)F(x) \wedge G(x,y)$；

(3) $(\forall x)(\forall y)(R(x,y) \vee L(y,z)) \wedge (\exists x)H(x,y)$。

5.判断下列公式中哪些是逻辑有效式，哪些是矛盾式。

(1) $(\forall x)F(x) \rightarrow (\exists x)F(x)$；

(2) $(\forall x)F(x) \rightarrow ((\forall x)(\exists y)G(x,y) \rightarrow (\forall x)F(x))$；

(3) $(\forall x)F(x) \rightarrow ((\forall x)F(x) \vee (\exists y)G(y))$；

(4) $\neg(F(x,y) \rightarrow R(x,y) \wedge R(x,y))$。

6.判断下列谓词公式哪些是永真式，哪些是永假式，哪些是可满足式，并说明理由。

(1) $P(x) \rightarrow (\exists x)P(x)$；

(2) $(\exists x)P(x) \rightarrow P(x)$；

(3) $P(x) \rightarrow (\forall x)P(x)$；

(4) $(\forall x)P(x) \rightarrow P(x)$；

(5) $(\forall x)(P(x) \rightarrow \neg P(x))$；

(6) $(\forall x)(\forall y)P(x,y) \rightarrow (\forall y)(\forall x)P(x,y)$；

(7) $(\forall x)(\forall y)P(x,y) \rightarrow (\forall x)(\forall y)P(y,x)$；

(8) $(\forall x)(\exists y)P(x,y) \rightarrow (\exists x)(\forall y)P(x,y)$；

(9) $(\exists x)(\forall y)P(x,y) \rightarrow (\forall y)(\exists x)P(x,y)$；

(10) $(\forall x)(\forall y)(P(x,y) \rightarrow P(y,x))$。

7.对下面每个公式指出约束变元和自由变元。

(1)$(\forall x)P(x) \rightarrow Q(y)$；

(2)$(\forall x)P(x) \wedge Q(x) \wedge (\exists x)G(x)$；

(3)$(\exists x)(\forall y)(P(x) \wedge Q(y)) \rightarrow (\forall x)R(x)$；

(4)$(\exists x)(\exists y)(P(x,y) \wedge Q(z))$。

8.求下列公式的前束范式。

(1)$(\forall x)F(x) \wedge \neg(\exists x)G(x)$；

(2)$((\forall x)P(x) \vee (\exists y)Q(y)) \rightarrow (\forall x)R(x)$；

(3)$(\forall x)F(x) \vee (\exists y)G(y)$；

(4)$(\forall z)(\forall yH(x,y)\ \neg(\exists x)G(x,y,z))$。

9.证明：$\neg(\exists x)(F(x) \wedge H(x),(\forall x)(G(x) \rightarrow H(x)) \Rightarrow (\forall x)(G(x) \rightarrow \neg F(x))$。

# 参考文献


[1] 赵战兴. 计算机应用数学[M]. 2版. 大连：大连理工大学出版社,2014.

[2] 祁文青，邓丹君. 计算机数学基础[M]. 3版. 北京：机械工业出版社,2016.

[3] 刘淋. 计算机数学基础[M]. 镇江：江苏大学出版社,2018.

[4] 高世贵. 应用数学基础[M]. 北京：机械工业出版社,2011.

[5] 陈广顺，陈红红，于荣娟，等. 计算机数学基础[M]. 北京：北京师范大学出版社,2018.

[6] 叶东毅，陈昭炯,朱文兴. 计算机数学基础[M]. 北京：高等教育出版社,2010.

[7] 周忠荣. 计算机数学[M]. 3版. 北京：清华大学出版社,2014.

[8] 邱建霞. 计算机数学基础[M]. 北京：化学工业出版社,2011.

[9] 刘树利. 计算机数学基础[M]. 3版. 北京：高等教育出版社,2010.

[10] 迈内尔，马德亨克. 计算机数学基础：第6版[M]. 季松，程峰，译. 北京：清华大学出版社,2022.